호랑이 통합 논술

과학
논술 2

대한민국 일등 강사 에게 배운다!
곰TV와 함께하는

호랑이 통합 논술

과학
논술 2

| 이범 지음 |

민음in

국내 최고의 스타 강사의 자리에서 스스로 물러나 무료 강의를 시작한 지 벌써 4년째 되었다. 이렇게 오래 하리라고는 예상치 못했는데, 나로 하여금 무료 강의를 계속하도록 한 계기가 있었다. 바로 서울대에서 2005년 11월에 발표한 통합 교과형 논술 예시 문제이다. 이 문제를 보고 나서 '서울대 총장이 나에게 무료 강의를 계속하라고 주문하는구나.' 하는 생각이 들었다. 그만큼 문제에서 다룬 주제들이 내게는 친숙한 것들이었고, 나는 좋은 강의와 책을 만들어 낼 자신이 있었다.

2007년 상반기에 통합 교과형 모의 논술이 발표됨으로써 통합 교과형 논술에 대한 궁금증이 어느 정도 해소되긴 했다. 하지만 자연계열에서 과학과 수학 중심의 논술을 치른다는 것은 아직까지 상당한 혼란과 불안감을 주고 있다. 통합 교과형 논술을 효과적으로 대비할 수 있는 학습법이나 믿음직스러운 교재를 찾을 수 없는 탓이리라. 이런 상황에서 학생들에게 이정표 역할을 할 수 있는 과학 통합 교재가 절실하다는 판단하에 그간의 연구와 강의 경험 및 자료를 총동원하여 이 책을 출간하게 되었다.

과학 논술은 자연계열 논술에서 큰 비중을 차지한다. 과학 논술 문제에서 다루는 주된 주제들은 물리 I · 화학 I · 생물 I · 지구과학 I 교과 과정에서 추출된 것이다. 그러나 나는 이 책을 집필하면서, 물리 I · 화학 I · 생물 I · 지구과학 I 과목에 뻔히 나와 있는 내용을 다시 써 놓아 책만 두껍게 만드는 짓은 하지 않으려 하였다. 이 과목들은 대부분의 자연계열 학생들이 내신과 수능을 위해 충실하게 공부하는 영역이기 때문이다.

이 책에서 다루는 내용은 다음 세 가지 범주에 속한다. 첫째, 물리 I · 화학 I · 생물 I · 지구과학 I의 범위에 들면서도 표준적인 교과 과정에서 명쾌하게 다루지 않거나 보완이 필요한 부분 둘째, 물리Ⅱ·화학Ⅱ·생물Ⅱ·지구과학Ⅱ의 범위 가운데 출제자 입장에서 소재로 채택할 가능성이 가장 높다고 보이는 통합 교과적 부분, 셋째, 현재의 교과 과정에서 찾아볼 수 없으나 교과 내용과 상당한 연관을 가지며 출제 가능성이 높다고 판단되는 주제이다.

아무쪼록 이 책과 이 책을 교재로 삼아 진행되는 곰스쿨 무료 강의를 통해 학생들이 과학 논술을 좀 더 효율적으로 대비할 수 있기를 바란다. 아울러 이 책에 그치지 않고 앞으로도 계속 좋은 교재와 강의를 제공하기 위해 노력할 것임을 학생들에게 약속한다.

이 범

과학 통합 논술 만점 대비법

2004년 교육부가 2008학년도 대입 제도를 내신의 비중을 대폭 높이는 방식으로 개편하겠다고 발표하자, 2005년 이에 대응하여 서울대를 필두로 여러 대학에서 이른바 '통합 교과형 논술'을 도입하고 논술 반영 비율을 높이겠다고 발표하였다. 처음에는 통합 교과형 논술의 정확한 의미와 그 문제 유형이 제대로 드러나지 않아 혼란이 있었으나, 서울대에서 두 차례에 걸쳐 예시 문제를 발표하고, 이후 2007년 상반기에 많은 대학이 통합 교과형 논술 모의고사를 치름으로써 통합 교과형 논술 문제에 대한 세간의 궁금증이 풀려 가고 있다.

그러나 자연계열 학생이 수학·과학 중심의 논술을 치른다는 것은 상당히 낯선 일인지라, 배우는 학생이나 가르치는 선생이나 모두 적잖은 혼란을 겪고 있다. 과학 논술의 특징과 문제 유형을 분석해 보고, 이를 토대로 과학 논술 시험을 어떻게 대비하는 것이 가장 효과적인지 살펴보도록 하자.

자연계 논술, 과학 철학 중심에서 통합 교과형 문제로

1990년대에 치러진 정시 전형의 논술 문제를 보면, 인문계와 자연계의 구분이 거의 없었음을 알 수 있다. 즉 자연계 학생도 인문계 학생과 비슷하게 철학 사상적 논제를 놓고 시험을 치렀다. 고려대, 이화여대 등 몇몇 대학은 자연계 논술 문제로 과학과 연관된 별도의 논제를 출제하기도 했지만, 그것은 주로 과학 철학이나 과학 기술 사회(STS) 등의 주제에 국한되어 있었다. 그러다가 2000년대에 들어 정시 전형에서는 자연계 논술이 거의 폐지되고, 인문계에서만 논술을 치르게 되었다.

통합 교과형 논술이 선보인 것은 수시 전형에서이다. 1998학년도에 수시 전형(초기에는 '고교장 추천 전형'이라고 불렸음)을 처음 실시한 서울대는 이른바 '지필고사'라는 시험을 실시하였다. 1998~2001학년도에 치러진 서울대 지필고사 문제는 통합 교과형 논술의 원형이라 할 수 있다. 실제로 본 교재의 '실험군과 대조군', '어림셈', '대사율', '스펙트럼과 색' 등의 단원에 실려 있는 당시 지필고사 문제들을 보면, 통합 교과형 논술의 유형을 미리 예고해 주는 것임을 알 수 있다.

그 후 수시 전형이 보편화되면서 인문계·자연계 양쪽 모두에서 정시 전형과는 상당히 다른 유형의 논술고사가 시행되었다. 이것이 지금의 통합 교과형 논술이며, 자연계에서는 과학 통합 논술 문제가 상당한 비중을 차지하였다. 통합 교과형 논술의 내용과 유형은 2000년대에 들어서면서 이미 드러나 있었던 셈이며, 다만 사후에(즉 2005년부터) '통합 교과형 논술'이라는 이름이 붙은 것이다. 2008학년도부터는 정시와 수시, 인문계와 자연계를 통틀어 통합 교과형 논술이 대세를 이루게 되었다.

논술고사 유형의 변천

시기	정시		수시	
	인문계	자연계	인문계	자연계
1990년대	일반(철학 사상) 논술. 인문계·자연계 공통으로 출제하는 경우가 많았고, 인문계·자연계를 구분하여 출제하는 경우에도 주제의 차별성은 별로 없었음.		1998학년도 서울대에서 처음 수시 전형(고교장 추천제) 도입. 수시가 정착된 것은 2000년 이후. 1998~2001학년도 서울대 '지필고사'가 통합 교과형 논술의 원형이 됨.	
2000년대	일반(철학 사상) 논술	대부분의 대학에서 자연계 정시 논술 폐지함.	통합 교과형 논술이 도입되어 점차 비중을 높여 감.	통합 교과형 논술 (본고사형 문제 금지 등 부분적 변화)
2008학년도 이후	통합 교과형 논술	통합 교과형 논술 (자연계 정시 논술 부활)	통합 교과형 논술	통합 교과형 논술

통합형 과학 논술의 5대 특징에 주목하라

통합 교과형 논술의 특징을 특히 과학과 연관된 부분을 중심으로 연관하여 정리해 보면 다음과 같다.

첫째, 자연계 논술은 수리 논술과 과학 논술이 대부분을 차지한다. 자연계에서 과학 논술과 수리 논술의 비중은 대체로 반반이라고 보면 되는데, 학교에 따라 편차는 있지만 엄밀하게 볼 때 과학 논술의 비중이 좀 더 크다.

둘째, 출제되는 주제는 고등학교 1학년 과학 및 물리 I · 화학 I · 생물 I · 지구과학 I 중심이다. 일부 상위권 대학을 중심으로 물리 II · 화학 II · 생물 II · 지구과학 II 과정과 연관된 내용도 출제된다.

셋째, 과학 논술 문제의 주축은 원리적 이해에 근거하여 '추론'과 '설명'을 요구하는 문제이다. '논술문'이 아닌 '설명문'을 요구하는 것이다. 명확한 개념 이해가 선행되지 않으면 제시문만으로는 출제 의도를 파악하기 어려운 경우가 많다. 그런데 교육부는 다음 네 가지 유형을 이른바 '본고사형 문제'로 지목하여 금지하고 있다. 그 네 가지는 ① 객관식 또는 단답식 문제, ② 특정 교과의 암기된 지식을 직접 질문하는 문제(예를 들어 노동 3권이 무엇인지를 묻는 문제), ③ 수학 및 과학에서 풀이 과정과 정답을 요구하는 문제, ④ 외국어 제시문을 사용하는 문제 등이다.

그러나 얼핏 보기에 명쾌해 보이는 이 기준도 실제 문제를 분류하다 보면 애매한 경우가 많다. 특히 자연계에서는 ③의 기준과 관련하여 계속 논란이 발생할 것으로 보인다. 교육부는 수시 및 정시 논술고사가 다 끝난 다음에 '사후 심의'를 한다는 입장이어서, 학생들로서는 대학이 실질적으로 본고사 유형에 가까운 문제를 출제한다면 이에 적응해야 하는 상황이다.

넷째, 요구되는 논술문의 길이와 형식이 자유롭다. 대부분의 대학에서 자연계 수험생에게는 원고지 대신 밑줄만 그어진 답안지를 제공하며, 대체로 원고의 분량 제한이 없고 그림 및 그래프 등을 동원하는 것이 가능하다.

다섯째, '통합 교과형 논술'과 관련하여 마지막으로 유의할 점은, '통합 교과형'이라고 되어 있지만 실질적으로 '단일 교과형' 문제가 의외로 많다. 예를 들어 수학과 과학을 통합시켰다고 분류되는 문제들의 경우, 실제 문제를 분석해 보면 과학은 단순히 소재로서 동원되었을 뿐 실질적으로는 그냥 '수리 논술'이라고 분류해도 좋을 문제가 대부분이다. 또한 지구과학처럼 애초에 통합 교과적 소재가 풍부한 과목에서 소재를 추출할 경우에는 단일 교과형인지 통합 교과형인지 분류하는 것 자체가 곤란하기도 하다.

첫째, 통합형 과학 논술 문제들은 수능보다 더 깊이 있는 원리적 이해를 요구한다. 가령 수능에서는 금성의 대기가 대부분 이산화탄소라는 사실을 알고 있으면 되지만, 논술에서는 왜 지구의 이산화탄소 농도는 낮은데 금성의 이산화탄소 농도는 높은지를 원리적으로 비교할 줄 알아야 한다. 따라서 대충 수능 공부하듯이 준비하면 된다는 생각은 빨리 버릴수록 좋다.

둘째, 지구과학의 경우 많은 학교에서 아예 가르치지 않고 있지만, 지구과학 교과 내용의 특성상 통합 교과적 소재가 많기 때문에 결코 소홀히 해서는 안 될 과목이다. 지구과학 I 은 물리 I · 화학 I · 생물 I · 지구과학 I 가운데 수능에서의 선택 비율이 제일 낮다. 게다가 지구과학 II 는 선택자가 거의 없는 실정이다. 그러나 논술과 관련해서는 지구과학적 소재가 종종 출제되므로 반드시 별도로 대비를 해 두어야 한다.

셋째, 일부 상위권 대학에서 물리 II · 화학 II · 생물 II · 지구과학 II 범위에서는 통합형 과학 논술 문제를 출제하지 않는다고 명시하고 있으나 실제로는 적잖이 출제되고 있다. 공식적으로 이러한 발표를 하지 않은 상위권 대학들의 경우, 물리 II · 화학 II · 생물 II · 지구과학 II 의 영역에서 출제될 가능성이 더욱더 높음은 두말할 나위 없다. 예를 들어 물리 II 에서 포물선 운동과 원운동, 생물 II 에서 DNA와 광합성 · 호흡, 화학 II 에서 화학 평형과 용액 등은 반드시 알고 있어야 하는 내용이다.

넷째, 자연계 논술에서는 작문이나 쓰기 능력이 크게 작용하지 않는다. 일부 대학은 아예 자연계 논술의 경우 "작문 능력은 평가 대상이 아니다."라고 발표하고 있다. 하지만 글 속에 오개념이 섞여 있거나 문장의 의미를 이해하기 어려운 수준일 때는 당연히 감점 대상이다.

다섯째, 자연계 논술은 지원 학과와의 연관도가 낮다. 즉 대부분의 대학들이 어떤 학과를 지원하는지와 상관없이 모든 자연계 수험생들에게 동일한 문제를 내놓는다. 다만 일부 대학 의학계열에서 별도의 논술 문제를 출제하는 경우가 있는데, 이때에는 출제진이 어디 소속인지를 봐야 한다.

예를 들어 연세대나 가톨릭대 등은 의학계열 논술 문제가 별도로 출제된다. 그런데 출제진은 의대 교수가 아닌 수학 및 자연 과학 전공 교수들이다. 따라서 수학이나 물리

등 의학과 별로 연관성 없어 보이는 주제의 문제들도 많이 출제된다. 반면 일부 지방 사립대의 경우 의대 교수들이 직접 의학계열 논술 문제를 출제하기 때문에, 이 경우에는 대체로 화학이나 생물과 연관된 문제가 나온다.

문제 유형을 파악하면 공부가 더욱 쉬워진다

'통합형 과학 논술'이라고 분류될 수 있는 논술 문제는 다음의 네 가지 유형으로 분류할 수 있다. 각 유형에 대한 선호도는 대학마다 다를 것이다. 이 가운데 특히 첫 번째 유형이 가장 높은 비중을 차지한다.

유형 1 : 개념 원리

실상 논술문이라기보다 과학을 소재로 하는 설명문을 요구하는 문제이다. 출제진의 출제 의도와 채점 지침이 매우 뚜렷하다. 제시문이 주어지기는 하지만 제시문에 담겨 있는 정보만으로는 제대로 답안을 구성하기 어려우며 미리 정리진 개념과 배경 지식을 갖추고 있어야만 출제 의도를 정확히 파악할 수 있다.

예를 들어 서울대 1차 통합 논술 예시 문제에서 자연계 4번 문항은 지구 대기의 형성 과정을 간략히 서술한 뒤 지구가 화성 정도의 크기이거나 금성 정도의 위치에 있었으면 지금과 어떻게 달라졌을지를 묻고 있다. 이런 문제의 경우 제시문에서는 '힌트' 정도를 찾아볼 수 있을 뿐이다. 미리 과학 교과 과정을 원리적이고 심도 있게 공부해 두지 않으면 답하기 곤란하다.

간혹 교과 과정을 벗어나는 문제가 나오기도 한다. 서울대 1차 통합 논술 예시 문제 중 자연계 3번 문항이 대표적인 예이다. 동물이나 건축물이 형태의 변화 없이 비례 성장할 때 무게와 표면적 간의 불비례 및 무게와 단면적 간의 불비례가 나타남을 서술한 뒤 "개미가 코끼리만해질 수 있는가?"를 묻고 있다. 이 문제는 갈릴레이가 400년 전에 제기한 고전적 문제로서 표준적인 생물 I·II 교과 내용에서는 찾아볼 수 없는 것이다. 이처럼 교과 과정을 벗어나는 경우를 대비해서 과학 교양 도서를 꾸준히 읽고 관련 인터넷 강의 등을 참고, 활용해야 한다.

실험을 설계하거나 주어진 실험을 비판적으로 분석할 것을 요구하는 문제이다. 서울대 2000학년도 지필고사에는 호수에 유입된 물질이 붕어의 산란율을 떨어뜨렸는지 여부를 확인하는 두 가지 실험을 제시하고, 각 실험에 대한 비판과 대안을 요구한 문제가 있었다. 또한 성균관대 2006학년도 논술 예시 문제로 공룡 멸종에 대한 제시문에 기반하여 공룡 멸종에 대한 가설을 세우고 이를 입증할 수 있는 연구 방법을 서술하라는 문항이 출제되었다.

이 문제들은 고등학교 1학년 과정에서 배우는 '과학의 탐구' 단원과 관련되어 있다. 배경 지식은 그다지 필요 없지만 추론 및 비판적 해석 능력은 상당한 수준을 필요로 한다. '과학의 탐구' 단원을 내신이나 수능 문제로 보면 너무 간단해 보인다. 하지만 길고 복잡한 자료를 제시하면서 비판적 추론 능력을 묻는 문제로 출제되면 체감 난이도가 상당히 높아진다.

과학 철학에서 논술과 밀접하게 관련되는 주제는 이론의 지위와 발전 및 교체에 관한 것이다. 과학 방법론과 과학의 발전 과정, 과학적 객관성 등에 관한 비판적 논의 등을 알고 있으면 도움이 된다. 교과 내용 가운데 이와 관련된 사례들을 확인하고 이를 과학사적으로 재구성해 볼 필요가 있다.

일례로 경희대 2003학년도 논술 모의고사 문제는 쿤의 과학 혁명론과 현대 우주론의 발전에 관한 자료를 주고 패러다임과 정상 과학에 대한 논술문을 요구하였다. 또 한양대 2006학년도 정시 논술 문제는 이론(패러다임)이 교체되는 사례 다섯 가지를 제시하고 과학 발전에 관하여 논할 것을 요구하였다.

과학 기술의 사회적 또한 철학적 의미를 묻는 문제는 유일하게 과거 일반(철학) 논술 시절부터 출제되어 온 논제이다. 자연관의 대립(인간 중심주의 대 생태 중심주의)이나 세계관의 대립(기계론 대 유기체론) 등을 배경 지식으로 갖추고, 과학 및 기술 · 공학과 관련된 다양한 문제 제기 및 윤리적 논란들을 정리해 둘 필요가 있다.

시기별로 전략적인 학습법을 구사하라

논술이 입시에서 중요한 영향력을 행사하므로, 고등학교 1, 2학년 때부터 논술에 대하여 좀 더 전략적으로 대응하는 것이 필요하다. 그런데 논술의 유형이 '통합 교과형 논술'로 전환되면서 교과 내용과의 연관성이 깊어졌기 때문에, 내신 및 수능 공부와 논술 공부를 되도록 통합시키는 것이 바람직하다. 이상적인 상황이라면 내신 진도에 맞춰 연관된 논술 논제들을 정리해 가는 것이 좋지만, 현실적으로 학기 중에 함께하기 어렵다면 방학을 활용해라. 방학을 이용해 학기 중에 배웠던 부분 가운데 논술과 연관이 깊은 논제들 또는 이미 논술 논제로 활용된 주제들을 찾아보고 심층 학습하는 것이다.

특히 글쓰기에 자신이 없다면 고등학교 1, 2학년 때 최소한의 작문 능력을 쌓아 놓는 것이 좋다. 앞에서 언급한 것처럼 자연계 논술에서는 작문 능력의 중요성이 상대적으로 낮지만, 읽는 사람이 이해하지 못할 문장을 남발한다면 곤란하기 때문이다.

입시를 코앞에 둔 고3 시기에는 교과 내용과 논술을 연관시켜 심화 학습을 계속해 간다. 아울러 교과 내용과의 연관성이 낮은 유형(과학 철학 등)도 따로 학습해야 한다. 2008학년도부터 실질적으로 수시 1학기가 폐지될 것이므로, 수험생은 크게 두 번(수시 2학기 및 정시)의 지원 기회를 갖는다. 여름 방학에 수시 2학기 논술고사를 대비하는 데 상당한 노력을 투여해야 하며, 수능이 끝난 이후에는 정시 논술에 총력을 기울여야 한다.

이 책의 구성 및 효과적인 활용법

이 책은 고등학교 과학 전 범위에 걸쳐 자연계 논술에서 출제될 가능성이 높은 주제들을 뽑아 정리해 놓았다. 과학 교과서에 나오긴 하지만 설명이 부족한 주제, 자연계 교육 과정에서 소홀하기 쉬운 과목인 물리Ⅱ·화학Ⅱ·생물Ⅱ·지구과학Ⅱ에서 출제 가능성이 높은 주제, 교과서에서 다루지는 않지만 통합형 과학 논술에서 꼭 알아 두어야 할 주제 등 통합형 과학 논술의 모든 주제들을 총망라한 것이다.

주제별로 구분되는 각 장은 해당 주제에 대한 명쾌한 설명과 함께 꼭 풀어 봐야 할 실전 문제로 구성되어 있다. 그리고 제1권과 제2권은 편의상 나눈 것이므로 순서대로 보지 않고 학교 교과 진도에 맞춰 해당 부분을 먼저 학습해도 무방하다.

이 책의 모든 내용은 곰TV 무료 교육채널인 곰스쿨(gomschool.com)의 고교 논술에서 저자 동영상 직강으로 들을 수 있다. 강의를 통해 각 장의 골자를 좀 더 쉽게 이해할 수 있고, 한층 효과적으로 공부할 수 있을 것이다. 이해가 잘 안 되는 부분이 있거나 궁금한 점이 생기면 곰스쿨 강의 청취 후 〈Q&A〉에 글을 올리면 답변을 받을 수 있다.

본문 ▶ ▶ ▶

통합형 과학 논술의 핵심 주제들을 그야말로 '통합적으로' 설명한다. 과목을 넘나들며 주제를 중심으로 내용을 정리하고 있다. 뿐만 아니라 풍부한 도표, 그래프, 그림 등을 텍스트와 유기적으로 배치해 한눈에 쉽게 내용을 파악할 수 있도록 구성하고 있다. 본문 중 색 글씨는 반드시 알아 두어야 할 핵심 개념이므로 놓치지 않길 바란다.

수능과 겹치는 주제는 최대한 서술을 아낌으로써 지면과 시간의 낭비를 줄이고자 했다. 예를 들어 "왜 청동기 시대가 철기 시대보다 앞서 도래했는가?" "물의 화학적 특성이 생명 현상과 연관하여 어떠한 중요성을 갖는가?" 등의 문제는 대표적인 과학 논술 주제이긴 하다. 하지만 수능에서 대부분의 자연계 학생들이 선택하는 화학Ⅰ의 교과 내용과 정확히 겹치기 때문에 이 책에서는 효율적인 학습을 위해 본문보다는 실전 문제 해설 등을 통해 다루고 있다.

만일 물리Ⅱ·화학Ⅱ·생물Ⅱ·지구과학Ⅱ의 기초가 부족하여 이를 체계적으로 정리하기를 원하는 학생이 있다면 헌책방에서 6차 교육 과정의 해당 교과서들을 구해 읽어 보기를 권한다. 6차 교육 과정에서 자연계 학생들이 2학년 때부터 배웠던 물리Ⅱ·화학Ⅱ·생물Ⅱ·지구과학Ⅱ가 7차 교육 과정으로 넘어오면서 Ⅰ과 Ⅱ로 인위적으로 쪼개져 체계성이 훨씬 떨어지고 난삽해졌기 때문이다.

실전 문제 ▶▶▶

각 장별로 주제에 따른 실전 문제를 수록하고 있다. 통합 논술의 원조라고 할 수 있는 서울대 지필 고사부터 2008학년도 대학별 통합 모의 논술까지 모든 통합형 과학 기출 문제를 집중 분석하여 출제 빈도가 높은 문제들 중심으로 선별하였다. 또한 아직까지 출제된 적은 없지만 앞으로 출제 가능성이 높은 논제의 경우 예상 문제를 싣고 있다. 기출 문제는 대학 측의 출제 눈높이와 최근 대입 논술의 유형을 알려 주기 때문에 세심하게 살펴보고 학습의 이정표로 삼을 필요가 있다. 논술 은 실전임을 명심하고 '논술 길잡이'이나 '예시 답안'에 의존하지 말고 먼저 문제를 풀어 보길 바 란다.

실전 문제 논술 길잡이 및 예시 답안 ▶▶▶

모든 실전 문제에는 '논술 길잡이'와 '예시 답안'이 딸려 있다. 논술 길잡이는 논제를 해결하는 데 필요한 맥락을 짚어 주고 개념을 정리한다. 논술 길잡이와 예시 답안은 본문에서 미처 다루지 못 한 주제를 다루는 경우도 있으므로 빠짐없이 숙독하기 바란다.

과학 상식 업그레이드 ▶▶▶

본문이나 실전 문제에서 다루지 못한 주제 중 출제가 예상되는 과학적 개념을 소개한다. 폭넓고 다양한 과학적 사고를 부담 없이 습득할 수 있을 것이다.

PART
4

생명의 신비

PART 5 극단의 세계

PART
2 원초적 질서

파트 4는 주요한 생물학적 현상들 가운데 통합 교과형 논술의 소재가 될 만한 부분을 가려낸 것이다. 1, 2장에서는 세포나 개체가 비례 성장함에 따라 부딪히게 되는 문제(체적-표면적의 불비례와 무게-단면적의 불비례)를 서술하고, 이를 해결하기 위한 생명체의 다양한 대책(세포 분열, 표면적 극대화, 대사율 조절 등)을 체계적으로 이해할 수 있다. 현행 고등학교 교과 과정에서는 거의 찾아볼 수 없는 부분이지만, 의외로 출제율이 매우 높은 주제들이므로 주의 깊게 정리해 두어야 한다.

3장에서는 음성 피드백 시스템을 활용한 항상성 조절에 대하여 정리하고, 4장에서는 화학 Ⅱ에서 다루는 완충 용액을 소개하고 있다. 완충 용액은 생물체의 항상성 조절에 중요한 역할을 하므로, 생물-화학 간 통합 교과적 소재로서 자주 출제된다.

5장 또한 화학과 밀접한 연관을 가지고 있다. 6차 교육 과정에서 자세히 다루어지던 이성질체와 콜로이드가 7차 교육 과정으로 바뀌면서 교과 과정에서 흔적만 남기고 사라졌는데, 대입 논술에서는 이 주제들이 중요하게 다루어지므로 반드시 잘 정리해 둘 필요가 있다. 이성질체는 이미 제1권 파트 3의 3장에서 다루었고, 이 장에서는 콜로이드 및 반투막·세포막의 성질에 대하여 자세히 다룬다.

6~8장에서는 각종 병원체들과 암, 유전 현상, 진화 등을 연이어 정리한다. 이를 통해 교과서만으로 공부했을 때에는 보이지 않던 논술 소재들이 속속들이 눈에 들어올 것이다.

생명의 신비

66

살아남는 종(種)은 강한 종도, 똑똑한 종도 아니다.
변화에 적응하는 종이다.
— 찰스 다윈

99

1장
비례 성장의 문제

 세포의 비례 성장

모든 생물체는 세포나 조직, 또는 개체의 수준에서 '표면'을 통해 물질을 교환하고 열을 발산한다. 따라서 표면적의 크기는 체내 대사량(호흡 대사에 의해 발생하는 열)에 비례하는 수준으로 확보되어야 하며, 특히 주변 온도가 높을수록 원활한 열 발산을 위해 상대적으로 넓은 표면적을 확보해야 한다. 생물체는 대사율, 체온, 몸의 크기, 그리고 물질 교환이 이루어지는 표면의 형태를 다양한 방식으로 조정해 왔다.

특히 세포에 대하여 고찰해 보자. 세포는 살아가기 위해서 끊임없이 외부와 물질 교환을 해야 한다. 예를 들어 산소와 영양분은 세포 내로 유입되어야 하며, 이산화탄소와 노폐물은 세포 밖으로 배출되어야 한다. 이러한 물질 교환은 모두 세포의 '표면'을 통과함으로써 이루어진다. 즉 표면은 물질 교환의 통로로서 작용하는 것이다. 그런데 다음 그림에서 볼 수 있듯이 세포가 비례 성장한다면, 즉 x 방향, y 방향, z 방향 모두 일정한 비율로 성장한다면, 체적(부피)에 대한 표면적의 비율(S/V)이 작아진다. 즉 체적에 비해 상대적으로 표면적의 크기가 감소하는 것이다.

이러한 현상이 일어나는 이유는, 표면적은 길이의 제곱에 비례하지만 체적은 길이의 세제곱에 비례하기 때문이다. 결국 세포가 비례 성장할 때, 표면적과 체적은 서로 불비례한다. 그런데 외부와 교환되어야 하는 물질의 양이 체적에 비례하여 증가한다고 전제한다면, 표면적의 증가는 교환되어야 하는 물질의 양의 증가에 미치지 못하게 된다. 따라서 성장할수록 표면적은 상대적으로 좁아지고,

물질 교환이 원활하게 이루어지지 못하게 되어 대사율이 낮아지고 성장이 느려진다.

세포 크기				
한 변의 길이	1	2	3	4
표면적(S)	6	24	54	96
체적(부피)(V)	1	8	27	64
표면적/체적(S/V)	6	3	2	1.5

체적과 표면적의 불비례

체적(부피)과 표면적의 불비례 관계를 일반화하여 수식을 만들어 볼 수 있다. 세포가 반지름 r인 구형이라고 하자. 그렇다면 표면적은 $S = 4\pi r^2$, 체적은 $V = \frac{4}{3}\pi r^3$이다. 따라서 일반적으로 반지름이 r일 때 원형 세포의 체적에 대한 표면적의 비 $\frac{S}{V} = \frac{4\pi r^2}{(4/3)\pi r^3} = \frac{3}{r}$이다.

여기서 유도된 $\frac{S}{V} = \frac{3}{r}$의 관계식은, 성장이 이루어질 때 체적에 대한 표면적의 비율(S/V)이 반지름 r에 반비례하여 작아진다는 것을 보여 준다. 결국 성장할수록 표면적이 몸집에 비해 상대적으로 좁아지는 셈이다. 그런데 세포의 생존에 필요한 물질 교환량이 체적에 비례하여 증가한다고 가정하면, 상대적으로 좁아진 표면적 때문에 외부와의 물질 교환이 원활하지 못하게 되고, 이로 인해 여러 가지 문제가 발생할 수 있다.

이를 해결하는 방법에는 여러 가지가 있다. 첫 번째는 세포가 분열하는 것이다. 교과 과정에서는 세포가 분열하는 이유가 바로 체적과 표면적의 불비례 문제를 해결하기 위한 것이라고 설명하고 있다.

두 번째는 비례 성장을 포기하고, 세포의 모양이 표면적이 넓은 형태로 바뀌는 것이다. 예를 들어 구형이나 정육면체형이 아니라 불가사리 같은 형태를 가지게 된다면 체적은 동일하면서도 더욱 넓은 표면적을 가지게 될 것이다.

세 번째 해결책은 단위 체적당 대사율을 낮추는 것이다. 대사율은 종종 호흡률과 동의어로 사용되곤 한다. 호흡은 모든 세포에서 공통적으로 일어나며, 대사 과정들 가운데 가장 중요하고 핵심적인 과정이기 때문이다. 특히 세포 내외에서 교환되어야 하는 산소와 영양소, 그리고 이산화탄소와 노폐물 등은 모두 호흡 과정에서 소비되거나 생성되는 것들이다.

단위 체적당 대사율(호흡률)이 일정하다고 가정해 보자. 그렇다면 예를 들어 크기가 2배 성장하여 표면적은 4배, 체적은 8배가 되는 경우, 세포 내외에서 교환되어야 하는 물질의 양 또한 8배가 될 것이다. 반면 크기가 2배 성장할 때 단위 체적당 대사율이 절반으로 작아진다고 가정해 보자. 그렇다면 크기가 2배 성장하여 표면적은 4배, 체적은 8배가 될 경우, 교환되어야 하는 물질의 양은 8배가 아닌 4배 정도가 될 것이다. 이렇게 되면 이론적으로 세포 분열을 하지 않아도 된다. 다만 단위 체적당 대사율(호흡률)이 일정 수준 이하로 낮아지면 생물이 생존을 유지하기가 어려워지기 때문에, 이러한 대응 방법은 그 효과가 제한적이다. 결국 세포 분열이 일어날 수밖에 없는 것이다.

 ## 기후에 따른 체구와 체형의 적응

체적과 표면적과 관련된 이야기를 '세포'의 수준이 아니라 '개체'의 수준에서 살펴보도록 하자. 동물은 항상 표면을 통해 체열을 몸 밖으로 방출한다. 추운 지역에 사는 동물은 체열을 빼앗기지 않아야 체온을 유지할 수 있고, 더운 지역에 사는 동물은 오히려 체열을 잘 방출해서 체온이 올라가지 않도록 해야 한다.

추운 지방에 사는 동물은 체구에 비해 표면적이 좁은 것이 유리하고, 더운 곳에 사는 동물은 체구에 비해 표면적이 넓은 것이 유리하다. 그런데 체구가 클수록 체적에 대한 표면적의 비율(S/V)이 작아지므로, 체열이 덜 발산되어 체온 유지에 유리하다. 따라서 비슷한 동물 종들을 비교해 보면, 추운 기후대에 사는 종일수록 대체로 체구가 크다는 사실을 발견할 수 있다. 예를 들어 호랑이는 북방 종일수록 체구가 크며, 북반구의 인종들을 살펴보면 남반구의 인종들보다 대체로 체구가 크다. 반면 더운 지방에 사는 동물은 체구가 작은 것이 유리하다. 체구가 작으면 체적에 대한 표면적의 비율이 커지므로 열 방출에 유리해지기 때문이다. 이처럼 동물이 살아가는 기후대에 따라 체구가 달라지는 현상을 '베르크만의 법칙'이라고 한다.

단, 베르크만의 법칙이 성립하려면 단위 체적당 또는 단위 무게당 대사율(열 발생률)이 일정하다는 전제가 필요하다. 이러한 전제에 따르면 동물 한 개체당 대사량 또는 열 발생량은 무게 또는 체적에 비례하여 증가하게 되어, 추울수록 큰 체구가 유리하고 더울수록 작은 체구가 유리해지는 결과가 나타난다.

한편 발이나 귀, 꼬리 등과 같이 말단부가 발달되어 있으면 표면적이 넓어져 체열을 많이 빼앗기게 되므로, 추운 곳에 사는 동물은 대개 말단부가 뭉뚝하고 덜 발달되어 있다. 반면에 더운 곳에 사는 동물은 체열을 잘 발산하는 것이 유리하므로 말단부가 잘 발달되어 있는 경우가 많다. 극단적인 예로 기린과 같은 체형을 가진 동물은 추운 지방에서는 금방 얼어 죽을 것이다. 이처럼 추운 지방에 사는 동물의 부속 기관(귀, 꼬리, 목)이 더 작거나 짧은 것을 '앨런의 법칙'이라고 한다.

그런데 체형만 보면 하마는 추운 지역에 적합해 보이지 않는가? 실제로는 하마는 열대 지방에서 서식한다. 즉 베르크만의 법칙과 앨런의 법칙은 모두 '비슷한 동물 종 사이에서 비교할 때'에만 성립한다. 다음 그림은 몇몇 종의 여우들의 특성을 분석한 것이다. 추운 곳에 사는 종일수록 체구가 크고(머리 크기를 통해 유추할 수 있다.) 귀와 같은 말단부가 짧으며, 더운 곳에 사는 종일수록 몸집이 작고 말단부가 길다는 것을 확인할 수 있다.

북극여우   붉은여우   사막여우
(한대)   (온대)   (난대)

서식 지역에 따라 분류한 여러 종의 여우
더운 곳에 사는 종일수록 체구가 작아서 체적에 대한 표면적의 비율이 크다. 또한 말단부가 잘 발달되어 있다. 이러한 특성들로 인해 열 방출이 활발하므로 체온이 지나치게 높아지는 것을 막을 수 있다. 추운 곳에 사는 종의 경우는 그 반대이다.

표면적과 관련된 다양한 현상들을 일상생활 속에서 볼 수 있다. 예를 들어 벙어리장갑이 보통 장갑보다 따뜻하다든지(표면적이 더 작기 때문이다.), 얼음 덩어리나 각설탕을 부수면 더 빨리 녹는다든지(표면적이 넓어지므로 열 흡수가 원활해지며 용매에 용해될 기회도 많아진다.), 일반적으로 덩어리 상태보다 가루 상태일 때 화학 반응 속도가 빠른 (단위 시간당 충돌 횟수가 많기 때문이다.) 현상 등은 모두 표면적에 따라 열 방출량이 달라지는 것과 연관되어 있다.

동물의 위상 기하학

동물을 위상 기하학(位相幾何學)적으로 살펴보면, 뜻밖의 인식을 얻게 된다. 우리 신체의 내부와 외부 사이에서 물질이나 열이 교환되는 곳은 내부와 외부가 만나는 곳, 바로 우리 몸의 '표면'이다. 그런데 그 표면이란 어디에 있는가? 일단 우리의 피부가 있다. 그런데 그 피부를 따라가다 보면 우리는 '구멍(입, 콧구멍, 항문)'을 만나게 되고, 표면은 구멍 내부에까지 이어지게 된다는 것을 알게 된다. 결국 동물 신체의 '표면'은 소화관, 기관지와 폐포, 요도와 방광과 세뇨관 등 신체의 내부를 향해 확장되어 있는 것이다.

따라서 우리가 '소화관 내부'라고 표현하는 곳은, 엄밀하게 보면 '우리 신체의 외부'에 해당한다. 그래서 소화관 내부로 소화액(위액, 이자액, 장액 등)을 내보내는 것은 '내분비'가 아니라 '외분비'인 것이다. 즉 소화액을 분비하는 것은 땀을 분비하는 것과 비슷한 일이다.

소화 기관뿐만 아니다. 다음 그림의 (나)를 보면 알 수 있듯이, 배설 기관(세뇨관, 집뇨관, 방광, 요도)과 호흡 기관(기관, 기관지, 폐포)의 내부 또한 엄밀히 보면 우리 몸의 외부에 해당한다. 하지만 그림을 자세히 보면 알 수 있듯이, 온전히 우리 몸의 내부라고 볼 수 있는 기관이 있다. 순환 기관이 그것이다. 순환 기관은 온몸 구석구석으로 퍼져 있는 혈관과 림프관 등을 포함하고 있지만, 이 관들은 어느 한 곳이라도 신체의 외부 공간과 연결되어 있지 않다. 그래서 혈관 속으로 호르몬을 분비하는 것은 '외분비'가 아니라 '내분비'라고 부르는 것이다. 흔히 이자가 내분비 기능과 외분비 기능을 동시에 수행한다는 말을 한다. 그런데 이자액을 생성하여 십이지장으로 분비하는 외분비 기능을 수행하는 부분과, 인슐

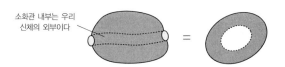

소화관 내부는 우리
신체의 외부이다

(가) 위상 기하학적으로 우리 몸을 단순화해 보면 도넛과 같은 꼴이다.

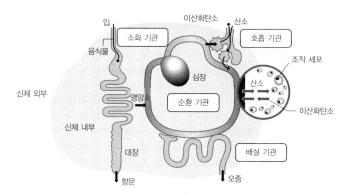

입 이산화탄소 산소
소화 기관 호흡 기관
음식물
조직 세포
심장 산소
신체 외부 영양소
순환 기관
신체 내부 이산화탄소
대장 배설 기관
항문 오줌

(나) 소화관 내부, 세뇨관 및 집뇨관과 요도 내부, 기관 및 기관지와 폐포 내부는 모두 신체의 '외부'
이다. 혈관을 포함한 순환 기관은 우리 몸의 '내부'이다.

동물 신체의 위상 기하학적 특성

린·글루카곤을 생성하여 혈관으로 분비하는 내분비 기능을 수행하는 부분은
이자 내에서 사실상 별도의 기관으로 볼 수 있다.

이 같은 이유 때문에 혈액 속의 성분이 밖으로 나오는 오줌은 신체 내부에 있
던 것이 외부로 빠져나오는 현상으로서 엄밀한 의미에서 '배설'이라고 볼 수 있
지만, 소화관을 통과하여 똥으로 배출되는 것은 엄밀한 의미에서 '배설'이라고 볼
수 없다. 배설 기관을 설명할 때 직장과 항문이 포함되지 않는 것은 이 때문이다.

 표면적이 극대화된 구조

신체의 내부와 외부 사이에는 활발한 물질 교환이 이루어진다. 동물의 신체 조직
을 보면 원활한 물질 교환을 위해 신체 내부와 외부 사이의 표면적이 극대화된 구
조를 여러 가지 찾아볼 수 있다. 대표적인 예로 몇 가지를 들어 보면 다음과 같다.

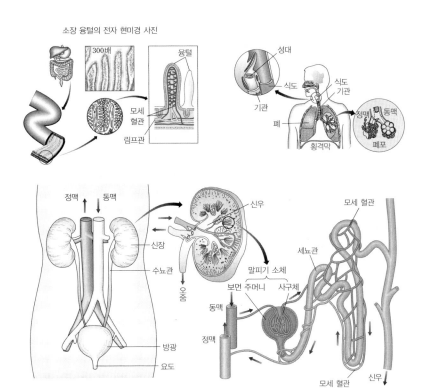

소장 융털의 전자 현미경 사진

융털, 폐포, 모세 혈관(신장 사구체와 세뇨관의 모세 혈관)
사람의 신체 구조 가운데 표면적이 극대화된 사례들이다.

첫째, 소장에서의 흡수율을 높이기 위해 소장의 길이가 길고 융털이 발달되어 있다. 둘째, 기체 교환 속도를 높이기 위해 폐포가 발달되어 있다.(즉 공기와 모세 혈관이 만나는 접촉 면이 밋밋하지 않고 포도송이처럼 올록볼록하다.) 셋째, 혈액과 주변 조직액 사이의 물질 교환을 위해 매우 가느다란 모세 혈관이 우리 신체 구석구석에 퍼져 있다. 특히 여과가 일어나는 사구체 및 재흡수와 분비가 일어나는, 세뇨관을 감싸고 있는 모세 혈관, 그리고 태아 혈액과 모체 혈액 사이에 물질 교환이 일어나는 태반의 모세 혈관 등이 교과 과정에서 강조되는 사례이다.(태아와 모체 사이의 모세 혈관 벽은 엄밀하게 '외부와 내부 사이의 표면'이라고 보기 어렵지만 편의상 여기에 포함시켰다.)

이러한 사례들은 인체 이외에도 찾아볼 수 있다. 대표적인 예가 물고기의 아가미이다. 아가미에는 미세한 빗살 무늬 조직이 잘 발달되어 있고 이 안에 모세

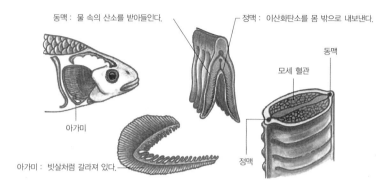

동맥 : 물 속의 산소를 받아들인다.

정맥 : 이산화탄소를 몸 밖으로 내보낸다.

동맥

모세 혈관

아가미

정맥

아가미 : 빗살처럼 갈라져 있다.

표면적이 극대화된 형태인 물고기 아가미의 구조

혈관이 퍼져 있다. 아가미의 모세 혈관 벽을 통해 산소와 이산화탄소를 교환해야 하므로 이처럼 표면적이 극대화된 구조를 통해 원활한 기체 교환이 이루어지도록 하는 것이다.

 ## 표면적과 반응 속도

고등학교 1학년 과학 교과 과정에서 일정량의 고체 반응 물질을 잘게 쪼개면 표면적이 증가하고, 이로 인해 단위 시간당 충돌 수가 증가하며, 이로 인해 단위 시간당 반응량(＝반응 속도)이 증가한다는 것을 다룬다. 이러한 관계는 물론 고체와 액체 사이, 또는 고체와 기체 사이에서만 적용된다.

다음 그림을 보면 질량과 부피가 일정하다 해도 입자를 반으로 쪼갰는지 여부에 따라 표면적이 차이가 나는 것을 알 수 있다. 극단적으로 입자를 쪼개어 가루 상태로 만들면 표면적이 극단적으로 넓어지므로, 반응 속도가 엄청나게 빨라지는 현상을 볼 수 있다.

예를 들어 밀가루가 흩날리는 제분 공장에서 작은 불씨로 인해 큰 폭발 사고가 나는 경우가 미국이나 프랑스 등 여러 곳에서 발생했는데, 이는 표면적이 반응 속도에 얼마나 큰 영향을 줄 수 있는지를 잘 보여 주는 사례이다. 비슷한 사고

입자 크기		
표면적(S)	10	12
체적(부피)(V)	2	2
표면적/체적(S/V)	5	6

가 1999년 서울대에서 발생하여 세 명이 사망한 적도 있다.

1999년 서울대 실험실 사고에서 폭발한 것은 알루미늄 가루였다. 알루미늄은 금속으로서 통상적으로 타지 않지만, 얇은 포일 형태나 가루 형태로 만들면 표면적의 비율이 높아져 공기 중에서도 연소한다. 특히 미세한 분말 형태로 만들면 표면적이 극히 넓어져, 공기 중에서 작은 불씨에도 큰 폭발을 일으킬 수 있다. 발화원이 무엇이었는지는 알 수 없지만, 담뱃불 이외에도 전기 스위치의 조작으로 인한 스파크라든가 실험 장비나 물건을 옮기다가 마찰로 인해 발생하는 순간적인 불꽃 등이 발화원이 될 수도 있다.(서울대 사고의 원인은 끝내 명확하게 규명되지 못했다.)

다음은 당시 보도된 기사이다.

서울대 실험실 화재 … 학생 4명 중상(1999. 09. 18.)

서울대 실험실에서 원인을 알 수 없는 폭발 사고가 발생, 실험 중이던 대학원생 등 4명이 중화상을 입는 사고가 일어났다. 이 사고로 교내에서 2000학년도 수시 고교장 추천 전형 지필 고사를 마친 일부 고교생들과 도서관에서 공부 중이던 대학생 등이 놀라 긴급 대피하는 소동이 벌어졌다.

▲발생─ 18일 오전 11시 40분께 서울 관악구 신림동 서울대 공학관 31동 원자핵 공학과 4층 높이의 조립식 가건물 '가속기 제작 연구실'에서 '꽝' 하는 폭발음이 터졌다. 폭발은 연이어 5분간 7~8차례 발생, 조립식 건물 외벽이 튕겨 나가고 건물 위로는 시커먼 연기가 솟아올랐다. 이 사고로 건물 안에서 실험 중이던 김태영(29세, 박사 과정)·김영환(25세, 박사 과정)·홍영걸(23세, 석사 과정) 씨 등 원자핵 공학과 대학원생 3명이 온몸에 3도 화상을 입고 한강 성심 병원으로 옮겨져 치료를 받고 있으나 위독한 상태이며, 신호민(25세, 여, 이대 물리학과 석사 졸) 씨는 2도 화상을 입었다.
사고 지점에서 5m 떨어진 곳에 있었던 천문성(22세, 석사 과정 1년) 씨는 "학생들이 폭발 반

응 실험을 위해 종이 실험관에 인화성이 강한 알루미늄 가루를 넣는 과정에서 갑자기 폭발이 일어났다."며 "119 신고를 하려고 밖으로 나오는 2∼3분 사이에 두세 차례 폭발음과 함께 비명이 들렸다."고 말했다. 사고가 나자 소방차 35대, 120여 명의 소방 대원. 특수 구조차 4대, 특수 구조대 4명이 출동, 20여 분 만에 진화했다.

▲사고 원인 — 당시 실험실에서는 지난 6월께부터 J 기계 상사로부터 주문받은 재래식 화약을 이용한 다이너마이트를 대용할 수 있는 미세한 알루미늄 가루를 사용한 플라스마 기법의 폭발물 실험이 진행 중이었다. 이 실험 중 알루미늄 가루를 원통형 종이 실험관에 주입하는 과정에서 일부 가루가 공기 중으로 날렸으며, 이 과정에서 알 수 없는 스파크가 발생, 연쇄적으로 폭발이 일어났다.

사고 현장에서 떨어진 곳에 있었던 실험 지도 담당 정기형(61세, 원자핵 공학과) 교수는 "실험 중 학생 한 명이 담배를 피우면서 담배 불꽃이 인화성이 강한 알루미늄 가루에 옮겨 붙으면서 폭발이 일어난 것 같다."고 말했다.

그러나 사고 현장에 있었던 대학원생 천씨는 "담배를 피운 사람은 없었던 것으로 안다."며 "자주 실시하던 실험이었는데 왜 폭발이 일어났는지 모르겠다."고 말했다.

경찰은 정 교수 등을 상대로 정확한 사고 원인을 조사 중이다.

▲피해 상황 — 소방서 측은 폭발 충격으로 4개의 실험실이 있는 조립식 건물 외벽 패널이 2,500m² 가량 부서졌으며, 철골에는 이상이 없으나 정밀 안전 진단이 필요하다고 밝혔다.

또 대부분의 전기 시설이 진화 과정에서 손상돼 실험 장비를 제외하면 약 9,000여 만 원의 재산 피해가 난 것으로 잠정 집계됐다.

하지만 사고 건물 바로 옆 31동에는 폭발의 충격이 미치지 않아 이 건물 1층에 있는 동위 원소 저장고는 안전한 것으로 밝혀졌다.

▲서울대 대책 — 공대 이장무 학장을 위원장으로 하는 대책 위원회를 구성, 사고 원인 규명과 보상 문제 등을 논의 중이다.

 무게와 단면적의 불비례

갈릴레이는 지금부터 400년 전에, 사람이 그 체형을 그대로 유지한 채로 비례 성장하면 다리가 몸무게를 지탱하지 못하고 부러진다는 사실을 지적한 바 있다. 이처럼 생명체나 인공 구조물이 비례 성장을 할 경우에 겪게 되는 문제는 오래 전부터 잘 알려진 고전적 주제이다.

사람이 지금의 체형을 그대로 유지한 채로 거인이 된다면 어떻게 될까? 우리는 아무렇지도 않게 『걸리버 여행기』에 나오는 거인국 사람들의 모습을 상상한다. 그 거인은 우리와 같은 체형을 가지고 있다. 즉 보통 사람을 그대로 확대시켜 놓은 모양인 것이다. 이렇듯 체형을 그대로 유지한 채로 성장하는 것, 즉 x 방향, y 방향, z 방향 모두 일정한 비율로 성장하는 것을 '비례 성장'이라고 한다.

그런데 비례 성장에는 한계가 있다. 다음 그림의 (가)를 통해 간단히 생각해 보자. 구형의 몸과 사각 기둥 모양의 다리 하나를 가진 단순한 동물이 있다. 이 동물이 2배 비례 성장하면 부피는 2^3배, 즉 8배가 된다. 부피가 8배가 되었으므로, 동물의 신체를 구성하는 물질의 밀도가 일정하다면 무게 또한 8배가 될 것이다. 문제는 다리가 지탱할 수 있는 최대 무게는 다리의 단면적에 비례한다는 점이다. 그림을 통해 알 수 있듯이, 다리의 단면적은 2^2배, 즉 4배가 된다. 무게는 8배 무거워지지만 다리는 4배의 무게만을 지탱할 수 있을 뿐이다. 즉 무게는 길이의 세제곱에 비례하여 커지지만, 단면적은 길이의 제곱에 비례하여 성장하므로, 이런 식으로 비례 성장을 했다가는 다리는 몸무게를 견디지 못하고 부러질 것이다.

이렇듯, 비례 성장을 하면 몸무게의 증가율이 단면적의 증가율을 초과하는 문제가 생긴다. 따라서 체구가 커지다 보면 비례 성장을 포기하고 체형이 바뀌어야 한다. 즉 다리가 상대적으로 더 두꺼워지는 식으로 체형이 변화되어야 하는 것이다.

이러한 관계를 처음으로 지적한 사람은 갈릴레이이다. 그는 자신의 저서에서 동물의 대퇴골을 비교한 그림을 제시했다. 크고 무거운 동물일수록 대퇴골의 길

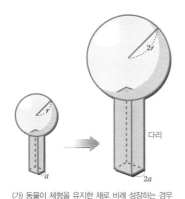

(가) 동물이 체형을 유지한 채로 비례 성장하는 경우

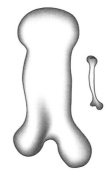

(나) 갈릴레이가 비교한 큰 동물과 작은 동물의 대퇴골

비례 성장의 문제

이에 비해 단면적이 두껍다. 반면 작고 가벼운 동물일수록 대퇴골의 길이에 비해 단면적이 얇다.

이 같은 인식의 연장선 위에서 개미와 코끼리를 비교해 보면 의미심장한 차이를 확인할 수 있다. 즉 체구가 크고 무거운 코끼리는 체구에 비해 상대적으로 두꺼운 다리를 가진 반면, 작고 가벼운 개미는 상대적으로 얇은 다리를 가지고 있는 것이다.

개미와 코끼리의 다리 굵기
체구에 대한 다리의 굵기 비율을 비교해 보라. 작고 가벼운 개미는 체구에 비하여 상대적으로 가느다란 다리를 가지고 있고, 크고 무거운 코끼리는 상대적으로 두꺼운 다리를 가지고 있다.

체구의 차이는 이처럼 대단한 차이점을 만들어 낸다. 개미는 상대적으로 가느다란 다리를 가지고도 자신의 무게보다 더 무거운 물체를 들어올릴 수 있는 반면, 코끼리는 상대적으로 두꺼운 다리를 가지고도 자신의 무게보다 무거운 물체를 지탱하는 것은 꿈도 꾸지 못한다. 이러한 차이는 근본적으로 이들의 크기 차이에서 비롯된 것이다.

 무게–단면적 불비례 관계의 극복

사실 비례 성장이 전혀 불가능한 일은 아니다. 비례 성장은 하되, 골격 재료를 고강도 물질로 바꾸거나 뼈대의 구조를 재설계하는 방법도 있을 것이다. 실제로 몸무게에 비해 상대적으로 가느다란 다리를 가진 동물들은 비교적 높은 골밀도

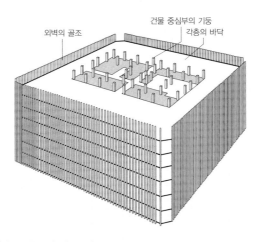

외벽의 골조
건물 중심부의 기둥
각층의 바닥

세계 무역 센터의 구조를 보여 주는 모식도
건물의 하중을 중앙부의 기둥 구조뿐만 아니라 표면의 금속 골조가 함께 지탱하게 되어 있다. 그러나
비행기 충돌로 인한 오랜 화재로 금속 재료의 강도가 낮아지면서 붕괴하고 말았다.

를 가지고 있을 것임을 추측할 수 있다.

그런데 이런 문제가 동물의 문제만일까? 몸집이 커지다 보면 나무와 같은 식물도 같은 문제에 부딪히게 되며, 건물 같은 인공 구조물을 설계하고 시공하는 과정에서도 본질적으로 동일한 문제를 해결해야 한다. 무작정 빌딩을 높게 짓기 어려운 것이 이러한 문제 때문이다. 건물이 높아질수록 아래쪽에서 견뎌야 하는 하중이 크기 때문에 무게를 지탱하는 기둥의 비율이 높아져야 하고, 결국 이용할 수 있는 공간의 비율이 낮아지게 된다. 이러한 문제를 해결하기 위해서는 결국 강도가 더 높은 건축 재료를 사용하거나 이전과 다른 공법을 사용해야 한다. 예를 들어 2001년 9·11 테러 사건으로 무너져 내린 뉴욕의 세계 무역 센터 건물은 하중의 상당 부분을 표면의 금속 구조물을 통해 분산시키는 공법을 이용하여 초고층으로 건물을 지으면서도 공간 활용도를 높일 수 있었다.

실전 문제

1 다음 제시문을 읽고 물음에 답하시오.

〈2008 경북대 모의 논술 2차〉

세포는 모든 생명체를 이루는 기본 단위로, 현미경을 통해서만 볼 수 있을 정도로 매우 작다. 세포는 생명 현상을 유지하기 위하여 외부로부터 물질을 받아들이고 내부에서 만든 물질을 내보내기도 한다. 이러한 물질 교환은 세포의 바깥을 싸고 있는 얇은 막인 세포막을 통하여 이루어진다. 이와 같이, 세포막은 세포의 형태를 유지할 뿐만 아니라 필요한 물질의 출입(확산, 삼투압, 능동 수송)을 통제하는 기능을 한다. 세포막을 통한 물질 교환은 세포의 생명 유지에 매우 중요하다.

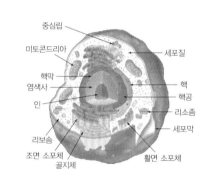

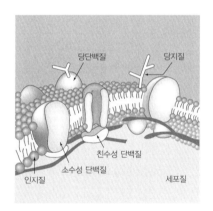

세포막

(1) 다음 그림 (A), (B)는 세포의 표면적과 부피의 상관관계를 알아보기 위해 제시한 것이다. 그림 (A)는 각 모서리의 길이가 15μm인 정육면체 모양의 세포를 나타내고, 그림 (B)는 모두 같은 크기를 가진 정육면체 모양의 세포 27개가 모여 (A)와 같은 부피의 정육면체 모양을 이룬 상태를 나타낸 것이다.

(A)와 (B)의 표면적을 구하고, (B)와 같은 세포에 비해, (A) 세포가 가지는 단점에 대하여 설명하시오.

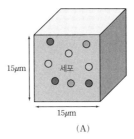

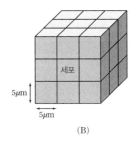

15μm

세포

15μm

5μm

세포

5μm

(A)   (B)

(2) 코끼리만 한 크기의 생물체를 만든다고 가정해 보자. 이 생물체를 하나의 세포로만 이루어지도록 만들면 문제 (1)의 답과 같은 단점들이 있기 때문에, 가능한 한 많은 수의 세포를 가지도록 이 생물체를 만들려고 한다. 이 생물체는 생명 유지에 필요한 물질들을 모든 세포에 공급하는 일과 불필요한 물질을 내보내는 일을 효율적으로 해낼 수 있어야 한다. 이러한 사항을 바탕으로, 이 생물체를 만들 때 고려해야 할 전략과 그 근거를 설명하시오.

논술 길잡이

이 문제는 세포 및 개체의 수준에서 비례 성장이 어떠한 문제점을 불러일으키는가 하는 고전적인 주제를 다루고 있다. 비례 성장을 할 때 부피(또는 무게)와 표면적의 불비례로 인해 세포는 세포막에서 이루어지는 물질 교환의 문제를, 개체는 열 방출의 문제를 안게 된다. 이를 해결하기 위해 세포는 분열하고 개체는 단위 체중당 대사율(체열 발생률)을 낮추는 방식으로 대응한다.

예시 답안

(1) (A) 세포의 표면적은 $6 \times 15^2 \mu\text{m}^2$인 데 비해, (B) 세포의 한 모서리의 길이는 15μm의 3분의 1이므로 (B) 세포의 표면적은 $27 \times 6 \times (\frac{1}{3} \times 15)^2 \mu\text{m}^2$이다. 따라서 (A)의 표면적은 (B)의 3분의 1이다. (A)는 부피에 비해 표면적이 좁기 때문에, 표면을 통해 일어나야 하는 물질 교환이 (B)에 비해 원활하지 못할 것이다. 이로 인해 대사율이나 성장 속도에도 문제가 생길

수 있다. (A) 세포가 이런 문제를 해결할 수 있는 방법은, 세포의 모양을 표면적이 더 넓은 형태로 변화시키거나 세포 (B)처럼 작은 세포들로 분열하는 것이다.

(2) 세포들에게 산소나 영양분처럼 필요한 물질들을 공급하고 노폐물과 이산화탄소 등을 내보내려면, 이 물질들이 잘 녹을 수 있는 용매(아마도 물)로 된 체액 및 이 체액을 순환시킬 수 있는 시스템이 있어야 할 것이다. 곤충류처럼 개방 순환계를 가지고 있을 수도 있으나, 몸집이 커지고 세포 수가 많아질수록 개방 순환계로는 효율적으로 체액을 순환시키기 어렵다. 실제로 몸집이 큰 코끼리는 폐쇄 순환계를 가지고 있다. 또한 순환하는 체액에 녹아 있는 산소와 이산화탄소를 효율적으로 교환하기 위한 시스템(호흡 기관계) 및 노폐물을 걸러 내보낼 수 있는 시스템(배설 기관계)이 필요할 것이다. 동물들은 이처럼 여러 기관계들의 상호 협동 작업을 통해 세포 수준의 물질 교환과 개체 수준의 항상성 유지가 가능하도록 하는 생존 전략을 가지고 있다.

2 영희가 고찰한 "크기와 모양의 관계"에 대한 원리를 근거로 '코끼리만큼 커진 개미' 또는 '개미만큼 작아진 코끼리'가 존재할 수 있는지 자신의 견해를 과학적으로 기술하시오.

〈2008 서울대 논술 예시 문제〉

거대한 곤충 모양의 괴물이 등장하는 공상 과학 영화를 보고 돌아온 영희는 '사람보다 큰 개미가 과연 존재할 수 있을까?'라는 의문을 갖게 되었다. 그래서 지구상에 존재하는 동물을 살펴보았더니 개미와 코끼리처럼 그 크기와 모양에 큰 차이가 있었는데, 거대한 몸집을 가진 동물 중에는 개미처럼 생긴 것이 없고 반대로 작은 몸집을 가진 곤충 중에는 코끼리처럼 생긴 것이 없다는 것을 알게 되었다.

영희는 이런 점에 착안하여 동물의 크기와 모양을 결정하는 자연 법칙에 대해 탐구해 보고 싶었다. 그리고 크기와 모양의 관계를 이해하기 위해 다음과 같이 생각해 보았다.

— 각 변의 길이가 1cm인 정육면체와 1m인 정육면체를 비교하자. 변의 길이는 100배, 표면적은 100^2배, 또 부피는 100^3배 차이가 난다. 따라서 정육면체 모양을 유지하면서 한 변의 길이가 100배 늘어나는 경우, 그 표면적/부피의 비는 1/100이 된다.

— 정육면체 모양의 몸집을 가진 가상 동물을 생각하자. 정육면체의 내부 밀도는 일정하고 밑바닥 면이 다리에 해당된다고 가정하자. 이 동물의 몸집이 100배 커지면, 무게는 100^3배 커지고 다리의 단면적은 100^2배 커져서 다리에 가해지는 압력이 100배 늘어난다. 그러나 대부분의 동물 뼈는 그 재질에 한계가 있어 압력의 크기가 일정 수준 이상을 넘어서면 부러지거나 견딜 수 없게 된다. 이 조건은 정육면체 모양을 가진 동물의 크기를 정하는 한계로 작용할 수 있다.

— 이번에는 정육면체 모양을 가진 가상 동물의 신진대사를 생각해 보자. 이 동물을 이루는 모든 세포는 외부로부터 영양소와 산소를 공급받아야 한다. 이 가상 동물은 그 표면을 통해서 외부로부터 영양소와 산소를 공급받을 수 있다. 만일 몸집이 100배 커지면 표면적/부피의 비율이 1/100로 줄어들게 되어 각 세포가 공급받는 양도 같은 비율로 줄어들게 된다. 따라서 동물의 모양에 변화가 생기지 않는 한, 내부 세포는 심각한 영양 부족 또는 산소 부족을 겪게 될 것이다.

논술 길잡이

이 문제의 핵심 주제는 바로 '체적−표면적 간 불비례'의 문제(그로 인해 몸집이 클수록 열 방출에 불리해지는 문제)와 '무게−단면적 간 불비례'의 문제(그로 인해 몸집이 클수록 다리의 두께 비율이 높아져야 하는 문제)이다. 이 두 가지를 중심으로 글을 구성하면 된다. 질문에 대한 답은 가능하다고 할 수도 있고, 불가능하다고 할 수도 있다. 단, 위 제시문만으로는 세포의 크기가 일정한지, 아니면 몸집의 변화에 따라 커지거나 작아지는지를 명확히 알 수 없다. 또한 표면적과 관련된 호흡 기관이나 순환 기관의 구조도 명확히 전제되어 있지 않다. 이러한 주제에 관하여 서술하고자 하면 조건부 문장으로, 즉 '만일 몸집이 커지는 만큼 세포의 크기 또한 커진다면……'과 같은 식으로 서술하는 것이 좋다.

개미가 코끼리만큼 커지는 데에는 다음 두 가지 주요한 문제가 있다.

첫째, 무게와 단면적의 불비례로 인한 문제이다. 신체를 구성하는 물질의 밀도가 일정하다면, 무게는 길이의 세제곱에 비례하여 증가하는 반면 무게를 지탱하는 단면적은 길이의 제곱에 비례하여 증가한다.

이로 인해 몸집이 커짐에 따라 다리는 단위 단면적당 더 큰 무게를 지탱해야 하며, 일정 수준 이상의 무게가 가해지면 다리가 부러질 수도 있을 것이다. 이를 극복하는 방법은 다리를 구성하는 물질을 밀도(강도)가 더 큰 물질로 대체하거나, 충격을 가할 수 있는 운동을 자제하고 느릿느릿 움직이는 식으로 적응하거나, 중력이 작은 행성으로 이주하는 방법 등이 있을 것이다.

둘째, 부피와 표면적의 불비례로 인한 문제이다. 단위 체적당 대사율(열 발생률)이 일정할 경우, 발생하는 체열은 길이의 세제곱에 비례하여 증가하는 반면 체열이 방출되는 피부 표면적은 길이의 제곱에 비례하여 증가한다. 단위 표면적당 방출 가능한 열은 제한되어 있을 것이므로, 몸집이 커지면 열 방출의 한계로 인해 체온이 지나치게 상승하여 죽게 될 것이다.

이를 극복하는 방법으로는 단위 체적당 대사율을 감소시키는 방법, 폐포 등 신체 안쪽으로 확장된 표면을 충분히 넓게 확보하여 이를 통해 추가로 열을 방출하는 방법, 기온이 낮은 지역으로 이주하는 방법 등이 있다.

그 밖에 몸집이 커지면 부피에 비례하여 혈류량이 늘어나야 하는데 펌프 역할을 하는 심장이 그 정도의 출력을 낼 수 있을지의 문제라든가, 코끼리는 내골격인데 개미는 외골격이기 때문에 나타나는 차이 등을 고려하여야 할 것이다.

반대로 코끼리가 개미만큼 작아지면 부피에 대한 표면적의 비율이 커지므로, 단위 체적당 대사율을 높여야 체온을 유지할 수 있을 것이다. 또한 두꺼운 다리가 필요 없기 때문에, 쓸데없이 두꺼운 다리를 유지하는 데 에너지와 영양분을 투입할 필요가 없어진다. 따라서 오랜 세대에 걸쳐 관찰해 보면 개미만큼 작아진 코끼리는 점차 다리가 얇아지는 쪽으로 진화되어 갈 것이다.

2장
대사율

 동물의 크기와 대사율

'대사' 란 생물체 내에서 일어나는 물질의 화학적 변화를 총칭하는 말이다. 그런데 대사라는 말은 종종 '호흡' 과 동의어로 쓰이곤 한다. 호흡이란 살아가는 데 필요한 에너지를 얻기 위해 일어나는 반응이므로, 특히 동물과 관련하여 '대사율' 이라는 말은 대개 '호흡률' 과 동의어로 해석한다. 그리고 호흡을 통해 에너지를 얻게 되므로 대사율은 곧 '에너지 발생률' 또는 체내에서 발생하는 에너지의 상당 비율은 열에너지의 형태이므로 '체열 발생률' 의 의미로 사용된다.

동물들의 대사율을 비교해 보면, 체구가 클수록 '단위 체적당 또는 단위 체중당 대사율' 이 낮은 경향이 나타난다. 그 이유는 체구가 클수록 체열을 발산할 수 있는 통로인 표면의 면적이 상대적으로 좁기 때문이다. 예를 들어 어떤 동물의 몸의 길이가 10배가 되어 표면적이 10^2배가 된 경우를 상정해 보자. 이때 체적(부피)과 체중은 10^3배로 커졌을 것이다. 단위 체적당 대사율이 일정하다면, 열 방출량도 10^3배가 되어야 한다. 그런데 열을 방출할 수 있는 표면은 10^2배밖에 안 되므로, 이 동물은 미처 방출하지 못한 열로 인해 체온이 너무 올라가 죽어버릴 것이다. 이런 결과를 피하는 방법은 동물이 무거워질수록 단위 체적당 대사율이 작아지는 것이다.

동물의 체구가 클수록 단위 체중당 에너지 대사율이 작아지는 것을 막스 클라이버의 법칙이라고 한다. 다음 그래프를 보면 클라이버의 법칙을 읽어 낼 수 있다. 일단 다음 그래프의 (가)를 보면, 세로축 값은 동물들의 '단위 체중당' 이 아니라 '개체당' 대사율이다. 그런데 그래프의 가로축 눈금이 세로축 눈금보다 촘

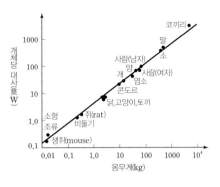

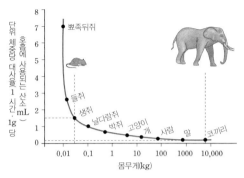

| (가) 개체당 대사율과 몸무게의 관계 | (나) 단위 체중당 대사율과 몸무게의 관계 |

동물의 몸무게와 대사율

'쥐에서 코끼리까지 그래프(mouse to elephant curve)'라는 이름으로 알려져 있다. 개체당 대사율은 몸무게의 대략 $\frac{2}{3}$ 의 제곱에 비례한다. 즉 동물의 체중이 커질수록 단위 체중당 대사율은 낮아진다. 이를 막스 클라이버의 법칙이라고 한다.

촘하다. 가로축 값인 체중이 10배가 될 때, 세로축 값인 개체당 대사율은 10배에 미치지 못하는 것이다. 대략 개체당 대사율은 몸무게의 $\frac{2}{3}$ 의 제곱에 비례한다고 알려져 있다.(엄밀히는 개체당 대사율은 몸무게의 0.734 제곱에 비례한다.) 즉 동물의 체중이 커질수록 단위 체중당 대사율은 작아지는 것이다.

1장 「비례 성장의 문제」에서, 추운 기후일수록 큰 체구를 갖는 것이 체온 유지에 유리하다고 정리하였는데(베르크만의 법칙), 이때는 동물의 체구에 관계없이 단위 체중당 또는 단위 체적당 대사율은 일정하다고 전제하였다. 그런데 동일한 기후 조건이라면, 체구가 클수록 단위 체중당 대사율을 낮춰야 체온이 과다 상승하는 것을 방지할 수 있다.(막스 클라이버의 법칙) 이 모든 내용은 체구와 대사율이 환경에 대한 적응에서 얼마나 중요한 요소인지를 알려 준다.

 항온 동물과 변온 동물

여기서 한 가지 주의할 점은, 위 그래프에 표시된 동물들이 모두 항온 동물(정온 동물)이라는 사실이다. 변온 동물을 체중에 따라 그래프에 표시한다면, 항온

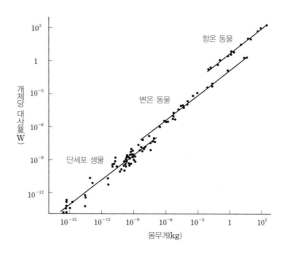

여러 동물의 대사율
항온 동물의 대사율이 변온 동물보다 높다.

동물로 그려지는 선 아래쪽에 또 하나의 선이 그려지게 될 것이다. 즉 위의 그래프를 보게 될 것이다. 변온 동물도 체구가 클수록 단위 체중당 대사율이 낮아지는 경향, 즉 막스 클라이버의 법칙을 보이겠지만, 전반적으로 항온 동물보다 대사율이 낮으므로 변온 동물의 개체당 대사율의 선은 항온 동물의 선 아래쪽에 위치하게 된다.

항온 동물을 정온 동물 또는 온혈 동물이라고 부르기도 하는데, 항온 동물은 주변 온도가 변화해도 체온이 일정하게 유지된다는 특징을 가지고 있다. 척추동물 중에 포유류와 조류가 항온 동물이다. 이들을 제외한 동물은 척추동물이든 무척추동물이든 간에 모두 변온 동물이다. 다음 그래프에서 볼 수 있듯이, 변온 동물은 주변 온도의 변화에 따라 체온이 크게 변화할 수 있다. 종종 항온 동물, 변온 동물이라는 표현 대신에 온혈 동물, 냉혈 동물이라는 표현이 사용되기도 한다. 변온 동물의 평균 체온이 정온 동물보다 낮기 때문에 냉혈 동물이라고 부르는 것이다. 하지만 이들도 체온이 일정 수준 이하로 낮아지면 활동이 굼떠지며, 체온이 높을 때 대사와 활동이 활발해진다. 이들도 낮은 체온이 지속적으로 유지되는 환경에서는 생존하기 어렵다. 이것은 변온 동물의 효소의 최적 온도가 항온 동물의 효소의 최적 온도와 비슷하다는 것을 시사한다.

항온 동물이 체온을 일정하게 유지하려면 강력한 체온 유지 체계가 필요할 것이다. 체온을 일정하게 유지하기 위해 항온 동물은 몇 가지 특이한 구조를 발달시켰다.

첫째, 세포들의 높은 대사율(호흡률)을 지탱하기 위해서는 그만큼 세포들에 대한 산소 공급이 원활해야 하므로, 효율적인 산소 공급 체계를 가지게 되었다. 폐에서 기체 교환이 효율적으로 일어날 수 있도록 폐포가 발달하여 표면적이 넓은 구조를 가진다. 또한 심장이 완

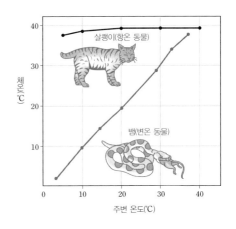

항온 동물과 변온 동물의 체온 변화
변온 동물은 외부 온도에 따라 체온이 크게 변화한다.

전하게 네 개의 영역(2심방 2심실)으로 나뉘어 동맥혈과 정맥혈이 섞이지 않아 효율적인 혈액 순환이 가능하다.(포유류와 조류만이 2심방 2심실이며, 유일한 예외로 파충류 중 악어류가 2심방 2심실이다.) 둘째, 체온의 상승을 막기 위하여 땀을 흘리거나 호흡수를 폭넓게 조절할 수 있는 열 방출 장치가 발달되었다. 셋째, 체온 저하를 막기 위해 두꺼운 피하 지방이나 털 또는 깃털이 발달되었다.

이러한 강력한 체온 유지 장치에 힘입어, 항온 동물은 변온 동물이 살지 못하는 극한 환경에서도 살 수 있게 되었다. 특히 극지방에서 사는 북극곰이나 펭귄 등은 모두 항온 동물이다.

항온 동물은 높은 대사율을 통해 체온을 효소의 최적 온도 수준으로 유지할 수 있기 때문에, 효소의 작용이 활발하여 높은 대사율을 유지할 수 있다. 즉 '높은 대사율'과 '높은 체온'과 '높은 효소 활성도'가 맞물리며 서로를 강화해 주는 작용을 한다. 그 결과, 항온 동물은 추운 곳이나 추운 계절에도 적응할 수 있게 된 것이다. 다만 그 대가로, 대사율이 높기 때문에 그만큼 먹이를 많이 섭취해야 한다는 부담이 있다.

다이어트

사람의 대사율은 체형이나 나이, 성별, 계절 등에 따라 다르게 나타난다. 몸무게가 일정하다면 키 큰 사람이 키 작은 사람보다 표면적이 넓기 때문에 단위 체중당 대사율이 높다. 남자가 여자보다 대사율이 높으며, 젊은이가 노인보다 대사율이 높고, 다른 신체 조직에 비해 근육의 대사율이 높다. 젊은 연령대에서 대사율이 높게 나타나는 것은 성장, 생식, 육아 등 많은 에너지를 필요로 하는 일이 젊은 연령대에서 집중적으로 일어나는 것과 연관된 적응 현상으로 보인다.

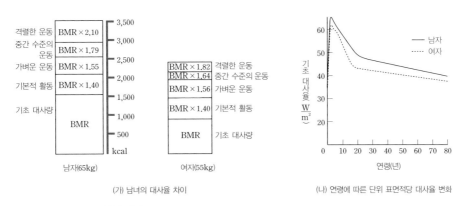

(가) 남녀의 대사율 차이   (나) 연령에 따른 단위 표면적당 대사율 변화

성별 및 나이에 따른 대사율의 차이

나이가 들면 체내 근육량이 감소하면서 대사율도 낮아지며, 따라서 이전에 비해 쉽게 살이 찐다. 그러므로 중년기 이후에 청년기의 몸무게를 유지하려면 음식 섭취량을 줄이거나 꾸준한 운동을 통해 근육량을 유지하려는 노력을 기울여야 한다.

또한 다이어트를 위해 운동을 하게 되면 처음에는 근육량이 늘어 약간 몸무게가 증가하는 경우가 있다. 근육은 대사율이 높은 부분이어서 전체 몸무게에서 근육이 차지하는 비율이 높아질수록 살을 빼는 데 유리하다. 따라서 초기의 약간의 몸무게 증가를 감수하고 지속적으로 운동을 하면 결국 살을 뺄 수 있다.

대사율은 생활 환경에 따라서도 달라진다. 오랫동안 추운 지역에 살아온 인종은 대사율이 높은 반면, 오랫동안 더운 지역에 살아온 인종은 대사율이 낮다. 그래야만 체온을 유지하기가 쉽기 때문이다. 예를 들어 미국 뉴멕시코 주의 뜨거운 사막 지역에서 사는 인디언 부족은 단위 체중당 대사율이 인류 평균보다 상당히 낮다. 뜨거운 야외에서 사는 경우라면 이처럼 대사율이 낮은 것이 정상 체온을 유지하는 데 유리하다. 뜨거운 야외가 아닌 실내에서 이들의 체온을 측정해 보면, 낮은 대사율로 인해 정상보다 약간 낮은 체온을 기록한다.

그런데 이들이 전통적인 식생활 양식에서 벗어나 풍족한 영양분을 섭취하게 되자, 금방 대부분이 비만해졌다. 대사율이 낮으므로 그만큼 체내로 섭취된 영양분을 소비하는 속도가 느린데, 이에 비하여 과다한 영양분을 섭취했기 때문이다. 그리고 이렇게 몸무게가 증가함에 따라 체적 대 표면적의 비율이 낮아졌고, 이로 인해 열 방출에 불리해짐에 따라, 보통 온도의 실내에서 측정한 체온이 정상 체온을 회복하게 되었다.

 대사율과 노화

산소는 원시 대기 중에는 존재하지 않았다. 광합성 생물의 출현으로 인해 대기 중에 산소가 나타나게 된 것이다. 그런데 산소가 출현한 것은 많은 원시 생물체들에게 일종의 재앙이었을 것이다. 왜냐하면 산소는 반응성이 크고 많은 물질들을 산화시켜 그 구조나 기능을 변형시키기 때문이다. 산소에 대한 보호 기구를 갖추지 못한 대부분의 원시 생물체는 산소의 출현으로 인해 해체되고 말았을 것이다.

이처럼 유독한(?) 물질인 산소를 생명체가 이용하게 된 것은 대단한 이율배반이다. 실제로 산소를 이용하는 대사(호흡) 과정에서 우리 세포는 끊임없이 산소로 인해 피해를 입는다. 대사 과정에서 이른바 활성 산소가 생성되기 때문이다.

세포 내에서 생성되는 대표적인 활성 산소는 과산화수소(H_2O_2), 하이드록시 라디칼($HO \cdot$), 수퍼옥사이드 라디칼($O^{2-} \cdot$) 등이 있다. 특히 하이드록시 라디칼이나 수퍼옥사이드 라디칼의 화학식에서 볼 수 있는 점($\cdot$) 표시는 전자쌍을 이루지 못한 홑전자를 의미하는데, 이렇게 홑전자를 가진 물질은 대단히 불안정한

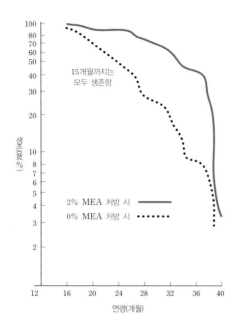

15개월까지는
모두 생존함

2% MEA 처방 시 ──────
0% MEA 처방 시 ∙∙∙∙∙∙∙∙∙∙

생존율(%)

연령(개월)

항산화 물질인 MEA(2-mercaptoethylamine)을 처방할 때 쥐의 생존율 변화

상태로서, 다른 물질과 반응하여 상대적으로 안정한 상태로 변화되려 한다. 이들은 세포 내에서 100만~10억분의 1초 동안 존재하지만, 반응성이 매우 강해서 주변의 다른 분자들을 산화시켜 망가뜨린다.

활성 산소의 작용으로 인해 세포막을 구성하는 인지질이 산화되면 세포막의 투과성이 변화하여 면역력이 저하되고, DNA가 망가지면 돌연변이가 일어나서 암을 비롯한 여러 가지 질병이 나타날 수 있다. 이렇듯 우리 몸의 세포들은 꾸준히 활성 산소들로 인해 노화되며, 이로 인해 면역력이 떨어지고 각종 질병이 유발되는 것으로 알려지고 있다. 특히 활성 산소는 자외선, 방사선, 담배, 각종 유해 화학 물질 등에 의해 급격히 그 양이 증가하므로, 이 요인들은 그만큼 노화와 질병을 촉진하는 셈이다.

우리 몸은 이러한 활성 산소를 안전하게 처리하는 장치를 가지고 있으나 그 기능이 완전치 못하며, 특히 중년기에 접어들면 그 기능이 대폭 저하되어 노화가 더욱 급속히 이루어진다. 따라서 활성 산소에 대처하는 능력을 도와주는 여러 가지 항산화 물질(비타민 C 등)을 꾸준히 섭취하는 것이 건강 유지와 노화 방지에 중요하다.

또한 기본적으로 대사량이 많아지지 않도록 음식 섭취를 자제하는 것이 도움이 된다. 세계적인 장수 지역이 대체로 소식(小食)하는 지역이라는 것은 시사하는 바가 크다. 일반적으로 단위 체중당 대사율이 높은 작은 동물은 수명이 짧은 반면, 단위 체중당 대사율이 낮은 큰 동물은 수명이 길다는 사실 또한 활성 산소 노화 이론을 뒷받침하는 근거가 될 수 있다.

1 다음 제시문을 읽고 물음에 답하시오.

〈2008 서울대 모의 논술〉

(가) 1. 화학 반응이 일어나기 위해서는 반응 물질을 이루는 입자들이 서로 충돌하여야 한다. 이때 반응 물질의 농도가 진해지면 입자들의 충돌 횟수는 어떻게 될까?

사람들이 횡단보도를 건너는 모습을 한가한 이른 아침과 복잡한 출근 시간으로 나누어 비교해 보자. 사람이 거의 없는 이른 아침보다는 여러 사람이 한꺼번에 횡단보도를 건널 때 더 자주 부딪치게 된다. 이와 마찬가지로 화학 반응도 단위 부피 속의 입자 수가 증가하면 입자들의 충돌 횟수가 많아진다. 입자의 충돌 횟수가 증가할수록 반응을 일으킬 수 있는 입자 수가 많아져서 반응 속도가 빨라진다.

화학 반응이 얼마나 빠르게 일어나는가의 정도를 반응 속도라고 한다. 반응 속도는 단위 시간 동안 반응 물질이나 생성 물질의 변화량으로 나타낼 수 있다.

$$반응\ 속도 = \frac{반응\ 물질의\ 감소량}{반응\ 시간} \left(또는\ \frac{생성\ 물질의\ 증가량}{반응\ 시간} \right)$$

2. 대부분의 화학 반응은 온도가 높아지면 반응 속도가 빨라지는데, 이것은 온도가 높아지면 분자의 운동이 활발해지며, 반응이 일어나기에 충분한 만큼의 운동 에너지를 가진 분자들이 많아지기 때문이다. 온도를 낮추어 생선이 상하는 반응을 느리게 하는 것이나 물이 끓는 온도를 높여서 음식이 빨리 되게 하는 것은 온도를 낮추거나 높여서 반응 속도를 조절하는 예이다.

3. 화학 반응에서 자신은 반응 전후에 아무 변화를 일으키지 않으면서, 반응 속도를 변화시키는 물질을 촉매라고 한다. 이때 반응 속도를 빠르게 하는 물질을 정촉매, 반응 속도를 느리게 하는 물질을 부촉매라고 한다.

정촉매를 사용할 때 반응 속도가 빨라지는 것은 자전거를 타고 낮은 언덕을 넘어가는 것에 비유할 수 있다. 낮은 언덕을 따라 넘어가는 것이 높은 언덕을 따라 넘어가는 것보다 빠르게 목적지에 도달할 수 있는 것과 같이 정촉매는 화학 반응에서 언덕을 낮추는 역할을 한다.

— 고등학교 『과학』 교과서

(나) 1. 생물체 내에서 일어나는 여러 가지 화학 반응에서 촉매 역할을 하는 것을 효소라고 한다. 보통의 촉매들처럼 효소도 반응 속도를 변화시킨다. 효소는 어느 물질에나 작용하는 것이 아니라, 열쇠와 자물쇠의 관계처럼 특정한 반응에서만 촉매로서 작용한다. 또한 효소가 활발하게 작용하기 위해서는 적절한 온도와 pH가 유지되어야 한다.

2. 우리가 섭취한 음식물 중 우리 몸에 필요한 영양소는 소장에서 흡수된다. 음식물은 분자의 크기가 커서 그대로는 우리 몸에서 흡수될 수 없기 때문에 작게 분해되어야 하는데, 이러한 과정을 소화라고 한다.

    기계적 소화란 소화 효소가 음식물에 최대로 작용할 수 있도록 도와주는 과정으로, 저작 운동, 연동 운동, 혼합 운동 등이 있다. 화학적 소화 과정은 우리 몸의 소화샘에서 분비되는 소화 효소에 의해 일어난다.

3. 화학적 소화에 관여하는 소화 효소는 주성분이 단백질이므로 온도와 pH에 따라 활성이 변한다. 소화 효소가 가장 활발하게 작용할 때의 온도를 최적 온도라고 한다. 일반적으로 체내에서 작용하는 소화 효소의 최적 온도는 체온 범위이다. 40℃ 이상의 고온에서는 효소의 단백질 구조가 변성되어 그 기능을 상실한다.

    소화 효소가 가장 활발하게 작용할 때의 pH를 최적 pH라고 하는데, 소화 효소의 최적 pH는 소화 효소의 종류에 따라 달라진다. 아밀라아제의 최적 pH

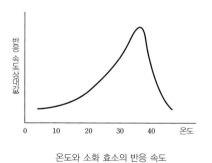

온도와 소화 효소의 반응 속도

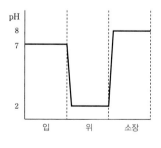

각 소화 기관의 pH

는 약 7~8이고, 펩신의 최적 pH는 약 2~3이다. 그림처럼 소화 기관에 따라 pH가 달라지므로, 입에서 작용하는 아밀라아제는 위에서는 작용하기 어렵다.

— 고등학교 『생물 I』 교과서

(1) 여러 회사에서 생산된 소화제의 효능을 비교하기 위해 실험을 하기로 하였다.

　(a) 어떠한 소화제를 좋은 소화제라고 할 수 있는지 과학적인 기준을 설명하시오.)

　(b) 좋은 소화제를 선발하기 위한 실험을 설계하시오.

(2) 생물학자가 소화 효소의 활성화 에너지(제시문 (가)의 3에서 언덕의 높이)를 생체 내 소화 효소에 비해 20% 감소시킨 소화제를 개발하였다.

　(a) 이 소화제를 먹으면 어떠한 현상이 일어날지 소화 과정을 중심으로 설명하시오.

　(b) 활성화 에너지와 반응 속도 사이 관계는 다음과 같다. 아래 식을 이용하여 활성화 에너지가 20% 줄어들면 반응 속도가 어떻게 변할지 계산 가능한 범위 내에서 구한 값을 사용하여 설명하시오.

반응 속도는 속도 상수 k와 각 물질의 농도에 비례한다.

$$k \propto e^{-E_a/RT}$$

(k=속도 상수, T=절대 온도, R=1.987cal/mol·K, E_a=활성화 에너지. 여기서 활성화 에너지는 20kcal/mol로 가정한다.)

(3) 만약에 논제 (2)에서와 같은 효소(활성화 에너지가 20% 감소된)를 가진 새로운 생물체가 발견되었다면, 이 생물체의 소화 기관은 형태적 · 기능적으로 어떠한 특징을 가지고 있을지 설명하시오.

(4) 제시문 (나)의 3의 설명에서와 같이 소화 효소들은 최적 pH가 각각 다르다. 단 한 개의 폴리펩티드(polypeptide)로 된 새로운 소화제(위와 소장에서 똑같이 최적으로 작용하는)를 만들고자 한다. 이것이 가능한지 여부와 그 방법에 대하여 설명하시오.

 논술 길잡이

(1)은 비교적 평범한 실험 설계 문제로서, 파트 1의 2장 「변인 통제」과 3장 「실험군과 대조군」의 내용과 직결되어 있다. (2), (3)은 화학 반응 속도에 대한 이론적 이해와 효소 작용을 통합시켜 이해할 것을 요구하는 문제로서 그리 어렵지 않은 수준이지만, (4)는 창의적 발상을 요구하므로 상당히 까다롭게 느껴질 수 있다. 효소도 일종의 단백질이라서 아미노산들의 배열 서열이 그 구조와 기능을 좌우한다는 점을 출발점 삼아 상상력을 전개해야 한다.

예시 답안

(1) 판매 지역의 범위를 확정한 뒤(예를 들어 우리나라), 해당 지역의 식습관을 조사하여 사람들이 평균적으로 섭취하는 음식들의 구성 영양소를 조사한다. 그리고 조사된 영양소가 소화제에 의해 얼마나 잘 소화되는지를 실험을 통해 검증한다. 이때 소화제가 일으키는 영양소 분해 반응의 반응 속도를 측정하기 위해, 일정량의 영양소에 일정량의 소화제 성분을 투여한뒤 최대한 인체 소화관 내부와 유사한 환경을 유지하면서 시간에 따라 영양소가 얼마나 많이 분해되는지를 측정하는 실험을 설계하면 될 것이다. 그리고 그 소화제가 인체에 유해 작용을 하지 않는지를 동물 실험 및 임상 실험을 통해 확인해야 한다.

(2) 활성화 에너지가 감소하면 그만큼 소화 속도가 빨라진다. 활성화 에너지가 20% 줄어들면 $k \propto e^{-E_a/RT}$ 식에 따라 반응 속도가 빨라진다. 최초의 활성화 에너지를 20kcal/mol로, 새로운 소화제가 작용할 때 활성화 에너지를 16kcal/mol로 계산해서 비교하여야 한다.(20kcal/mol에서 20%인 4kcal/mol만큼 감소한 수치이다.) 한편, 기체 상수 R를 근사적으로 2cal/mol·K, 체온을 근사적으로 300K라고 설정하면, 소화제를 먹을 때의 소화 속도는 원래 소화 속도의 약 $\dfrac{e^{-16000/600}}{e^{-20000/600}} = e^{4000/600} = e^{\frac{20}{3}}$ 배가 될 것임을 알 수 있다.(활성화 에너지의 단위에는 kcal, 기체 상수의 단위에는 cal가 쓰였으므로 이를 모두 cal 단위로 통일시켜 계산하였다.)

(3) 활성화 에너지가 감소한 만큼 소화 반응 속도가 빨라질 것이고, 그만큼 소화관의 길이가 짧아지거나 소화액 분비가 감소해도 될 것이다. 또는 체온이 일정 수준까지 낮아져도 소화가 원활하게 이루어질 것이다.

(4) 효소는 일종의 단백질로서, 그 3차원적 구조와 기능이 pH에 따라 크게 달라질 수 있다. 아래 그림처럼 두 부분이 연결되어 한 가닥의 폴리펩티드를 이루는 경우를 생각해 볼 수 있다. 한 부분은 pH 2인 위에서 소화 효소로서의 구조와 기능을 가지고, 다른 한 부분은 pH 8인 소장에서 소화 효소로서의 구조와 기능을 가지는 경우이면 될 것이다. 단, 자신이 기능하지 않는 pH에서는 상대방 부분의 효소로서의 기능을 방해하지 않는다는 점을 실험적으로 미리 검증해야 할 것이다.

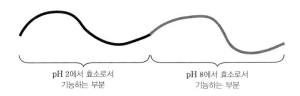

pH 2에서 효소로서   pH 8에서 효소로서
기능하는 부분   기능하는 부분

2 생물체의 항상성 유지에 관한 제시문을 참조하여 아래 질문에 답하라.

〈2000 서울대 수시 지필고사〉

생물체는 생체 내의 여러 환경을 생존에 유리한 조건을 항상 일정하게 유지하려는 경향(항상성)을 가지고 있다. 주변의 환경 변화에 저항하여 생체 내의 환경을 일정하게 유지하려는 항상성은 생물과 무생물을 구별하는 주요 특성 중의 하나이다.

항상성의 유지에는 에너지가 필요하므로 생물체는 대사 과정에서 나오는 에너지의 많은 부분을 항상성 유지에 사용하고 있다. 에너지 소모에도 불구하고 생물체가 항상성을 유지하는 것은 항상성이 그 생물체에 이익을 주기 때문이라고 할 수 있다. 이런 예 중의 하나가 온혈 동물에서 체온을 일정한 범위 내로 유지하는 것이다.

그러나 항상성 유지는 생물체에 제약적인 요소로도 작용하여 그 생물체의 물리적인 형태와 생태학적 적응 능력에 제한을 주기도 한다.

(1) 온혈 동물의 경우 체온을 일정한 범위 내로 유지하는 것이 매우 중요하다. 그 이유를 생체 내 대사 과정을 조절하는 효소 작용과 연관시켜 설명하라.

(2) 온혈 동물의 경우 일반적으로 큰 동물에 비하여 작은 동물의 대사 과정이 더 활발하다.(단위 체중당 발생하는 열량이 많다.) 그 이유를 설명하라.

(3) 온혈 동물의 장점과 단점을 생태학적인 면에서 논하고, 단점을 극복하기 위해 진화된 생물학 적 형질의 예를 들어 보라.

논술 길잡이

체적-표면적 관계와 단위 체중당 대사율, 기후 조건, 효소 작용의 특성, 항상성 유지 시스템 등을 포괄적으로 이해할 것을 요구하는 문제이다. 이 단원에서 다루었던 베르크만의 법칙, 막스 클라이버의 법칙, 그리고 온혈 동물과 변온 동물(냉혈 동물)의 대사적 특성의 차이점에 대해서는 미리 확실히 도식적인 정리를 해 둘 필요가 있다.

예시 답안

(1) 효소 반응의 속도는 일정 온도까지 온도 상승에 비례해 증가하지만 특정 온도(체내 효소의 최적 온도로 대개 $35\sim40℃$) 이상이면 오히려 감소하며, 극 단적으로 온도가 상승하면 효소 단백질이 변성되어 효소 활성을 상실한다.

온혈 동물은 체온을 항상 효소의 최적 온도 수준으로 유지할 수 있으므 로 생물체가 주변 환경의 온도 변화에 상관없이 항상 적절한 대사율을 유지할 수 있으며, 역으로 이처럼 지속적으로 대사율이 높은 수준으로 유지되므로 상대적으로 추운 환경에서도 체온을 유지하면서 살아갈 수 있는 것이다.

즉 비교적 높고 일정한 체온과 효소의 높은 활성도와 높은 대사율(그리고 이로 인한 많은 열 발생)이라는 세 가지 요소들 사이에, 서로가 서로를 강화하는 관계가 성립되는 것이다.

효소 반응 속도가 온도에 따라 다른 것은 효소 단백질의 특정 구조가 효소의 활성에 중요하기 때문이다. 최적 온도보다 높은 온도는 효소 단백질의 구조를 결정하는 화학 결합에 영향을 주어 구조 변화를 유발하고, 이에 따라 효소 활성이 저해 또는 정지되어 원활한 대사 과정을 방해한다. 최적 온도보다 낮은 온도에서는 효소의 반응 속도가 일반 화학 반응 법칙에 따라 느려져 대사 과정이 원활하지 않다.

(2) 물체로부터의 열의 발산은 그 물체의 표면적에 비례한다. 체구가 작은 동물일수록 체적에 대한 표면적의 비율이 크므로, 또는 단위 체적당 표면적이 크므로 열의 손실이 많다. 따라서 이를 보완하기 위해 더욱 활발한 대사 과정을 통해 더 많은 열을 공급해야 한다. 체구가 작을수록 단위 체중당 에너지 대사율이 높고 체구가 클수록 대사율이 낮은 것을 '막스 클라이버의 법칙'이라고 한다.

(3) 온혈 동물은 주변 환경의 온도 변화에 상관없이 체온을 일정하게 유지할 수 있으므로 다양한 온도의 여러 환경 및 온도 변화가 심한 환경에서 정상적인 대사 과정을 유지할 수 있다. 즉 온혈 동물은 그만큼 다양한 환경에 적응하기 유리하다. 실제로 추운 극지방에는 조류나 포유류와 같은 온혈

동물만이 살고 있으며, 파충류·양서류 등의 변온 동물은 살지 않는다. 그러나 온혈 동물은 대사율이 높기 때문에 많은 양의 먹이를 필요로 한다. 특히 주변 환경의 온도가 체온과 차이가 클 경우에 더욱더 많은 먹이를 필요로 하는데, 따라서 충분한 먹이의 섭취가 불가능한 지역이나 계절에는 생존하기 어렵다. 이러한 문제를 극복하기 위해 온혈 동물은 추운 지역에서는 체표면으로부터의 열 손실을 최소화하기 위해 두꺼운 피하 지방층이나 체모를 발달시켰다. 어떤 온혈 동물은 겨울잠을 자기도 한다.

과학 상식 Upgrade   도난 방지 장치는 어떤 원리로 작동할까?

누구나 각종 상점이나 도서관 등에 있는 도난 방지 장치를 통과해 보았을 것이다. 양쪽으로 기둥 모양으로 세워져 있고, 계산하지 않고 물건을 가지고 나가면 경고음이 울린다.

이것은 상품이나 책에 숨겨진 자기 테이프 때문이다. 기둥에는 전류가 흐르는데, 이로 인해 자기장이 발생한다. 그런데 자기 테이프가 지나가면 이 자기장을 교란할 것이고, 이로 인해 전류의 흐름에 변화가 나타난다. 이로 인해 경고음이 울리는 것이다. 이 현상은 물리 교과 과정에서 배우는 '전자기 유도' 이다. 전자기 유도란 자기장의 변화가 나타나면 이로 인해 전류(전류의 변화)가 나타나는 것을 가리키는 개념이다.

그렇다면 도서관에서 대출되는 책과 반납되는 책을 구분할 수 있는 이유는 무엇일까? 대출할 때는 자기 테이프에 자기장을 반대로 걸어 자성을 잃게 하고, 반납할 때에는 일정한 자기장을 책에 걸어서 자성을 띠게 하면 된다. 이 책을 누군가 무단 반출하려 하면 경보기에서 전자기 유도 현상에 따라 경보음이 울리는 것이다.

가방의 자석 단추처럼 자성을 띤 물체는 자기 테이프 말고도 상당히 많다. 하지만 자기 테이프에서 사용되는 것은 자기장의 세기가 다르고 이로 인해 유도 전류의 세기도 다르므로 경보기는 이를 구분해 낼 수 있는 것이다.

3장
피드백과 항상성

 피드백

    피드백을 통해 이루어지는 자기 조절 작용은 19세기에 생물학계에서 다루어지기 시작했으며, 사이버네틱스(그리고 시스템 이론)의 창시자인 위너에 의해 1940~1950년대에 일반화된 개념으로 자리 잡게 되었다. 피드백이란 시스템에서 산출된 정보가 다시 시스템으로 입력되어 이후의 산출에 영향을 주는 것을 나타낸다. 교과 과정에서는 생물 분야에서 다루어지고 있으나, 생물학뿐만 아니라 수학, 화학, 전자 공학, 심지어는 사회 과학에 이르기까지 매우 넓은 분야에 걸쳐 폭넓게 사용되고 있는 대표적인 통합 교과적 개념이다.

    시스템은 체계 또는 계(系)라고 번역되는 개념으로서, 여러 요소가 유기적 연관을 갖고 결합되어 있는 것을 뜻한다. 피드백 개념을 설명하기 위해서는 시스템이 최소한 세 가지 구성 요소, 즉 수용기(receptor)와 통합기(integrating center), 그리고 작용기(effector)로 구성되어 있다고 전제해야 한다. 피드백이란 시스템에서 작용기를 통해 산출된 정보(정보의 일부)가 다시 수용기를 통해 시스템으로 입력되는 것을 뜻한다. 이처럼 수용기로 되돌아가는 경로 또는 작용을 피드백 루프(loop)라 한다.

    '루프' 라는 단어는 수학 교과 과정에서 찾아볼 수 있다. 예를 들어 첫째 항이 1, 공비가 2인 등비수열의 제100항까지의 합을 구하는 순서도를 보자. $n=10$인지를 묻고 여기에 대한 대답이 '아니요' 일 때 되돌아가는 화살표를 찾아볼 수 있다. 이것이 일종

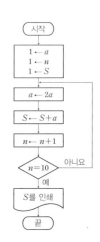

첫째 항이 1, 공비가 2인 등비수열의 제100항까지의 합을 구하는 순서도

의 루프이다. 물론 여기에 제시된 루프를 피드백 루프라고 볼 수는 없다. 피드백 루프는 대체로 시스템의 '항상성'을 유지하는 기능을 하는 데 반해, 앞 그림의 루프는 그러한 기능을 하지 않기 때문이다.

음성 피드백과 항상성

피드백되어 입력된 정보가 작용기의 효과를 증폭시키는 결과를 가져오면 이를 양성 피드백이라 하고, 정보가 작용기의 효과를 감소시키는 결과를 가져오면 이를 음성 피드백이라고 한다.

음성 피드백 시스템을 이용하면 계의 상태를 일정 범위 내에서 통제하는 것이 가능한데, 이러한 과정을 통해 계의 상태가 일정하게 유지되는 성질을 항상성이라고 한다. 항상성을 뜻하는 영어 단어는 homeostasis인데, homeo란 '동일하다'의 뜻을 가진 어근이며 stasis는 '상태'를 뜻한다.

생물체가 음성 피드백을 통해 항상성을 유지하는 사례는 다양하다. 이때 주로 자율 신경(교감·부교감 신경)과 호르몬이 주요한 역할을 수행하는데, 교과 과정에서 흔히 언급되는 예로서 티록신의 분비량 조절, 혈당량 조절, 체온 조절, 체액 농도 조절 등은 모두 음성 피드백을 통해 항상성이 유지되는 사례이다. 특히 가장 주요한 음성 피드백 시스템의 중추는 간뇌(시상 하부)이다. 간뇌를 중추로 하는 음성 피드백 시스템의 결과로 체액의 농도(삼투압), 혈당량, 체온 등이 일정한 범위 내로 조절된다.

생물체는 이처럼 외부 환경이 변화해도 내부 상태를 일정하게 유지하는 능력을 갖고 있지만, 이러한 능력에도 한계는 있다. 예를 들어 어떤 선원이 바다에 표류하고 있다고 해 보자. 식수가 부족하여 심한 갈증을 느끼던 그 선원은 바닷물을 마시기로 했다. 그런데 바닷물을 마시면 생존에 도움이 되기는커녕 생명을 잃는 결과만 초래할 뿐이다.

바닷물을 마시면 안 되는 이유는, 사람의 오줌의 염분 농도는 최고 2% 정도에 불과한 반면 바닷물의 염분 농도는 3% 정도이기 때문이다. 바닷물을 마시면

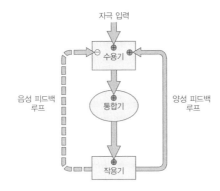

(가) 피드백 회로의 모식도

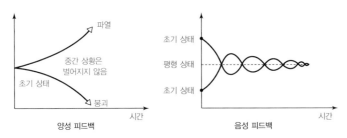

(나) 양성 피드백과 음성 피드백에 따른 출력의 변화

피드백과 그 결과

다량의 염분이 체내로 들어오는데, 체내 염분 농도가 높아지면 이를 조절하기 위해 뇌하수체 후엽에서 바소프레신(항이뇨 호르몬, ADH)이라는 호르몬이 분비되어 신장에서 염분 배출을 시작한다. 그러나 사람의 신장이 최대로 농축할 수 있는 염분의 농도는 2% 정도로, 바닷물의 염분 농도 3%에 비해 낮기 때문에 바닷물을 통해 섭취된 염분을 모두 제거할 수 없다. 추가로 염분을 배출하기 위해서는 마신 바닷물의 양보다 더 많은 양의 물을 오줌을 통해 배출해야 되는 것이다. 따라서 바닷물 1L를 마실 때마다 0.5L 정도의 물이 체내에서 손실되므로 계속해서 바닷물을 마신다면 죽음을 재촉하는 셈이다.

생태계의 항상성

항상성 개념은 세포나 개체의 수준을 넘어 생태계의 수준에도 적용된다. 예를 들어 특정한 생태학적인 지위를 가진 종이 외부의 충격을 받아 개체 수가 일시적으로 증가하거나 감소할 경우, 생태계에 존재하는 먹이 사슬의 결과로 그 종의 개체 수는 다시 원래대로 회복되는 경향이 있다.

예를 들어 메뚜기가 외부로부터 이주하여 일시적으로 개체 수가 증가한다 해도, 메뚜기 개체 수는 곧 원래대로 돌아가려는 압력을 받게 된다. 압력으로 작용하는 대표적인 요소는 개구리나 살쾡이와 같은 포식자, 제한된 먹이와 공간 등이다.

이처럼 생태계의 먹이 사슬은 음성 피드백 시스템에서 핵심적인 기능을 수행하므로, 먹이 사슬이 일정 수준 이상으로 손상되면 특정한 종의 증가나 감소가 제대로 제어되지 않아 과다 번식하거나 반대로 멸종하는 사례가 나타날 수 있다.

공학적 장치의 항상성

공학적으로도 음성 피드백을 통해 항상성이 유지되는 사례를 볼 수 있다. 대표적인 예가 바이메탈(bimetal) 스위치를 활용한 온도 조절 장치나, 변기 물탱크의 수위를 조절하기 위한 밸브 시스템 등이 있다. 바이메탈은 금속(메탈)이 두 가지 접합되어 있는 것을 뜻하는데(bi란 숫자 2를 뜻하며, 일례로 bicycle은 두 바퀴 자전거라는 의미이다.), 열 팽창률이 큰 금속과 열 팽창률이 작은 금속을 접착해 놓은 뒤 이를 전기 회로의 스위치로 사용하면 온도 변화를 일정 범위 내로 억제할 수 있다.

다음 그림의 (가)에서처럼 온도가 일정 수준 이상으로 올라가면 열 팽창률이 큰 쪽이 상대적으로 더 길어지기 때문에 바이메탈이 휘어져 전원을 차단한다. 그러다가 다시 온도가 낮아지면 바이메탈이 원래 모양으로 되돌아와 온도가 지나치게 높아지는 것을 막는다. 즉 '바이메탈의 모양'에 따라 온도가 달라지고, 달라진 온도가 피드백되어 바이메탈의 모양에 다시 영향을 주는 것이다.

또 다른 예로서, 변기 물탱크에는 수위를 측정하는 부표가 있고, 이 부표는 밸브와 연결되어 있다. 그리하여 수위가 일정 수준 이하로 낮아지면 밸브가 열려 물이 들어오고, 수위가 일정 수준 이상으로 높아지면 밸브가 닫혀 더 이상 물이 들어오지 않는다. 즉 탱크의 수위에 따라 밸브의 개폐 여부가 결정되고, 개폐 여부가 피드백되어 수위에 영향을 주는 것이다.

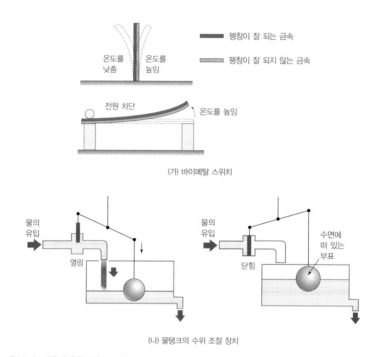

(가) 바이메탈 스위치

(나) 물탱크의 수위 조절 장치

음성 피드백을 활용한 공학 장치들

피드백 시스템에 대한 이해에 기초하여, 예를 들어 비행기 조종사가 조종간을 놓고 있어도 자동으로 고도가 유지되는 시스템을 설계해 볼 수 있다. 이 과정에서 고도계와 수평 꼬리날개의 움직임을 연결하는 것이 핵심이다. 고도계(수용기)를 통해 비행기의 고도를 감지하고, 이것이 정해진 적정 고도보다 높으면 수평 꼬리날개(작용기)가 앞쪽으로 기울어져 고도를 낮추도록 해야 한다. 반대로 고도가 적정 고도보다 낮으면 수평 꼬리날개가 뒤쪽으로 기울어 고도를 높이도록 해야 한

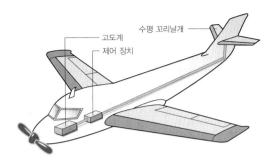

수평 꼬리날개

고도계

제어 장치

비행기의 자동 고도 조절 장치

다. 고도계가 판단한 고도가 전자 제어 장치(전자 회로나 컴퓨터)에 입력되도록 하고, 설정된 고도보다 높거나 낮으면 이에 따라 제어 장치(통합기)가 명령을 내려 수평 꼬리날개가 조작되도록 하면 자동으로 고도를 유지할 수 있다.

양성 피드백

우리 몸에서 양성 피드백에 해당하는 예를 보기는 어렵다. 왜냐하면 양성 피드백은 항상성을 유지하는 것이 아니라 반대로 항상성을 파괴하여 계를 극단적인 상태로 몰고 가기 때문이다.

사람의 몸에서 찾아볼 수 있는 거의 유일한 양성 피드백의 사례는 옥시토신이 자궁에 미치는 영향이다. 뇌하수체 후엽에서 분비하는 옥시토신은 자궁 벽을 수축시키는데, 이것이 양성 피드백되어 옥시토신의 분비를 촉진한다. 그러면 옥시토신의 분비량이 증가하여 자궁 벽이 더욱 활발하게 수축하게 되고, 이러한 증폭 과정을 거쳐 자궁의 수축이 충분히 촉진되면 태아가 자궁에서 질로 밀려 나가 출산되는 것이다.

자연계에서 양성 피드백의 사례로 볼 수 있는 대표적인 예가 연소 반응이나 핵분열 반응에서 볼 수 있는 연쇄 반응이다. 연소 반응에는 활성화 에너지가 필요하다. 그런데 최초의 활성화 에너지를 투입하여 일단 연소 반응을 일으키면,

이 과정에서 방출된 연소열에 의해 주변 분자들에 활성화 에너지가 공급되어 더 많은 반응이 촉발되고, 이로 인해 더 많은 연소열이 방출되어 한층 더 많은 주변 분자들에 활성화 에너지가 공급되는 방식으로 점차 반응의 크기가 커진다. 이 때문에 성냥 한 개비에서 시작된 불이 거대한 화염으로 변화할 수 있는 것이다.

원자 폭탄이나 원자로에서 일어나는 핵분열 반응도 유명한 연쇄 반응의 사례이다.(파트 5의 5장 「핵반응과 방사선」 참조) 최초의 우라늄 또는 플루토늄 원자에 중성자를 충돌시키면 원자핵이 분열되면서 중성자가 두세 개 튀어나온다. 이때 튀어나온 중성자가 주변의 우라늄 또는 플루토늄 원자에 충돌하여 핵을 분열시키면 다시 중성자가 두세 개 튀어나오고, 이로 인해 주변의 더 많은 원자가 분열하면서 더 많은 중성자가 튀어나오는 식으로 점차 반응의 크기가 커진다.

우라늄이나 플루토늄 원자가 분열할 때마다 상당량의 에너지가 방출되는데, 분열하는 원자의 개수가 급격히 증가하므로 결국 막대한 에너지가 방출되는 폭발 현상이 일어난다. 이처럼 핵분열 연쇄 반응을 통해 다량의 에너지를 얻어 이를 그대로 방출시키는 것이 원자 폭탄이다.

그리고 이러한 연쇄 반응 중간 중간에 중성자를 흡수하는 물질을 두어, 한꺼번에 지나치게 많은 원자가 분열하지 않도록 조절하는 장치가 바로 원자력 발전소에서 볼 수 있는 원자로이다. 이 밖에도 주변에서 경험할 수 있는 자연 현상들에서 다양한 양성 피드백의 사례들을 찾아볼 수 있다.

 ## 사회 현상에서의 피드백

전통적인 경제학 이론은 수확 체감을 전제로 한다. 경제적 활동이 음성 피드백을 낳아서 결국 예측 가능한 시장 균형에 접근해 간다는 것이다. 한 예로, 유가가 폭등하면 정부는 에너지 절약 정책을 시행하고 석유 회사는 더 많은 유전을 탐사한다. 그 결과로 유가가 다시 하락하리라고 예측할 수 있다. 이처럼 음성 피드백을 통해 도달하는 시장 균형이 가장 효율적인 자원 활용과 배분을 가능하게 한다는 것이다.

사회 현상에서 볼 수 있는 피드백의 사례

그러나 최근에는 수확 체증에 근거하여 설명할 수 있는 새로운 경제 현상들이 나타나고 있다. 대표적인 사례들은 지식 기반의 분야들, 즉 제조업 가운데 첨단 기술을 활용하는 분야나 IT 산업 등에서 찾아볼 수 있다. 이러한 영역에서 음성 피드백이 아닌 양성 피드백이 나타나는 이유는, 일단 개발이 완료된 이후부터는 추가 생산비가 저렴하기 때문이다. 즉 개발비에 비해 제조비가 적게 드는 것이다. 특히 소프트웨어나 방송 프로그램과 같은 정보성 상품의 경우에는 최초의 제품을 만들어 낸 이후에는 추가 생산 과정에 거의 돈이 들지 않는다. 계속 복제해 내기만 하면 되기 때문이다.

이러한 경향은 제조업에서도 종종 볼 수 있다. 예를 들어 새로운 항공기 엔진의 설계와 개발, 인증 과정까지 들어가는 비용은 20억~30억 달러이다. 그러나 추가 생산에는 1대당 5000만~1억 달러만 있으면 된다. 그리고 추가로 생산이 진행될수록 생산 원가는 더욱 절감될 것이고, 따라서 이익은 급증할 것이다.

수확 체증이 일어나는 부수적인 이유로서, 생산이 늘어나면 제조 과정 등에서 새로운 비법을 발전시킬 수 있어 비용을 절감할 수 있으며, 관련된 제품을 설계하고 생산하는 데 들어가는 비용도 절약해 주는 경향을 들 수 있다. 예를 들어 일본에서 반도체 집적 회로를 개발할 때 그 목적은 정밀 기계의 제작에 있었지만, 반도체를 소비용 가전 제품에 활용함으로써 투자 비용을 크게 상회하는 이익을 창출할 수 있었다.

기술 표준과 시장 점유율

사회 현상에서 볼 수 있는 양성 피드백의 또 다른 대표적 사례가 바로 '기술 표준'을 둘러싸고 일어나는 시장 점유율 경쟁이다. 1970년대 말에서 1980년대 초 사이에 VCR가 처음 소비자에게 판매될 때, VHS 방식과 베타 방식이 경쟁하였다. VHS 방식은 표준을 공개하여 여러 회사가 참여하였으나 베타 방식은 이를 개발한 소니 사가 독점을 고집하였고, 결국 베타 방식은 기술적 우위에도 불구하고 시장에서 패하였다. 마이크로소프트 사의 MS-DOS와 윈도우스 (Windows)는 각각 디지털리서치 사의 DR-DOS와 애플 사의 Mac OS보다 기술적으로 뒤떨어졌으나, 초기 시장 점유율에서의 우세를 바탕으로 시장의 대부분을 점유하였다.

VCR나 OS는 지식 집약적인 산업 분야에서 '표준'과 관련되어 나타난 사례들이다. 특정한 기술적 표준이 어떤 이유로든 초기에 경쟁 시스템에 비해 시장 점유율이 높아지면, 그 표준에 기반하여 제품이나 소프트웨어 등을 생산하는 공급자들이 증가할 것이며, 이로 인해 소비자들은 그 표준을 더욱 선호하게 될 것이다. 즉 우연히 이루어진 초기의 높은 시장 점유율이 결국 이러한 양성 피드백 과정으로 인해 경쟁자들을 곤란하게 만드는 진입 장벽으로 작용할 수 있다. 때문에 기술적으로 오히려 뒤떨어진 표준이 시장을 장악하는 것도 충분히 가능하다.

표준화를 둘러싼 경쟁과 갈등은 최근 정보 통신 산업에서 많이 찾아볼 수 있는데, 최근에는 차세대 DVD의 표준을 둘러싸고 도시바 사가 주도하는 HD-DVD와 소니 사가 주도하는 블루레이 디스크가 차세대 표준을 놓고 다투고 있다. LG는 양쪽 표준을 모두 지원하는 DVD 플레이어를 내놓아 주목을 끌기도 했다.

1 러브록의 가이아 이론에 따르면 지구는 자기 조절적인 시스템으로서 항상성을 유지하며, 그렇기 때문에 생명체로 간주할 수 있다고 한다. 지구 환경에 온실 기체의 증가로 인한 기온 상승을 제어하는 장치가 있다면 무엇인지 그 예를 들고, 이러한 조절 장치의 존재를 근거로 지구가 생명체라고 간주하는 것이 타당한지 여부를 서술하시오.

〈예상 문제〉

제임스 러브록(James Lovelock)이 창안한 가이아(Gaia) 이론은 지구가 살아 있는 생명 실체라고 주장한다. 이 가설에 따르면, 지구 생물권이 무생물계와 상호 작용을 하여 생명체가 살 수 있는 항상성을 유지하는데, 그것은 지구 자체의 자가 조절적인 특성에 기인한다. 지구가 탄생하던 무렵 대기 중 95% 이상을 차지하던 이산화탄소가 스트로마톨라이트와 같은 미생물의 작용에 의해 석회암 층에 저장되어 오늘날처럼 0.03%로 줄어든 사건, 생물권에 필수적인 요오드 및 황과 같은 물질이 해양 생물에 의해 직접 생산되고 대기를 통해 척박한 땅으로 운반되는 사건, 현재 대기 중 산소 농도가 바람과 식물의 상호 작용에 의해 15%에서 25% 정도의 변폭을 유지하는 사건, 그리고 식물 성장에 중요한 공기 속의 질소가 공생 박테리아에 의해 토양 속으로 고정되는 사건에 이르기까지, 한결같이 지구 생명체가 살기 알맞도록 조성되고 있다. 그에 따르면, 지구 탄생 후 지구 지표면의 평균 온도가 섭씨 5도에서 50도 사이를 넘어선 적이 없게 된 것도, 지구상의 생물이 스스로 살기 알맞도록 변화에 능동적으로 조절한 데 있다.

이것은 개체 유기체가 외부 변화에도 불구하고 내부 생리적 기제에 따라 스스로 생존이 가능하도록 대처하는 것과 마찬가지로, 지구 행성 자체도 그런 생리적 기제를 갖고 항상성을 유지하고 있다는 것이다. '항상성은 생물의 총체적 속성'인데, 생물이 이런 항상성을 유지할 수 있는 이유는 생물이 자가 규제적이고 자가 조직적인 시스템이기 때문이다. 그런데 생물권을 포함하는 '지구가 자가 조직적이고 자가 규제적인 시스템'이어서 항상성을 유지할 수 있다. 그러므로 '지구는 살아 있는 존재', 즉 지구는 생명 실체라는 것이 러브록의 결론이다.

러브록이 가이아의 존재를 증명하기 위하여 곧잘 제시하는 두 가지 단서는 대기권의 화학적 조성과 지구의 기후이다. 먼저 지구 대기권의 경우, 그 화학적 조성이 매우 미묘하고 대부분 화학의 일반 원리에 들어맞지 않는데도 불구하고 이러한 무질서의 와중에서 생물계의 유리한 조건이 유지되고 있는 까닭은 생물이 대기 조성을 능동적으로 조절하고 유지했기 때문이라는 것이다. 예컨대 산소와 메탄가스는 대기권에서 항상 일정한 농도를 유지한다. 두 기체는 서로 반응하여 이산화탄소와 물을 만든다. 그러나 메탄가스의 농도는 지구 표면의 어느 곳에서든지 1.5ppm으로 일정하다. 이 농도가 지속적으로 유지되려면 해마다 약 10억 톤의 메탄가스가 대기권으로 유입되어야 한다. 아울러 메탄가스의 산화로 소진되는 산소를 벌충하기 위해서 매년 약 20억 톤의 산소가 필요하다.

러브록은 이와 같이 불안정하기 이를 데 없는 대기권의 조성이 오랫동안 일정하게 유지될 수 있었던 것은 범지구적 규모의 자기 조절 체계, 즉 가이아가 존재했기 때문이라고 주장한다. 산소와 메탄가스는 생물에 의하여 대기권에 재충전된다. 산소의 공급원은 녹색 식물이다. 산소는 광합성을 통하여 생산되기 때문이다. 메탄가스는 늪지나 해저처럼 산소가 희박한 조건에서 살고 있는 혐기성 박테리아에 의하여 생산된다. 요컨대 대기권의 조성이 미생물에 의하여 생물체의 생존에 적합하도록 조절된다는 것이 가이아 이론의 핵심이다.

가이아의 존재를 뒷받침하는 두 번째의 방증은 지구 기온의 역사이다. 생물의 탄생 이후 약 35억 년 동안 태양이 지구로 방출한 에너지의 양은 약 30% 감소된 수준이었다. 이 상태는 원시 지구의 기온이 빙점 이하로 되는 것을 의미한다. 그럼에도 불구하고 35억 년 동안 지구의 평균 기온이 생물의 생존에 부적당한 때가 한 순간도 없었다는 사실은 지구의 기후가 오로지 태양열에 의해서만 결정되지 않았음을 미루어 짐작케 한다. 따라서 러브록은 태양열이 오늘날처럼 강력하지 못했던 원시 지구에서는 이산화탄소 또는 암모니아와 같은 기체가 기온의 유지에 크게 기여했다고 주장한다.

이들처럼 분자 구조상으로 세 개 이상의 원자를 가진 기체들은 지구 표면이 가열되면서 복사되는 열을 흡수하는 특성이 있다. 이 복사열이 적외선이다. 지구는 밤낮으로 적외선을 은은히 발하고 있다. 적외선은 지구의 빛이라 할 수 있다. 적외선 복사열을 흡수한 기체들은 열을 붙잡아 두었다가 천천히 외계로 방출한다. 따라서 대기권이 하나의 커다란 열 저장소가 되기 때문에 이러한 현상을 온실 효과라고 이른다. 말하자면 온실 효과 기체들은 단열 작용을 하므로 따뜻한 담요처럼 지구의 안락한 환경 조성에 일익을 담당하게 되는 것이다. 온실 효과 기체는 대부분 생물에 의하여 합성된다. 따라서 러브록은 지구의 기온이 생물에 의하여 일정하게 유지되었다고 주장한다. 가이아의 존재를 입증하는 두 번째의 증거로 지구 기온의 역사를 내세우는 이유이다.

 논술 길잡이

가이아 이론은 한동안 단골 논술 논제로 거론되어 왔으며, 지금도 많은 논술 교재에서 찾아볼 수 있는 이론이다. 지구 기후가 자기 조절적 체계에 의해 항상성을 유지해 왔으며, 그 체계에서 생물체가 매우 중요한 역할을 했다는 주장은 상당한 근거를 가지고 있다. 러브록의 주장을 세부적으로 들여다보면 허점이 상당수 존재하지만, 지구 전체의 조절 체계를 거시적으로 파악해야 한다는 기본 입장은 환경 위기를 겪고 있는 현세대 인류에게 매우 중요하다. 다만 항상성 유지가 가능한 조절 체계를 가지고 있다고 해서 생명체라고 주장할 수 있는지에 대해서는 깊이 비판적으로 생각해 볼 필요가 있다. 파트 3의 1장 「지구 기후 시스템과 온난화」와 직결된 내용이므로 두 단원을 함께 엮어서 살펴보는 것도 좋을 것이다.

예시 답안

화석 연료의 연소 및 삼림의 파괴로 인해, 이산화탄소로 대표되는 온실 기체의 농도가 높아지고 있다. 온실 기체는 지표에서 발산하는 적외선을 흡수하여 다시 일부를 지표로 재방출하므로, 온실 기체의 농도가 높아지면 지구는 온난화될 것이다. 실제로 최근의 각종 기상 이변과 기후 변화가 온난화의 결과라는 연구 결과들이 폭넓은 설득력을 얻고 있다.

그런데 지구에는 지구 기후를 조절하여 항상성을 유지하는 기제도 존재한다. 예를 들어 이산화탄소가 증가하면 그로 인해 식물의 광합성이 촉진되며, 식물은 광합성을 통해 이산화탄소를 고정하여 대기 중 이산화탄소의 농도를 낮추는 작용을 한다. 또한 기온이 높아지는 것도 식물의 광합성률을 높여 이산화탄소의 농도를 낮추는 작용을 한다. 그런데 이 같은 음성 피드백 장치가 제대로 작동하여 실제로 지구 기온 상승을 억제하려면, 삼림을 포함한 식물의 서식 환경이 보장되어야 한다. 실제로는 개발로 인해 삼림 면적이 줄어들고 있기 때문에, 기온 상승을 억제할 수 있는 음성 피드백 장치가 제대로 작동하지 못하고 있다.

음성 피드백 메커니즘을 이용한 항상성의 유지는 생물체의 주요한 특징 중 하나이다. 그러나 항상성을 유지하는 장치를 가지고 있다고 해서 이를 곧 생명체라고 부를 수는 없다. 통상적인 의미에서 생명체의 가장 중요한 특성은 자신과 같거나 닮은 개체를 생산할 수 있는 능력, 즉 자기 복제 능력(또는 생식 능력)이다. 그런데 지구는 이러한 능력을 가지고 있지 못하므로, 가이아가 생명체라는 주장은 일종의 비유로서 수용할 수는 있을지언정 엄밀한 과학적 타당성을 가진 주장은 아니라고 할 수 있다.

과학 상식 Upgrade 수소 결합은 어떻게 일어날까?

두 원자가 공유 결합을 하면 두 원자 사이에는 공유 전자쌍이 형성된다. 그런데 공유 전자쌍은 두 원자 가운데 전기 음성도가 큰 원자 쪽으로 치우쳐 있게 된다. 즉 전기 음성도(electronegativity)란 공유 전자쌍을 끌어당기는 정도를 나타내는 지표이다. 대체로 주기율표에서 오른쪽 위쪽으로 갈수록 전기 음성도가 크며, 주기율표에서 왼쪽 아래쪽으로 갈수록 전기 음성도가 작다. 단, 비활성 기체는 화학 결합을 하지 않으므로 전기 음성도 값이 없다.

전기 음성도가 큰 플루오르, 산소, 질소 등의 원자가 전기 음성도가 작은 수소 원자와 결합하여 수소 화합물을 만들 경우, 그 분자 내의 전자 분포는 한쪽으로 상당히 치우치게 되며 이로 인해 강한 극성을 가지게 된다. 결과적으로 이 분자들 간의 인력은 아주 강하다. 전기 음성도가 가장 큰 플루오르 원자의 수소 화합물(HF), 두 번째인 산소 원자의 수소 화합물(H_2O), 세 번째인 질소 원자의 수소 화합물(NH_3) 등은 모두 예외적으로 강한 극성(그리고 이로 인한 예외적으로 강한 분자 간 인력)을 가지고 있다. 그래서 엄밀한 의미에서 화학 결합이 아닌데도 이 분자 간 인력에 '수소 결합'이라는 명칭을 붙여 준 것이다.

4장
동적 평형

 동적 평형

시소 양쪽에 앉은 두 사람이 완벽하게 평형을 이루고 있으면 이를 '정적 평형'이라고 부를 수 있을 것이다. 반면 설탕을 계속 물에 타, 설탕이 더 이상 추가로 녹지 않는 상황은 '동적 평형'이라고 부른다. 왜냐하면 더 이상 설탕이 녹지 않는 것처럼 보여도, 미시적으로는 설탕이 계속 녹고 있기 때문이다. 다만 결정 상태에서 용해된 상태로 변화하는 설탕의 양이, 용해된 상태에서 결정 상태로 변화하는 설탕의 양과 정확하게 일치하기 때문에 거시적으로는 변화가 없는 것처럼 보일 뿐이다. 이처럼 한 방향의 변화량과 반대 방향의 변화량이 정확히 일치하여 거시적으로 변화가 없는 것처럼 보이는 경우를 '동적 평형'이라고 한다.

이 같은 동적 평형의 예는 여러 곳에서 찾아볼 수 있다. 상대 습도 100%의 포화 상태에서 물이 더 이상 증발하지 않는 것도 미시적으로 증발량과 응결량이 일치하기 때문이다. 생태계 에너지 피라미드가 균형 상태를 이루고 있는 것도 각 단계로 유입되는 에너지의 양과 유출되는 에너지의 양이 일치하기 때문이다. 화학이나 지구과학 교과 과정에서 다루고 있는 물질의 순환(대표적으로 물, 탄소, 질소의 순환)을 보면 유입량과 유출량이 일치하기 때문에 각 단계에 존재하는 물질의 양은 변동하지 않음을 알 수 있다. 식물에 가해지는 빛의 세기를 조절하여 '보상점'에 도달하도록 만들 수 있는데, 보상점에 도달한 경우에는 광합성량과 호흡량이 일치하여 겉으로는 식물의 무게에 변화가 없는 것처럼 보인다. 이것도 일종의 동적 평형이라고 말할 수 있다.

열평형에는 크게 두 가지가 있다. 하나는 외부로부터의 열 유입량과 외부로의 열 유출량이 서로 비겨서 계의 온도가 일정하게 유지되는 것이다. 파트 5의 1장 「스펙트럼과 색」에서 다루는 복사 평형이 바로 이러한 유형의 열평형이다. 일례로 깡통에 물을 채워 놓고 주변에 전등을 켜 놓으면 깡통의 온도가 높아지다가 결국 일정해지는데, 온도가 일정해지는 것은 깡통이 흡수하는 복사 에너지의 양과 방출하는 복사 에너지의 양이 일치하게 되기 때문이다.

또 하나는 외부와의 열 출입이 차단된 상태에서 고온부의 온도는 낮아지고 저온부의 온도는 높아져 결국 계의 온도가 균일하게 된 상태를 뜻한다. 이때도 고온부에서 저온부로 흐르는 열량과 저온부에서 고온부로 흐르는 열량이 일치하여 온도가 균일하게 유지된다. 이때 계의 엔트로피는 최대가 된다.

 ## 스톡과 플로, 넷과 그로스

보유량을 흔히 스톡(stock)이라고 표현하는 반면에 유입량과 유출량은 플로(flow)라고 말하여 구분한다. 예를 들어 생태계 에너지 피라미드에 씌어 있는 숫자를 생각해 보자. 이 숫자가 각 단계에 '저장되어 있는' 에너지량이라고 여기는 학생들이 대부분이다. 즉 대부분의 학생들은 이를 '스톡'량으로 이해하고 있는 것이다. 그러나 에너지 피라미드에 표기된 숫자는 단위 시간당 이전 영양 단계에서 해당 영양 단계로 유입된 에너지량, 즉 일종의 '플로'량이다.

플로량은 다시 그로스(gross)량과 넷(net)량으로 구분된다. 그로스량은 단위 시간당 유입량 또는 생산량을 나타내는 반면, 넷량은 유입량에서 유출량을 뺀 양이다. 넷량이 (+)라면 스톡이 증가하고, 넷량이 (−)라면 스톡이 감소한다. 예를 들어 소득이 지출보다 많아 넷량이 (+)를 나타내면 보유 자산이 증가했다는 뜻이고, 반대로 소득이 지출보다 적어 넷량이 (−)를 나타내면 보유 자산이 감소했다는 뜻이다.

유사한 사례를 과학에서도 많이 살펴볼 수 있다. 대표적인 예로 생태계 에너지 피라미드에 표시되는 숫자는 그로스량이라고 할 수 있으며, 총 광합성량(gross productive, 유기물 생산량) 또한 일종의 그로스량이다. 그런데 총 광합

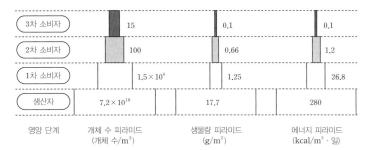

영양 단계	개체 수 피라미드 (개체 수/m²)		생물량 피라미드 (g/m²)		에너지 피라미드 (kcal/m²·일)	
3차 소비자	15		0.1		0.1	
2차 소비자	100		0.66		1.2	
1차 소비자	1.5×10^4		1.25		26.8	
생산자	7.2×10^{10}		17.7		280	

생태계의 에너지 피라미드

개체 수 피라미드와 생물량 피라미드에 표시된 수치는 특정 시점에서의 상황을 보여 주는 스톡량이다. 반면 에너지 피라미드에 표시된 수치는 일정 기간 동안의 출입을 보여 주는 플로량이다. 에너지 피라미드의 수치가 플로량을 뜻한다는 사실은 단위에 '기간(일)' 표시가 있다는 것을 통해 짐작할 수 있다.

성량에서 호흡량(유기물 소비량)을 빼면 '순 광합성량(net productive)'이 나온다. 총 광합성량과 순광합성량은 각기 전형적인 그로스량과 넷량이다. 식물에게 보상점 이하의 빛을 쪼이면 총 광합성량(그로스량)보다 호흡량이 많으므로 순 광합성량(넷량)이 (−)가 되는데, 이는 식물이 보유하고 있는 유기물량(스톡)이 적어진다는 것을 의미하며 이 상태가 지속되면 식물은 생존에 필수적인 유기물을 잃어버려 결국 죽음에 이르게 될 것이다.

결국 평형 상태는 유입량과 유출량이 일치하여 넷 플로량이 0이 되는 상태를 뜻한다. 이렇게 되면 그로스량에 아무런 변화가 없다.

 화학 평형과 완충 용액

동적 평형은 화학에서 많이 다루는 개념이다. 예를 들어 이산화탄소가 물에 용해된 뒤 탄산이 만들어지고 이것이 다시 1, 2차 이온화되는 과정을 화학 반응식으로 다음과 같이 표현할 수 있다.

$$CO_2 + H_2O \rightleftharpoons H_2CO_3 \rightleftharpoons H^+ + HCO_3^- \rightleftharpoons 2H^+ + CO_3^{2-}$$

탄산 합성　　　　1차 이온화　　　　2차 이온화

여기서 화살표가 양쪽을 향하고 있는 것은, 각 단계에서 정반응도 일어나지만 역반응도 일어나기 때문이다. 만약 위의 반응식에서 각 단계의 정반응 속도와 역반응 속도가 일치한다면, 거시적으로 볼 때 반응은 더 이상 진행되지 않는 상태이다. 이를 '평형 상태'라고 부른다.

평형 상태에서 물속에 들어간 CO_2는 무려 네 가지 형태(CO_2, H_2CO_3, HCO_3^-, CO_3^{2-})로 공존하고 있으며, 네 가지 형태가 존재하는 비율은 각 단계 반응들의 정반응·역반응 경향의 균형에 따라 달라진다.(실제로는 2차 이온화는 거의 일어나지 않으므로 CO_3^{2-}는 중화 반응이 일어난 경우를 제외하면 거의 존재하지 않는다.)

예를 들어 온도가 높아지면 평형이 깨지고 위 반응식의 왼쪽 방향으로 반응이 진행되어 새로운 평형에 도달하게 된다. 특정한 상황에서 정반응·역반응 경향의 상대적 크기를 알려 주는 지수를 '평형 상수'라고 하는데, 우리는 평형 상수를 통해 평형 상태에서 반응 물질 또는 생성 물질의 농도를 계산해 낼 수 있다.(자세한 내용은 화학 II에서 다룬다.)

화학 평형의 원리를 잘 활용하면 산이나 염기를 가해도 pH가 거의 변화하지 않는 용액을 만들어 낼 수 있다. 이를 '완충 용액'이라고 부르는데, 일반적으로 약산과 (약산의 음이온을 가진) 염의 혼합 용액, 또는 약염기와 (약염기의 양이온을 가진) 염의 혼합 용액이 완충 용액으로서 작용한다.

예를 들어 아세트산의 경우 다음과 같이 이온화되어 수소 이온을 내놓는다.

$$CH_3COOH \rightleftharpoons CH_3COO^- + H^+ \qquad \cdots \text{①}$$

여기에 아세트산나트륨을 투입하면 다음과 같이 이온화될 것이다.

$$CH_3COONa \rightleftharpoons CH_3COO^- + Na^+ \qquad \cdots \text{②}$$

아세트산은 약산이므로 ①은 정반응 경향이 비교적 약하고, 따라서 다량의 CH_3COOH와 소량의 CH_3COO^- 및 H^+가 공존할 것이다. 반면 아세트산나트륨은 거의 100% 이온화되는 수용성 염이므로 ②에서 CH_3COONa는 거의 찾아볼 수 없을 것이고, 대부분 CH_3COO^-와 Na^+로 이온화되어 존재할 것이다.

이러한 두 가지 물질이 혼합되어 있는 용액에 산(H^+)을 가하면 어떻게 될까? H^+가 CH_3COO^-과 반응하여 CH_3COOH가 만들어질 것이고(즉 ①의 역반응 진행), 이로 인해 가해진 H^+는 대부분 제거되어 수소 이온 농도에는 거의 변화가 없을 것이다. 반대로 염기(OH^-)를 가하는 경우라면 H^+가 OH^-와 중화 반응하므로 H^+가 감소하겠지만, 그 대신 용액 속의 CH_3COOH가 이온화되어 새로운 H^+를 만들어 주므로(즉 ①의 정반응 진행) 역시 수소 이온 농도에 거의 변화가 없을 것이다.

완충 용액은 생물 체액의 pH 항상성을 유지하는 데 큰 기여를 한다. 사람의 혈액을 살펴보면 H_2CO_3와 염인 $NaHCO_3$가 완충 용액을 이루고 있음을 알 수 있다.

$$H_2CO_3 \rightleftharpoons H^+ + HCO_3^- \qquad \cdots ①$$
$$NaHCO \rightleftharpoons Na^+ + HCO_3^- \qquad \cdots ②$$

H_2CO_3는 약산이므로 ①의 정반응 경향은 약할 것이고, 따라서 용액 속에 소량의 H^+ 및 HCO_3^-이 공존할 것이다. 반면 NaHCO는 물에 잘 녹는 수용성 염으로서 대부분 이온화되므로 ②에서 NaHCO는 거의 찾아볼 수 없고 Na^+와 HCO_3^-로 이온화되어 존재할 것이다.

여기에 H^+가 투입되면 HCO_3^-과 ①의 역반응을 진행하여 H^+의 증가가 상쇄될 것이다. 반면 여기에 OH^-가 투입되면 H^+과 중화 반응을 하는데, 이 과정에서 감소된 H^+는 새로이 ①의 정반응이 진행됨에 따라 보충될 것이다. 이러한 원리로 혈액은 pH를 거의 일정하게 유지하는 것이다.

pH는 효소의 활성도를 좌우하는 중요한 요소이다. 따라서 체액의 pH가 쉽게 변화한다면 각종 체내 대사 과정이 크게 지장을 받을 것이다. 생물의 체액이 완충 용액이라는 점은, 직접적으로 체액의 pH를 일정하게 유지해 줄 뿐만 아니라 궁극적으로 체내 대사 과정 전반의 항상성에 크게 기여하는 것이다.

 오존의 농도 평형

오존층의 오존 농도가 일정 수준을 유지하는 것 또한 일종의 동적 평형이다. 오존층에서 산소 분자는 자외선을 흡수하며 산소 원자를 만들어 내는데, 이 반응은 다음과 같다.

$$O_2 + 자외선 \longrightarrow O + O \qquad \cdots ①$$

이렇게 만들어진 산소 원자는 산소 분자와 반응하여 오존(O_3)을 생성한다(②). 그런데 생성된 오존은 자외선을 흡수하여 다시 산소 원자와 산소 분자로 분해된다(③).

$$O_2 + O \longrightarrow O_3 \qquad \cdots ②$$
$$O_3 + 자외선 \longrightarrow O_2 + O \qquad \cdots ③$$

잘 살펴보면 ②와 ③은 정반응과 역반응 관계임을 알 수 있다. 결국 산소 분자 및 원자가 결합하여 오존을 생성하는 반응(①+②)과 오존이 자외선을 흡수하면서 분해되는 반응(③)의 속도가 일치하여 오존층 오존 농도는 일정한 수준을 유지하게 되는 것이다.

오존층의 오존을 위도별로 살펴보면, 오존은 고위도 지역에 비해 태양 복사를 강하게 받는 저위도 상공에서 많이 만들어진다. 그러나 이것이 대기의 대순환에 의해 고위도 지역으로 운반되어, 오존 농도가 가장 높은 지역은 위도 $19\sim23°$ 사이의 영역이다. 오존은 이런 방식으로 각 위도별로 서로 다른 농도로 평형 상태를 유지하고 있다.

오존 농도의 평형을 깨는 물질로 잘 알려진 것이 바로 CFC(플루오르화탄화수소)이다. CFC는 탄소 원자에 염소 및 플루오르 원자가 결합된 기체인데, 서서히 성층권으로 올라가 다음 그림과 같은 과정을 통해 오존을 파괴하는 것으로 알려져 있다. CFC의 오존층 파괴 반응에서 두 가지 특징을 정리해 둘 필요가 있다.

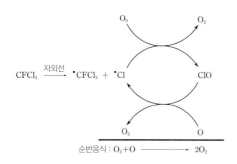

CFCl_3 $\xrightarrow{\text{자외선}}$ ˙CFCl_2 + ˙Cl   ClO

O_2   O

순반응식 : $O_3 + O \longrightarrow 2O_2$

CFC의 일종인 CFCl_3가 오존을 파괴하는 메커니즘
CFC에서 염소 원자(Cl)가 떨어져 나오면 이것이 오존 분자를 파괴하고 ClO가 된다. 그런데 ClO는 주변의 산소 원자(O)와 반응하여 다시 Cl을 형성한다. 이러한 순환 반응을 통해 소량의 CFC로도 많은 오존을 파괴할 수 있다.

첫째, 이 반응이 순환 반응이라는 것이다. CFC에서 염소 원자(Cl)가 하나만 떨어져 나와도 약 10만 개의 오존 분자를 분해할 수 있는 것으로 추정된다. 둘째, 여기서 Cl이 일종의 촉매 역할을 한다는 것이다. 이 순환 반응의 순반응식은 다음과 같이 표시할 수 있다.

$$O_3 + O \longrightarrow 2O_2$$

즉 반응 물질이나 생성 물질 중에 Cl이 없는 것이다. Cl은 반응에 관여하기는 하지만 결과적으로 변화하지 않고 Cl 상태로 되돌아오므로 일종의 '촉매' 역할을 했다고 말할 수 있다.

 포화 상태

포화 상태란 일종의 동적 평형 상태이다. 액체 상태의 물질을 밀폐된 진공의 공간에 방치해 두면, 처음에는 증발량이 응결량보다 많아 기체의 양이 증가하다가 이윽고 증발량과 응결량이 일치하는 동적 평형 상태가 된다. 이때를 '포화 상태'라고 하고, 이때 측정된 기압이 '포화 증기압'이다.

특히 물을 가지고 이러한 실험을 하면 '포화 수증기압'을 측정할 수 있다. 그리고 이 포화 수증기압 곡선은 물의 상평형도에 나타나는 물-수증기 간 곡선과 같은 것이다. 즉 78쪽 아래쪽의 그래프 (가) 물의 상평형도 하단에서 볼 수 있는 곡선이 바로 (나)에 제시된 포화 수증기압 곡선이다.

상평형도를 기계적으로 해석하면 1기압 30℃에서는 '물'이라는 상태로만 존재해야 할 것처럼 보인다. 그러나 실제로는 1기압 30℃에서 '물'도 있을 수 있고 '수증기'도 있을 수 있으며, 이러한 상황에서 물이 증발되는 상황을 얼마든지

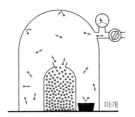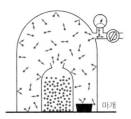

포화 상태에 이르는 과정
액체를 밀폐된 공간에서 노출시켜 두면 결국 포화 상태에 이른다. 포화 상태는 응결량과 증발량이 비기는 일종의 동적 평형 상태로서, 이때 측정된 기압이 바로 포화 증기압이다.

볼 수 있다.

얼핏 보기에 모순되어 보이는 이러한 현상을 이해하기 위해서는, 상평형도와 포화 증기압 곡선에 표시된 압력은 밀폐된 공간에서 질소나 산소 등의 다른 기체들은 제외하고 순수하게 수증기(H_2O)만이 나타내는 기압이라는 사실에 유의해야 한다. 보통 우리가 '지금 1기압 30℃'라고 말할 때 1기압의 압력을 일으키는 기체는 수증기가 아니라 대부분 공기의 주요 구성 성분인 질소와 산소이다. 이러한 상황에서 수증기만의 기압(수증기압)은 1기압에 훨씬 못 미친다.

이러한 고찰에 근거하여 우리는 "왜 언 빨래를 널어 놓으면 얼음이 수증기로 승화되어 빨래가 마르는가?"에 답할 수 있다. 예를 들어 −10℃에 1기압인 상황

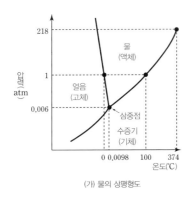

(가) 물의 상평형도

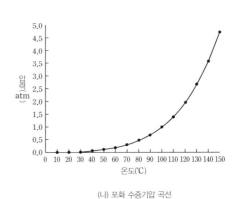

(나) 포화 수증기압 곡선

상평형도와 포화 증기압 곡선
(가)의 하단부에 있는 곡선이 바로 (나)이다.

을 고려해 보자. 상평형도를 보면 고체인 상태이다. 그러나 수증기만의 기압만을 측정해 보면 1기압보다 훨씬 낮은 상태일 것이다. 따라서 마치 물이 기화되어 포화 수증기압 상태(동적 평형 상태)에 도달하려 하듯이, 얼음도 승화되어 역시 포화 수증기압 상태에 도달하려 할 것이다. 그런데 우리가 보통 빨래를 말리는 환경은 밀폐된 공간이 아니므로 승화된 수증기는 곧 날아가 버릴 것이다. 즉 빨래 주변의 상태가 포화 수증기압에 도달하기란 거의 불가능하다. 따라서 충분한 시간을 주면 빨래는 모두 말라 버릴 것이다.

상평형도는 일상생활에서 겪을 수 있는 현상들을 해석할 수 있게 해 준다. 높은 산에서 밥이 설익는 현상(기압이 낮아 끓는점이 낮아지므로 녹말을 익히기에 충분한 온도에 이르지 못한다.), 스케이트가 미끄러지는 현상(압력이 높아져 녹는점이 높아지므로 얼음이 순간적으로 녹아 물이 되어 미끄러지게 된다.) 등을 설명해 줄 수 있는 것이다.

또한 상평형도를 잘 보면 기압이 낮을수록 승화가 잘 일어난다는 것을 알 수 있는데, 인스턴트 커피를 만들기 위한 냉동 건조 방식이 바로 승화를 이용하는 것이다. 커피를 오래 보관하려면 수분을 제거하면 되는데, 가열하여 끓이는 방식으로 수분을 제거한다면 커피 고유의 향과 맛을 내는 분자들도 많이 파괴될 것이다. 따라서 낮은 압력으로 낮춘 상태에서 냉동된 커피를 승화시켜 수분을 잃어버리도록 하는 것이다.

1 제시문에서 용액의 pH와 pK_a가 아래 ①, ②, ③과 같을 때, 이 세 가지 경우에 대하여 비율 $[CH_3COO^-]/[CH_3COOH]$를 각각 구하고, 이러한 변화가 나타나는 원리에 대하여 설명하시오. 여기에서 $pK_a = -\log K_a$이다.

① $pH = pK_a$　　② $pH = pK_a + 1$　　③ $pH = pK_a - 1$

〈2008 계명대 모의 논술〉

> 　화학 반응에서 반응 조건에 따라 정반응과 역반응이 모두 일어날 수 있는 반응을 가역 반응이라고 한다. 이러한 가역 반응에서 정반응 속도와 역반응 속도가 같아서 반응이 마치 정지된 것처럼 보이는 상태를 화학 평형 상태라고 한다. 화학 반응이 평형 상태에 도달하였을 때, 반응 물질과 생성 물질 사이의 정량적 관계를 알아본 결과 "일정한 온도에서 어떤 가역 반응이 평형 상태에 있을 때 반응 물질의 농도의 곱과 생성 물질의 농도의 곱의 비율은 항상 같다."는 사실을 발견하였다. 이것을 화학 평형의 법칙이라고 하며, 이때의 일정한 값 K를 평형 상수라고 한다.
>
> $$aA + bB \rightleftharpoons cC + dD$$
>
> 　이 반응이 평형 상태에 도달했을 때 각 물질의 농도를 [A], [B], [C], [D]라고 하면 평형 상수 K는 다음과 같다.
>
> $$\frac{[C]^c[D]^d}{[A]^a[B]^b} = K$$
>
> 　이러한 평형은 초산(아세트산)을 물에 녹였을 때에도 이루어지며 이것을 반응식으로 표시하면 다음과 같고,
>
> $$CH_3COOH + H_2O \rightleftharpoons CH_3COO^- + H_3O^+$$
>
> 이 반응의 평형 상수인 이온화 상수 K_a는 다음과 같다.
>
> $$K_a = \frac{[CH_3COO^-][H_3O^+]}{[CH_3COOH]}$$

논술 길잡이

화학 Ⅱ 교과 과정의 관련 내용을 정확히 이해하고 적용할 수 있어야 답할 수 있는 문제이다. pH는 수소 이온 농도의 상용로그 값에 (−) 부호를 붙인 것이고, pK_a는 이온화 상수의 상용로그 값에 (−) 부호를 붙여 만든 것이다. pH와 pK_a의 정의를 정확히 적용하여 ①, ②, ③의 조건을 수식적으로 전개하면 문제를 쉽게 해결할 수 있을 것이다.

예시 답안

① pH=pK_a인 경우(즉 $[H^+]=K_a$인 경우)

수소 이온 농도와 K_a를 x, 아세트산의 농도가 A라고 하자.

$$K_a=\frac{[CH_3COO^-][H^+]}{[CH_3COOH]}=\frac{x^2}{A-x}=x$$ 이므로 $x=A-x$, 즉 $A=2x$이다.

이때 $\dfrac{[CH_3COO^-]}{[CH_3COOH]}=\dfrac{x}{A-x}=\dfrac{x}{2x-x}=1$이다.

② pH=pK_a+1인 경우(즉 $10\times[H^+]=K_a$인 경우)

수소 이온 농도가 x라면 K_a는 $10x$이다. 아세트산의 농도가 A라고 하면

$$K_a=\frac{[CH_3COO^-][H^+]}{[CH_3COOH]}=\frac{x^2}{A-x}=10x$$ 이므로 $A=\dfrac{11}{10}x$이다.

이때 $\dfrac{[CH_3COO^-]}{[CH_3COOH]}=\dfrac{x}{A-x}=\dfrac{x}{1.1x-x}=10$이다.

③ pH=pK_a−1인 경우(즉 $0.1\times[H^+]=K_a$인 경우)

수소 이온 농도가 x라면 K_a는 $0.1x$이다. 아세트산의 농도가 A라고 하면

$$K_a=\frac{[CH_3COO^-][H^+]}{[CH_3COOH]}=\frac{x^2}{A-x}=0.1x$$ 이므로 $A=11x$이다.

이때 $\dfrac{[CH_3COO^-]}{[CH_3COOH]}=\dfrac{x}{A-x}=\dfrac{x}{11x-x}=0.1$이다.

이상과 같이 ①~③의 상황에서 $\dfrac{[CH_3COO^-]}{[CH_3COOH]}$의 값이 10배씩 차이 나는 것은, pH와 pK_a가 모두 상용로그를 이용하여 정의되었으므로 ②, ③처럼 pH와 pK_a가 1만큼 차이 나는 경우 $[H^+]$와 K_a가 10배의 차이를 보이게 되기 때문이다.

2 다음 제시문을 읽고 물음에 답하시오.

〈2005 건양대 수시 1〉

달걀 껍질은 탄산칼슘($CaCO_3$)의 결정체인 방해석(calcite)으로 이루어져 있다. 달걀 껍질 형성에 필요한 탄산 이온은 다음과 같은 평형에 영향을 받는다.

$$CO_2(g) + H_2O(l) \underset{\text{carbonic anhydrase(CA)}}{\xrightleftharpoons{\hspace{1.5cm}}} H_2CO_3(aq)$$

$$H_2CO_3(aq) \xrightleftharpoons{\hspace{1.5cm}} H^+(aq) + HCO_3^-(aq)$$

$$HCO_3^-(aq) \xrightleftharpoons{\hspace{1.5cm}} H^+(aq) + CO_3^{2-}(aq)$$

(1) 일반적으로 여름에 낳은 달걀의 껍질은 겨울에 낳은 것보다 얇다. 그 이유를 화학적 원리를 이용하여 설명하시오.(닭은 땀을 흘리지 않고, 주로 호흡을 통해 체온을 조절한다.)

(2) 위의 평형에서 탄산무수화 효소(carbonic anhydrase, CA)가 반응에 미치는 영향에 대하여 설명하시오.

 논술 길잡이

화학 평형에 관한 화학 Ⅱ의 교과 내용을 정확히 숙지해야만 하는 문제이다. 화학 평형 상태는 온도·압력·농도 등 다양한 요인에 따라 변화하여 새로운 평형 상태로 옮겨 갈 수 있다.(이 가운데 평형 상수 자체를 변화시키는 요인은 온도밖에 없다.) 체내의 여러 대사 반응 또한 화학 평형 개념을 통해 이해해야 하는 경우가 많은데, 이 문제에서는 달걀 껍질의 생성 과정에 적용하였다.

예시 답안

(1) 여름철에 체온을 낮추기 위해 닭은 단위 시간당 호흡수를 늘려 체열을

빨리 방출하려 할 것이다. 이로 인해 첫 번째 반응의 역반응 속도, 즉 기화되어 날아가는 속도가 빨라질 것이고, 이로 인해 탄산칼슘의 원료가 되는 H_2CO_3의 농도가 낮아질 것이다. 이로 인해 탄산칼슘이 부족하여 달걀의 껍질이 얇아질 것이다.

(2) 효소를 비롯한 촉매는 화학 평형에 영향을 미치지는 않는다. 다만 평형을 향하여 역반응이든 정반응이든 반응이 빠르게 진행되도록 해 준다. 암탉의 체내 환경 조건에서 탄산무수화 효소는 달걀 껍질(탄산칼슘)의 원료인 H_2CO_3, HCO_3^- 및 CO_3^{2-}의 농도를 높임으로써 체내 달걀 껍질이 빠른 속도로 만들어지는 데 기여할 것이다.

3 다음 제시문을 읽고 논제에 답하시오.

〈2008 고려대 모의 논술〉

(가) 1909년 덴마크의 화학자 쇠렌센은 수소 이온 농도 $[H^+]$를 간단한 숫자로 표현하기 위해 수용액 중의 $[H^+]$의 역수의 상용로그 값을 pH로 표시하였다. 순수한 물에 산이나 염기를 가하면 수용액의 성질은 크게 변한다. 그러나 실험실에서의 일부 화학 반응이나 동식물의 체내에서는 상당한 양의 산이나 염기가 가해지더라도 pH가 일정하게 유지되어야 한다. 즉 좁은 범위 내에서 pH를 일정하게 유지하려면 외부의 산이나 염기가 가해지더라도 용액의 pH가 변하지 않는 성질을 가져야 한다. 이런 용액을 완충 용액(buffer solution)이라고 하며, 그 계를 완충계(buffer system)라고 한다.

  일반적으로 약한 산과 그의 염 또는 약한 염기와 그의 염을 포함한 수용액은 완충 작용이 있다. 아세트산과 아세트산 가용성 이온염인 아세트산나트륨을 포함하는 용액을 생각해 보자. 아세트산나트륨은 성분 이온으로 완전히 이온화되지만 아세트산은 일부만 이온화되어 다음과 같이 평형을 이룬다.

$$\text{CH}_3\text{COONa}(aq) \xrightarrow{\text{H}_2\text{O}} \text{Na}^+(aq) + \text{CH}_3\text{COO}^-(aq)$$

$$\text{CH}_3\text{COOH}(aq) + \text{H}_2\text{O}(l) \rightleftharpoons \text{H}^+(aq) + \text{CH}_3\text{COO}^-(aq)$$

이때, 아세트산나트륨의 이온화에 의해 생긴 다량의 아세트산 이온은 아세트산의 이온화를 억제한다. 이 혼합 수용액에 소량의 염산을 가하면 염산의 이온화에 의해 생긴 수소 이온이 아세트산 이온의 일부와 반응해서 아세트산이 된다.

$$\text{CH}_3\text{COO}^-(aq) + \text{H}^+(aq) \rightleftharpoons \text{CH}_3\text{COOH}(aq)$$

따라서 혼합 수용액 속의 수소 이온 농도는 거의 일정하게 유지된다.

또한 소량의 수산화나트륨 수용액을 가하면 이온화에 의해 생긴 수산화 이온은 아세트산과 반응한다.

$$\text{CH}_3\text{COOH}(aq) + \text{OH}^-(aq) \rightleftharpoons \text{CH}_3\text{COO}^-(aq) + \text{H}_2\text{O}(l)$$

따라서 혼합 수용액 속의 수소 이온 농도는 거의 일정하게 유지된다.

(나) 세포의 활동으로 생성된 이산화탄소는 혈액을 통해 이동한다. 이산화탄소는 산소보다 물에 더 잘 녹으므로 전체 이산화탄소 중 약 7~8%는 혈장에 용해되어 탄산 형태로 운반된다. 대부분의 이산화탄소는 적혈구로 들어가 그중 약 20%는 헤모글로빈과 결합하고 나머지는 적혈구에 있는 탄산무수화 효소에 의해 다음과 같이 탄산수소 이온으로 변한다.

$$\text{H}_2\text{O} + \text{CO}_2 \xrightarrow{\text{탄산무수화 효소}} \text{H}_2\text{CO}_3 \longrightarrow \text{H}^+ + \text{HCO}_3^-$$

이렇게 해리된 탄산수소 이온은 대부분이 적혈구 밖으로 나와 혈장에 의해 폐로 운반된다. 이 과정에서 생성된 수소 이온은 헤모글로빈과 결합하여 혈장으로 나오지 않기 때문에 혈액의 pH가 급격히 변하지는 않는다. 정상적인 사람의 체액은 pH 7.38~7.42 범위이다. 그러나 이상이 생겨 pH 7.00 이하가 되거나 pH 7.80 이상이 되면 죽게 된다.

생명체는 생명 활동에 필요한 에너지를 만들고 신체를 구성하는 데 필요한 물질들을 합성하는 물질대사를 해야 한다. 이러한 생명체의 화학 반응을 촉진시키기 위하여 생물학적 촉매제인 효소의 도움이 절대적으로 필요하다. 효소는 단백질로 이루어져 있고 단백질은 pH에 의해 구조가 변하기 때문에 효소의 활성은 pH의 변화에 민감하게 영향을 받는다.

(다)　한미 자유 무역 협정(FTA)이 타결되었다. 협정의 결과 국내의 농업 분야가 가장 타격을 받을 것으로 예상된다. 협상단은 농민들의 이익을 최대한 보호하려고 노력했고, 이런 노력이 대부분 협상 결과에 반영됐다고 발표하였다. 협상단은 그 예로 "돼지고기는 최장 10년, 닭고기는 10년 이상, 쇠고기는 15년, 사과와 배는 20년, 오렌지는 7년에 걸쳐 관세를 철폐 또는 인하하기로 함으로써 구조 조정과 경쟁력 강화에 필요한 시간을 확보했다."고 강조했고, 일정 물량만 관세를 인하하는 저율 할당 관세(TRQ), 수확기에 관세를 올리는 계절 관세 등의 완충 장치를 마련했다고 발표하였다. 또한 타협안에는 특정 품목의 수입이 급증해 국내 업체에 심각한 피해가 발생하거나 발생 우려가 있을 경우 '긴급 수입 제한 조치'를 할 수 있는 세이프가드(safeguard) 제도도 포함되었다. 세이프가드가 발동되면 일정 기간 동안 특정 품목에 대해 관세를 인상하거나 수입량을 제한하는 등의 조치를 취할 수 있다. 하지만 "만약 수입 물량이 늘어 농가 소득이 줄어들면 국가가 감소분을 보전해 주고 부득이하게 폐업을 하는 농가에 대해서는 폐업 보상"을 하는 한편 "농사를 그만두고 전업이 불가능한 고령의 농민들에게는 복지 제도를 강화해 생활을 보장할 것"이라는 정부의 발표도 있었다.

(1) 정상 빗물의 경우 pH 5.6 정도인데 대기 오염이 심해지면 빗물의 산성도가 더 강해져 산성비로 변한다. 현재 내리고 있는 비의 산성 여부를 확인하고자 하지만 pH 미터가 없고 변색 범위만 알려져 있는 A 지시약이 있다. A 지시약은 pH 5.1~5.5 사이에서는 주황색의 상태이고, 이외의 pH에서는 노란색과 붉은색을 나타내는 가용성 염료이다. 그런데 노란색과 붉은색 중 어느 쪽이 더 산성인지 염기성인지는 알지 못한다. 따라서 비교할 수 있는 완충 용액을 제조하여 현재 내리는 비의 산성도를 추정하고자 한다.

예를 들어 산 이온화 상수(K_a)가 1.74×10^{-5}인 아세트산의 경우 아세트산나트륨을 넣어서 제시문 (가)에 소개된 완충 용액을 만들 수 있다. 아세트산나트륨과 아세트산의 농도비가 1.74배가 되도록 완충 용액을 만들었다고 가정하자. 제조한 완충 용액과 A 지시약 용액의 성질을 이용하여 현재 내리고 있는 비의 산성도를 측정하는 방법을 제시하시오.(단 $\log(1.74) = 0.24$)

(2) 과로를 하거나 심한 운동을 하면 근육에서 만들어진 젖산이 분해되어 간으로 보내진다. 인체가 피로를 느끼는 것은 에너지원 고갈, 대사 산물 축적 등을 비롯한 많은 생체 변화가 수반되는 매우 복잡한 메커니즘이지만 제시문 (가)와 (나)를 토대로 해서 과로나 과격한 운동으로 인체가 피로를 느끼는 원인과 다시 항상성을 회복하는 현상을 각각 설명하시오.

(3) 한미 FTA 체결 과정에서 농업 부문의 피해를 최소화하기 위한 완충 방안들이 제시문 (다)에 소개되었다. 이처럼 실생활에서 완충의 개념은 화학 반응에서의 완충 작용과 여러 면에서 차이를 보인다. 제시문 (가)와 (나)를 바탕으로 실생활과 화학의 완충 개념을 비교하여 논하시오.

 논술 길잡이

pH 및 이온화 상수에 대한 정확한 지식에 근거하여 접근해야 한다. 특히 이온화 상수와 관련된 계산을 할 수 있어야 하며, 완충 용액의 개념을 명확하게 이해하고 있어야 한다. 완충 용액이란 약산과 그 짝염기의 혼합 용액, 또는 약염기와 그 짝산의 혼합 용액을 뜻한다. 예를 들어 아세트산과 아세트산나트륨의 혼합 용액을 전형적인 완충 용액이라고 할 수 있는데, 아세트산나트륨($CH_3COO^- + Na^+$) 가운데 아세트산의 짝염기인 CH_3COO^- 이온만이 완충 용액에 필수적인 요소이며, Na^+는 구경꾼 이온으로서 완충 용액에 필수적인 요소는 아니라는 점을 이해하고 있어야 한다.

예시 답안

(1) 아세트산의 농도가 A, 아세트산나트륨의 농도가 $1.74A$라고 하자. 아세트산나트륨은 모두 이온화되고, 아세트산은 일부만이 이온화되어 수소 이온의 농도가 x가 된다고 해 보자. 그렇다면 산 이온화 상수는 다음과 같다.

$$K_a = \frac{[CH_3COO^-][H^+]}{[CH_3COOH]} = \frac{(1.74A + x) \times x}{(A - x)} = 1.74 \times 10^{-5}$$

x는 A에 비해 매우 작은 값일 것이므로,

$$\frac{(1.74A + x) \times x}{(A - x)} \fallingdotseq \frac{1.74A \times x}{A} = 1.74 \times 10^{-5}$$

따라서 $x = 10^{-5}$임을 알 수 있다. 즉 우리가 가지고 있는 완충 용액의 수소 이온 농도는 10^{-5}M이며, 이것의 pH는 5일 것이다. 이것은 지시약의 주황색 범위(5.1~5.5)보다 산성 쪽으로 치우쳐 있다. 따라서 이 완충 용액에 지시약을 넣었을 때 노란색을 나타낸다면 노란색이 산성 색, 붉은색이 염기성 색일 것이고, 반대로 완충 용액에 지시약을 넣었을 때 붉은색을 나타낸다면 붉은색이 산성 색, 노란색이 염기성 색일 것이다.

(2) 제시문 (나)에 따르면 혈액 내 이산화탄소의 7~8%는 혈장에 녹아 탄산 형태로 존재한다. 탄산은 약산으로서, 다음과 같이 1차 이온화와 2차 이온화를 거칠 수 있다.

$$H_2CO_3 \rightleftharpoons H^+ + HCO_3^- \rightleftharpoons 2H^+ + CO_3^{2-}$$

이 중 2차 이온화는 이온화도가 너무 낮으므로 무시할 수 있는 수준이다. 따라서 이온화된 탄산은 대부분 H^+와 HCO_3^- 이온의 형태로 존재한다. 그런데 제시문에 따르면 혈구 내에서 생성된 "탄산수소 이온은 대부분이 적혈구 밖으로" 나오게 되고, 따라서 혈장에는 추가의 다량의 HCO_3^- 이온이 존재하게 되는 것이다. 그렇다면 혈장은 전형적인 완충 용액이라고 볼 수 있다.

심한 운동을 하게 되면 무산소 호흡인 젖산 발효가 일어나 젖산이 만들어진다. 젖산은 운동 후 근육통과 피로를 일으키는 주된 요인이다. 젖산은 산의 일종이며 분해되기 위해서는 간으로 이동해야 하므로, 이 과정에서 혈장에 H^+가 공급되는 셈이다. 그런데 앞에서 본 바와 같이 혈장은 완충 용액이므로, 젖산에 의해 H^+가 공급되어도 혈장의 pH에는 거의 변화가 없을 것이다. 따라서 젖산 발효가 일어나도 혈장에서 일어나는 효소 반응 등에는 영향이 없을 것이다.

(3) 화학에서 완충 용액이란 외부로부터 H^+나 OH^-가 공급되어도 용액 내 pH에 급격한 변화가 없도록 미리 체계적으로 준비해 놓은 용액을 뜻한다. 그런데 한미 FTA로 인해 농업 부문이 입는 피해를 최소화하기 위한 방안들은 대체로 내부의 급격한 변화를 예방하기 위해 국내 전체 산업계나 농업계를 체계적으로 준비시키는 방안이라기보다, 외부 충격 자체를 늦추거나 완화하는 방법(관세 철폐 유예, 저율 할당 관세, 계절 관세, 긴급 수입 제한 등)이거나, 외부 충격으로 인한 피해를 일단 감수하고 그에 대하여 다른 방식으로 보상하는 방법(소득 감소분 보전, 폐업 보상 등)이다. 이러한 점에서 FTA에 대한 농업 분야의 정부 대책은 화학에서 완충 용액의 기능과 다르다고 할 수 있다.

5장
삼투와 콜로이드

 삼투

확산이란 액체와 기체에서 볼 수 있는 현상으로서, 입자가 농도가 높은 곳에서 낮은 곳을 향해 퍼져 나가는 과정이다. 그런데 입자가 퍼져 나갈 수 있는 경로가 어떤 막에 의해 가로막혀 있다고 해 보자. 그 막에는 구멍들이 뚫려 있고, 그 구멍은 큰 입자는 통과할 수 없는 반면 작은 입자는 통과할 수 있는 정도의 크기를 가지고 있다고 가정해 보자.

이와 같은 상황이 다음 그림에 소개되어 있다. U자 관의 왼쪽에는 물이, 오른쪽에는 설탕 수용액이 들어 있고 이 사이를 반투막이 가로막고 있다. 반투막에 뚫린 구멍은 용매인 물은 통과할 수 있지만, 용질인 설탕은 통과할 수 없는 크기라고 해 보자. 그렇다면 물은 이 구멍을 통해 자유롭게 통행할 수 있지만, 설탕은 오른쪽 구역에 갇혀 왼쪽으로 침투하지 못한다.

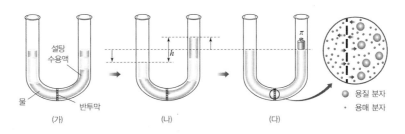

삼투 현상 실험
용질 분자는 크기가 커서 반투막을 통과하지 못하는 반면, 용매 분자는 크기가 작아 반투막을 통과할 수 있다. 이로 인해 용매가 오른쪽으로 이동함에 따라 좌우 구역의 수위차(h)가 생긴다. 수위차를 입력으로 환산한 것이 삼투압이다. 삼투압은 농도에 비례한다.

이렇게 되면 설탕(용질)은 오른쪽 구역에서 왼쪽 구역으로 확산되려 할 것이다. 그러나 설탕 분자는 반투막의 구멍보다 크기 때문에 반투막에 가로막혀 퍼져 나가지 못한다. 반면 물(용매)은 왼쪽 구역에서 오른쪽 구역으로 확산되려 할 것이고, 실제로 반투막의 구멍을 통과할 수 있다. 이렇게 되면 오른쪽 구역의 용액이 왼쪽 영역보다 점점 많아지고, 결국 양쪽의 수위가 h만큼 차이 난다고 해 보자. 이 높이 차이를 압력의 차이로 환산할 수 있다. 이처럼 입자의 크기에 따라 선별적으로 확산이 이루어지는 현상을 삼투라고 하고, 이로 인해 나타나는 압력의 차이를 삼투압이라고 한다.

그렇다면 왜 용매 분자가 왼쪽에서 오른쪽 구역으로 확산되는가? 이것은 농도 차이 때문이다. 물론 용질(설탕)의 농도는 오른쪽이 더 높다. 하지만 용매(물)의 농도는 왼쪽이 더 높다. 오른쪽에는 용매와 용질이 섞여 있는 반면, 왼쪽에는 용매만 있기 때문이다. 따라서 용매는 농도가 높은 왼쪽 구역에서 농도가 낮은 오른쪽 구역으로 확산되어 가는 것이다.

그런데 이 같은 설명을 받아들일 때 주의할 점이 있다. '농도'라는 용어는 애초에 용매에 대해서 사용하는 것이 아니라 용질에 대해서만 사용하는 개념으로 정의되어 있기 때문이다. 즉 바로 위에서 "용매(물)의 농도는 왼쪽이 더 높다."라고 표현했는데, '용매의 농도'라는 말 자체가 엄밀히 보면 잘못된 표현인 것이다. 하지만 어쨌든 왼쪽에는 용매만 있는 데 반해 오른쪽에는 용질과 용매가 섞여 있기 때문에, 용매는 오른쪽 구역보다 왼쪽 구역에 더 빽빽하게 분포하며, 따라서 용매(물)는 빽빽한 쪽(왼쪽)에서 희박한 쪽(오른쪽)으로 퍼져 나가는 것이다.(즉 확산되는 것이다.) 정리해 보면, 반투막 사이에서 용매(물)는 용질의 농도가 낮은 쪽(용매의 농도가 높은 쪽)에서 용질의 농도가 높은 쪽(용매의 농도가 낮은 쪽)을 향하여 확산된다.

이 실험에서 양쪽 용액의 높이 차이를 압력으로 환산할 수 있다. 구체적으로는 앞의 그림의 (다)에서처럼 오른쪽 수면에 얼마만큼의 압력을 가할 때 양쪽의 수면이 같아지는지를 보면 된다. 이렇게 측정된 압력을 삼투압이라고 한다. 삼투압이 높으려면 용매의 이동이 심해야 하는데, 그러려면 오른쪽 용질의 농도가 그만큼 높아야 한다. 삼투압이 낮으려면 용매의 이동이 미약해야 하는데, 그러려면 오른쪽 용질의 농도가 그만큼 낮아야 한다. 따라서 삼투압은 결국 용질의 농도에 따라 달라지며, 삼투압이 높은 용액은 농도가 높은 용액, 삼투압이 낮은 용액은 농도가 낮은 용액이다.

특히 삼투 현상을 정수에 활용할 수 있다. 역삼투란 반투막을 이용하여 오염되거나 염분이 많은 물에서 깨끗한 물을 얻는 방법이다. 앞의 그림 (나)에서 (다)로 진행하는 과정을 참조하면 쉽게 이해할 수 있을 것이다. (나) → (다) 과정에서 U자 관의 오른쪽 수면에 힘을 가함으로써 용매인 물이 왼쪽으로 이동하였다. 만약 이보다 더 큰 힘을 오른쪽 수면에 가한다면 더 많은 물이 왼쪽 구역으로 이동하도록 만들 수 있을 것이다. 만약 오른쪽 구역에 바닷물이 있었다면 바닷물에서 민물을 얻어 내는 것이 가능하다.

이처럼 반투막에 걸려 있는 삼투압보다 더 큰 압력을 고농도 용액 쪽에 가함으로써 순수한 물을 얻는 방법을 역삼투라고 하는데, Na^+나 Cl^-과 같은 비교적 작은 무기 이온들이 통과하지 못하도록 해야 하므로 매우 작은 구멍을 가진 특수한 반투막을 사용해야 한다.

Na^+나 Cl^-와 같이 작은 이온들은 물 분자와 비슷한 크기이므로 반투막으로 분리할 수 없다고 생각하기 쉽지만, 이 이온들은 물 분자들에 둘러싸여 수화(hydration)된 상태이므로 반투막 구멍의 크기를 충분히 작게 만들면 이 이온들의 통과를 막을 수 있다.

가장 널리 쓰이는 폴리아미드 복합 막은 무기 이온을 95% 이상 제거하고 거의 모든 유기물 입자들을 제거할 수 있으므로, 식수를 정수하거나 바닷물을 담수화하는 과정에서 널리 사용된다. 또한 종종 물을 더욱 깨끗이 정수하기 위하여 이온 교환 수지와 함께 사용되기도 한다.

 ## 반투막과 세포막

그렇다면 반투막의 구멍 크기는 어느 정도인가? 여기에 대해서는 '여러 가지'라고 말할 수밖에 없다. 반투막의 대표적인 예로 언급되는 셀로판 막, 콜로디언 막, 방광막, 달걀 껍질의 안쪽에 있는 난각막(卵殼膜), 페로시안화구리 침전막 등의 성질이 모두 제각기 다르다. 사실상 물만을 통과시키는 반투막이 있는가 하면, 물과 함께 대부분의 무기 이온을 통과시키는 반면에 단당류·이당류 이상의 크기는 통과시키지 않는 반투막도 있고, 단당류·이당류까지는 통과시키면서 콜로이드는 통과시키지 않는 반투막도 있다.

반투막의 대표적인 예로 종종 등장하는 셀로판 막도 구멍 크기에 따라 여러 종류가 있기 때문에, 어떤 자료에는 대부분의 이온이 통과할 수 없다고 나오는 반면 어떤 자료에는 대부분의 무기 이온들이 통과할 수 있다고 나온다. 어떠한 입자를 통과시키는지는 구멍의 크기와 관계 있지만 크기만으로는 해명되지 않는 사례들도 있다.

세포막도 반투막의 일종으로 보는 경우가 많지만, 일반적인 반투막과는 특성이 많이 다르다. 세포막은 다음 그림에서 볼 수 있듯이 인지질 이중막과 막단백질로 구성되어 있는데, 인지질 이중막은 O_2, CO_2, N_2와 같은 작은 무극성 분자를 통과시키며 아울러 물이나 에탄올과 같은 작은 극성 분자도 통과시킨다.

그러나 포도당과 같이 큰 분자 및 전하를 가진 각종 이온들은 통과시키지 않는다.(특히 이온들은 인지질의 친유기 부분을 통과할 수 없다.) 포도당처럼 큰 분자나 각종 이온들은 인지질 이중막 부분을 통과할 수 없고, 막단백질의 일종인 펌프나 통로(channel)를 통해 선별적으로 세포막을 통과할 수 있을 뿐이다.

참고로 세포가 죽고 나면 펌프나 통로는 그 기능을 잃어버리므로, 여러 물질에 대한 세포막의 투과성은 세포의 생사 여부에 따라 크게 달라진다.(생물 Ⅰ에 탈분

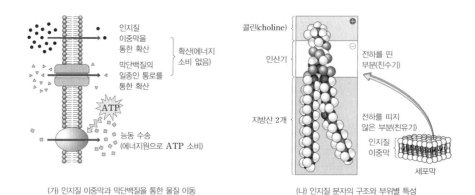

(가) 인지질 이중막과 막단백질을 통한 물질 이동 　　　　(나) 인지질 분자의 구조와 부위별 특성

세포막의 구조와 인지질 분자의 구조

극·재분극 원리를 설명하는 단원에서 세포막에 존재하는 펌프와 더불어 통로가 소개되는데, 이러한 펌프나 통로는 매우 종류가 다양하며 체내의 모든 세포에 존재한다.)

다음 그림은 세포막 안팎의 삼투압 차이(농도 차이)가 있을 때 어떠한 현상이 나타나는지를 보여 주는 모식도이다.

(가)는 세포 내의 농도보다 주변 용액의 농도가 더 낮은 경우이다. 이러한 용액을 저장액이라고 한다. 그러면 용매인 물이 세포막을 통해 세포 내로 침투해 들어가므로, 세포가 팽창한다. 심한 경우에는 세포가 터지기도 한다. 일례로 적혈구를 물에 넣어 두면 적혈구로 물이 들어가 적혈구가 팽창하고 심한 경우 적혈구가 터지게 된다. 식물 세포의 경우에는 세포막 바깥쪽에 단단한 세포벽이 있으므로 터지지는 않는다.

(다)는 세포 내의 농도보다 주변 용액의 농도가 더 높은 경우이다. 이러한 용액을 고장액이라 한다. 그러면 세포 안의 물이 세포막을 통해 바깥으로 빠져나간다. 이로 인해 세포의 부피가 줄어들고 쭈글쭈글해진다. 음식을 소금에 절이면 부패를 방지할 수 있는 것이 바로 이러한 원리 때문이다. 소금물로 인해 세균 내부의 수분이 빠져나와 세균이 살 수 없게 되는 것이다. 또한 배추를 소금에 절이면 금방 시들시들해지는 것은, 배추의 세포들에서 물이 빠져나오기 때문이다.

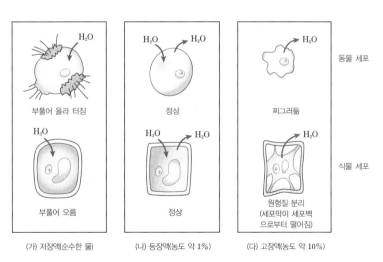

삼투압(농도)의 차이로 인한 동물 세포와 식물 세포의 변형
(가)에서는 외부로부터 물이 들어와 세포가 팽창하고, (다)에서는 물이 밖으로 빠져나가 세포가 수축한다.

콜로이드

콜로이드는 물에 녹았을 때 투명하지 않고 뿌연 느낌의 용액을 만드는 입자를 뜻한다. 이것은 일반적인 용질 분자보다 입자의 크기가 더 크기 때문인데, 일반적인 용질이 10^{-7}cm 이하의 크기를 가지는 반면에, 콜로이드 입자는 $10^{-5} \sim 10^{-7}$cm 사이의 크기를 가져 반투막은 통과하지 못하지만 거름종이는 통과한다.

일반적으로 10^{-5}cm보다 큰 입자는 앙금(침전)을 만드는 반면, 콜로이드 입자는 물에 비교적 안정적으로 녹아 있다. 따라서 물에 콜로이드가 녹아 있는 상태도 일종의 용액으로 간주한다.

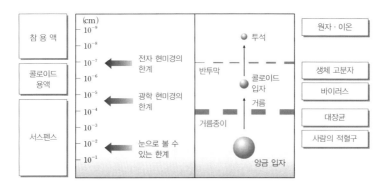

콜로이드 입자의 크기
콜로이드 입자는 반투막은 통과하지 못하지만 거름종이는 통과한다.

콜로이드는 유동성이 있는 졸 상태와 유동성이 거의 없는 겔 상태로 나뉜다. 졸 상태의 대표적인 예는 먹물, 잉크, 아교, 녹말·젤라틴 용액 등이며, 겔 상태에는 젤리, 두부, 연고 등이 있다. 특히 콜로이드 크기의 입자가 공기 중에 떠 있는 것을 에어로졸이라고 하는데, 연기나 안개, 광화학적 스모그, 황사 등이 대표적인 에어로졸의 예이다.

투석과 틴들 현상

콜로이드가 나타내는 독특한 현상으로 틴들 현상이 있다. 일반적인 수용액(참용액)에서는 빛이 산란하지 않기 때문에 빛의 경로가 보이지 않지만, 콜로이드 용액에서는 빛이 콜로이드 입자에 의해 산란되기 때문에 빛의 경로가 밝고 뿌옇게 보이게 된다.

안개가 낀 상태에서 숲속에 햇살이 들어오거나 등대 불이 켜진 경우, 또는 어두운 극장에서 영사기로부터 광선이 화면에 비치는 경우에 모두 뿌옇고 밝은 빛줄기를 볼 수 있는데, 이들이 모두 틴들 현상의 사례이다.

콜로이드 입자는 반투막을 통과하지 못하기 때문에 이를 이용하여 콜로이드를 분리하는 것이 가능하다. 이러한 분리 방법을 투석(透析)이라고 한다. 투석은 삼투 현상을 활용한 분리법이라고 할 수 있는데, 일례로 다음 그림 (나)에 소개된 것처럼 콜로이드와 염화나트륨의 혼합 용액이 있을 때 반투막을 통해 콜로이드 성분만을 분리하는 것이 가능하다.

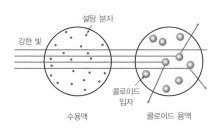

(가) 틴들 현상 : 일반적인 수용액(참용액)에서는 나타나지 않고 콜로이드 용액에서만 나타난다.

(나) 투석: 물과 무기 이온은 반투막을 통과하지만 콜로이드는 통과하지 못한다.

콜로이드 입자의 크기 때문에 나타나는 현상들

인공 신장기의 원리가 바로 투석이기 때문에 인공 신장기를 종종 '투석기'라고 부르기도 하는데, 인공 신장기에 사용되는 반투막은 혈액 속의 콜로이드 입자(단백질 등)는 빠져나가지 못하는 반면 요소(NH_2CONH_2)는 빠져나갈 수 있는 크기의 구멍을 가지고 있다.

전기 이동과 엉김

틴들 현상과 투석이 콜로이드의 입자 크기 때문에 나타나는 현상인 반면, 콜로이드가 전하를 띠고 있기 때문에 나타나는 현상이 있다. 콜로이드는 표면에 (+) 전하 또는 (−) 전하를 가지고 있으므로, 전극을 설치하고 전원을 연결하면 (+) 전하를 띤 양성 콜로이드는 (−)극으로, (−) 전하를 띤 음성 콜로이드는 (+)극으로 이동한다. 이를 전기 이동이라고 한다.

공장의 굴뚝에 설치하는 집진기도 전기 이동을 이용한 장치이다. 연기 입자가 대체로 전하를 띠고 있기 때문에, 전극을 설치하여 연기 입자를 전극에 달라붙게 만드는 것이다.

콜로이드가 일반적인 용질에 비해 무거운데도 물속에 떠 있을 수 있는 것은 콜로이드 표면의 전하를 물 분자가 둘러싸서 안정화시키기 때문이다. 따라서 이온을 투입하여 콜로이드 표면의 전하를 중화하면, 콜로이드 입자 자체의 무게로 인해 또는 콜로이드 입자 간의 결합으로 무게가 무거워져서 콜로이드 입자가 가라앉게 된다. 이를 엉김(coagulation) 현상이라고 부른다.

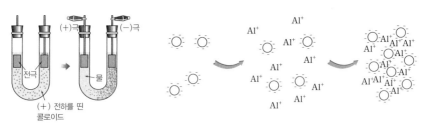

(가) 전기 이동 : 이 그림의 콜로이드 입자는 (+) 전하를 가지고 있어 (−)극 쪽으로 이동한다.

(나) 엉김 : 표면에 (−) 전하를 띤 콜로이드 입자에 양이온을 투입한 경우이다.

콜로이드 입자가 전하를 띠기 때문에 나타나는 현상들

엉김 현상은 다양하게 이용된다. 정수장에서 취수된 물에 황산알루미늄 $(Al_2(SO_4)_3)$을 투입하여 콜로이드 크기의 오염 물질들을 제거하는 것이 대표적인 예이다. 민물 속에 녹아 있는 콜로이드는 대체로 표면에 (−) 전하를 가지고 있기 때문에 양이온을 투입해서 중화시켜야 하는데, 알루미늄 이온(Al^{3+})은 전하량이 크기 때문에 비교적 소량으로도 큰 효과를 볼 수 있어서 정수장에서 널리 이용되고 있다. 또한 삼각지의 미세한 퇴적물 가운데 상당 부분은 상류에서 흘러온 콜로이드 입자가 바닷물에 함유된 이온을 만나 엉김 현상을 일으켜 만들어진 것이다.

그 밖에 두부를 만들 때 고농도의 염을 함유한 간수를 넣어 콩단백질 입자들을 엉기도록 만드는 것 역시 동일한 원리라고 볼 수 있다.(엄밀히 보면 두부 제조 공정에서 볼 수 있는 현상은 엉김이 아니라 '염석'이라고 분류되지만, 이것 또한 본질적으로 콜로이드 입자가 전하를 띠고 있기 때문에 나타나는 현상이므로 종종 엉김과 구분 없이 취급되곤 한다.)

과학 상식 Upgrade 얼음으로 중성미자를 찾아내다

남극의 얼음 속에 검출기를 장치하여 중성미자를 검출해 내려는 연구가 진행되고 있다. 남극의 얼음 2,400m 깊이에 광학식 검출 장치 70개를 설치하는 작업은 2011년 종료될 예정인데, 이것이 설치되면 세계에서 가장 큰 중성미자 검출 장치가 될 전망이다.

중성미자는 전자보다 작으며 질량은 있지만 전하는 없다. 질량도 매우 작아 오랫동안 질량이 없는 것으로 알려져 있었다. 전하가 없으므로 자기장이나 전기장의 영향을 받지 않는데다가 질량도 작으므로 검출하기가 극히 어렵다.

우주에서 지구를 향해 날아오는 중성미자는 태양에서 방출된 것이거나 초신성처럼 별이 태어날 때 방출된 것으로 알려져 있다. 중성미자는 그 자체를 관측하기는 거의 불가능하지만, 얼음 분자와 부딪히면 푸른 섬광(체렌코프 방사선)을 낸다. 따라서 광학식 검출 장치를 이용하여 이 섬광을 검출함으로써 중성미자를 확인할 수 있다. 그런데 중성미자는 다른 물질과 상호 작용을 거의 하지 않기 때문에, 매우 두꺼운 얼음 층을 통과시켜야만 얼음 분자와 부딪혀 섬광이 나타날 수 있다. 이 때문에 얼음 층 깊은 곳에 검출기를 설치한 것이다.

한편 지난 2005년에는 지구 내부에서 방출된 중성미자가 처음 검출되었다. 일본을 비롯한 4개국 과학자들로 구성된 공동 연구진이, 지구 내부에 존재하는 우라늄이 핵붕괴할 때 방출하는 중성미자를 검출한 것이다.

실전 문제

1 제시문에 나와 있는 포유동물 운동 신경의 세포 안과 밖의 Na^+과 K^+ 이온 농도 값을 이용하여 세포막을 통한 삼투압을 구하라. 이 계산 결과대로 삼투 현상이 일어난다면 이 신경 세포의 부피에는 어떤 변화가 생길까? 실제 생체에서는 Na^+과 K^+ 이온의 농도가 제시문에 나와 있는 값과 같지만 세포의 부피에는 아무런 영향을 주지 않는다. 예측과 실제 생체에서 일어나는 현상과 차이가 있다면 그 이유는 무엇인가? 삼투압은 $\pi = CRT$ 식으로 계산할 수 있다. 여기서 C는 용질의 몰 농도이고 기체 상수 $R = 0.082\,\text{atm} \cdot \text{L/mol} \cdot \text{K}$이다. T는 온도를 나타내며 이 문제에서는 상온 300K를 이용하라.

〈2004 성균관대 수시 2〉

생물의 진화 과정에서 가장 큰 소득 중의 하나로 꼽을 수 있는 것이 신경계의 발달이다. 신경계는 개체 내의 다른 기관과 연계하여 생체 내에서 일어나는 기능을 조절하며 우리 몸의 움직임을 관장한다. 신경계의 기본 단위는 신경 세포 또는 뉴런이라 불리는 세포이다. 신경 세포는 외부의 자극을 전기적 신호로 전환하는데, 그 이유는 신경 세포 막이 분극되어 막의 양쪽이 서로 다른 전하를 띠어 막 전위차가 생기기 때문이다. 막이 분극되었을 때 생기는 막 전위차(ΔV)는 $\Delta V = V_{내부} - V_{외부}$로 정의된다.

　— 휴지 전위: 외부 자극이 없으면 신경 세포는 휴지 상태가 된다. 포유동물 신경 세포의 경우에 휴지 상태의 막 전위차를 측정하면 -0.07V의 값을 얻는데, 이를 휴지 전위라 한다. 이때 세포 안의 K^+ 이온 농도는 150mM이며 세포 밖은 5.5mM로 세포 안의 K^+ 이온 농도가 높으며, Na^+ 이온 농도는 세포 내부의 농도가 15mM이고 세포 외부의 농도가 150mM로 오히려 세포 내부의 Na^+ 이온 농도가 많이 낮다. 세포막에는 Na^+ 이온이 확산할 수 있는 Na^+ 이온 통로와 K^+ 이온이 확산할 수 있는 K^+ 이온 통로가 있다. 이 통로를 통한 이온의 흐름은 주로 세포 안팎의 이온 농도차와 막 전위차에 의하여 결정된다.

　— 활동 전위: 그러나 휴지 상태에 있는 신경이 역치 이상의 자극을 받으면 자극을 받은 부위에 있는 Na^+ 이온 통로가 열려서 급격하게 Na^+ 이온이 유입되어 탈분극 현상이 일어난다. 그러나 Na^+ 이온 통로는 곧바로 닫히기 때문에 Na^+ 이온은 아주 짧은 순간 동안만 유입된다. Na^+ 이온 통로가 닫힘과 동시에 일부 열

려 있던 K^+ 이온 통로가 활짝 열리면서 급격하게 K^+ 이온이 유출되어 다시 막
이 재분극되는 휴지 상태로 돌아가게 된다. 이때 나타나는 막 전위차를 활동 전
위라 한다.

 논술 길잡이

삼투 개념에 따르면 세포막 안팎의 농도 차이에 의해 물이 이동하는 것이 정상으로 보인다.
그러나 세포막 안팎의 물질 이동 메커니즘은 단순하지 않다. 물은 인지질 이중을 통과할
수 있는 반면 이온은 인지질 이중막을 통과하지 못하고 세포막에 있는 이온 펌프나 통로
(channel)로만 이동할 수 있다. 특정한 이온만을 통과시키는 펌프와 통로의 작용, 개폐 여
부에 따라 세포막 안팎의 이온 농도가 결정된다.

예시 답안

세포막 안팎 사이에 나타나는 농도 차이는 확산이 아닌 능동 수송에 의해
강제로 유지된다. 특히 세포막에 있는 Na 펌프와 K 펌프 등에 의해 이온들이
농도차에 역행하여 능동 수송 되는데, 이 같은 능동 수송은 에너지를 소비하는
과정이다. 능동 수송의 결과로 세포 내부의 이온 농도가 외부의 농도보다
9.5mM 높으므로, $\pi = CRT$ 식에 대입해 보면 삼투압은 다음과 같다.

9.5mmol/L × 0.082atm·L/mol·K × 300K = 233.7matm(233.7밀리
기압)

만약 이 농도 차이가 처음에 주어진 초기 조건이라면, 이로 인해 물이 (안팎의
이온 농도가 같아질 때까지) 세포 안으로 유입되어 세포의 부피가 커져야 할 것
이다. 그러나 현재 우리가 보고 있는 세포는 펌프를 통한 강제적인 이온의 이동
(능동 수송)과 이온 통로를 통한 이온의 이동(확산), 그리고 농도 차이로 인한 물
의 이동 등의 요인들이 종합적으로 작용하여 일종의 평형 상태에 놓인 것이다.

2 다음 제시문을 읽고 논제에 답하시오.

〈2008 한양대 모의 논술 2차〉

(가) 세포막은 세포의 내부로부터 외부 환경을 분리하는 기능을 하고 있으며 세포막을 통하여 많은 물질들의 선택적인 이동이 이루어진다. 일반적으로 물과 같은 작은 분자들은 높은 농도로부터 낮은 농도로 확산하므로 외부 에너지를 사용하지 않고 쉽게 세포막을 통과할 수 있다. 이에 반하여 당이나 아미노산 이온 등과 같은 물질들은 세포막 투과가 어려워 여러 가지 단백질의 도움을 받아 세포막을 투과한다. 이러한 단백질에는 나트륨이나 칼륨과 같은 필요한 물질만 정확하게 맞추어 세포막을 통과하도록 하는 통로 단백질(channel protein)이나 투과 물질에 결합하여 세포막의 투과를 촉진하는 운반 단백질(carrier proteins) 등이 있다. 이처럼 수송에 관여하는 단백질을 통한 물질의 세포막 투과도 기본적으로는 농도 차에 의한 이동이지만, 경우에 따라서는 에너지를 소비하여 농도 차를 거스르는 방향으로 이동이 가능하기도 하다. 이러한 세포막의 기능을 통하여 생리 활성 물질의 농도가 균형적으로 유지되며, 특히 농도 차에 의한 물의 이동은 인체의 균형을 이루는 데 필수적인 요소이다.

(나) 식사를 통해 섭취된 분자량이 큰 음식물은 작은창자 내의 효소들에 의해 영양 성분(단당류, 지방산 및 아미노산)으로 분해된다. 이러한 영양소들은 장내로 흡수가 되어 다시 혈류 속으로 이동되는 과정을 통하여 에너지원으로 사용될 수 있다. 장의 상피 조직 층은 이러한 물질의 수송에 중요한 역할을 하는데, 특히 포도당의 경우 상피 세포 내로의 이동은 외부의 에너지를 필요로 한다. 포도당의 장내 흡수를 촉진하는 작용은 나트륨 펌프에서 일어난다. 일반적으로 나트륨의 양이 세포 내에 비하여 세포 외에 다량으로 존재하기 때문에, 이러한 농도 차에 의한 나트륨의 이동 시에 상피 세포에 존재하는 포도당 펌프가 나트륨 펌프와 결합하여 포도당이 세포 내로 수송된다. 포도당을 수송시킨 나트륨은 다시 나트륨을 세포 밖으로 밀어내는 또 다른 펌프의 작용으로 상피 세포의 안과 밖을 항상 일정한 농도로 유지하게 한다.

(다) 장 내의 작용이 영양소의 흡수에 중요한 역할을 한다면 콩팥은 노폐물을 걸러

내는 기관으로 작용한다. 거를 필요가 있는 혈액으로 가득한 미세 혈관으로부터 혈액이 콩팥으로 들어가면 포도당이나 다른 영양분들, 이온, 물과 같이 재흡수가 되어 사용될 수 있는 물질들은 콩팥의 상피 세포를 통하여 장내에서처럼 몸 안으로 재수송이 일어난다. 이러한 과정을 통하여 남겨진 물질들은 수송을 담당하는 단백질이 없는 독성 산물이나 노폐물 등이며 콩팥이 기능을 다하지 못하여 혈액 속에 노폐물들이 쌓일 경우 인체에 치명적인 장애를 가져올 수 있다.

(1) 콩팥의 기능 장애를 가진 환자를 치료하는 대표적인 방법으로 혈액 투석이 사용되고 있다. 투석은 환자의 혈액을 몸 밖으로 끄집어 낸 다음 인공적인 기구를 이용하여 노폐물이 많은 혈액을 건강한 혈액으로 바꾸어 준다. 투석을 위한 장치를 디자인하려 할 경우 투석 장치의 기본적인 구조와 고려해야 할 조건, 파생될 수 있는 문제점 및 그 이유 등을 위의 지문들에 근거하여 설명하시오.

(2) 비브리오 콜레라균에 의하여 감염이 되는 콜레라는 아직도 개발도상국들의 주된 보건 문제이며 세계 보건 기구의 관리 하에 있는 3대 전염성 질병 중의 하나이다. 콜레라의 대표적인 증상은 환자들의 설사로 인한 탈수 증세로 이는 콜레라의 높은 치사율의 주된 원인으로 알려져 있다. 콜레라의 병원균이 장내의 상피 세포에 문제를 일으킨다고 가정하자. 위의 예시 문들을 이용하여 콜레라 환자들이 탈수를 일으키는 메커니즘을 제시하고 이를 구체적으로 설명한 다음 탈수를 치료하기 위하여 효과적으로 물을 공급하는 치료법을 제안하시오.

 논술 길잡이

인공 신장은 신체 내에 설치할 수 없을 정도로 크기 때문에, 신장 기능을 잃어버린 신부전증 환자들은 1주일에 2~3회 병원에 가서 체내 혈액을 인공 신장으로 순환시켜 혈중 노폐물을 제거해야 한다. 능동 수송 장치를 만들어 내기란 기술적으로 매우 어렵기 때문에, 인공 신장은 단순한 확산의 원리를 활용한 장치이다. 그래서 인공 신장을 '혈액 투석기'라고 말하기도 한다. 혈액 투석이 반투막을 활용한 일종의 확산 현상을 이용한 것임을 원리적으로 이해하고 있어야 한다.

(1) 투석은 일종의 확산이므로, 농도 차에 의해 원하는 방향으로 물질이 이동하도록 조정해 주어야 한다. 요소와 같이 혈액에서 투석액으로 빼내야 하는 노폐물의 농도는 '혈액 농도＞투석액 농도'가 되도록 하여 혈액에서 투석액으로 빠져나가도록 한다. 반면 혈액에서 빠져나오면 안 되는 포도당 등의 필수 영양소들은 '혈액 농도＝투석액 농도'가 되도록 하여 혈액 속에 유지되도록 한다. 만일 일부 성분을 혈중에 첨가해 줄 필요가 있을 때에는 그 물질의 '혈액 농도＜투석액 농도'가 되도록 해 놓으면 될 것이다. 단, 투석에 사용되는 반투막의 특성상 분자 크기가 큰 단백질은 통과하지 못할 것이므로, 혈장 내 단백질 등은 특별히 고려하지 않아도 된다.

투석 장치에서는 혈액과 투석액이 반투막을 사이에 두고 서로 반대 방향으로 흐르도록 해야 한다. 그래야만 아래 그림에서와 같이 혈액의 요소 농도는 점차 낮아지고 투석액의 요소 농도는 점차 높아지면서도 반투막을 사이에 두고 인접한 혈액의 요소 농도와 투석액의 요소 농도 사이의 차이가 유지되어 요소가 모든 구역에서 혈액에서 투석액으로 빠져나갈 수 있기 때문이다.

(2) 콜레라균은 장내 상피 세포를 손상시켜 수분이 빠져나오도록 한다. 따라서 설사를 수반한 탈수 증세가 콜레라의 전형적인 증세이다. 탈수 증세에서 벗어나기 위해서는 체액 농도와 같은 전해질 농도를 가지고 있는 생리 식염수를 혈관 주사(링거 주사) 등을 통해 공급해 주는 것이 가장 효과적일 것이다.

3 다음 제시문을 읽고 논제에 답하시오.

⟨2008 한양대 모의 논술 1차⟩

(가)　태경이는 오랜만에 아버지와 같이 동네 식당으로 삼겹살을 먹으러 외출하였다. 상온에서는 고체로 되어 있던 삼겹살의 지방 부분이 불판 위에서 녹아 액체로 변하는 모습을 본 태경이는 한 가지 의문이 떠올랐다.

"아버지, 같은 기름인데 왜 삼겹살의 기름은 상온에서 고체로 존재하고 기름장의 참기름은 액체로 존재하는 것일까요?"

"그건 삼겹살의 기름이 녹는점이 참기름보다 높기 때문이란다."

"왜 삼겹살 기름의 녹는점은 참기름이나 식용유 같은 식물성 기름보다 높을까요?"

"글쎄다. 그건……."

그 이유가 궁금해진 태경이는 대학 실험실에서 연구원으로 일하고 있는 삼촌을 찾아갔다.

"삼촌, 동물성 기름은 대개 상온에서 고체인데 왜 식물성 기름은 액체로 존재할까요?"

태경이의 물음에 삼촌은 아래의 표를 태경이에게 보여 주었다.

"태경아, 지방을 이루고 있는 지방산은 밑의 표에서 볼 수 있듯이 긴 탄화수소의 형태를 취하고 있단다. 포화성 지방산의 경우 탄소 개수가 많으면 많아질수록 점점 더 녹는점이 올라가는 것을 볼 수 있지? 그리고 탄소와 탄소 사이에 이중 결합이 있는 불포화성 지방산의 경우 이중 결합의 개수가 많아질수록 녹는점이 더

이름 (탄소 개수)	구조식	녹는점(℃)
포화성 지방산		
Lauric acid (12)	$CH_3(CH_2)_{10}COOH$	44
Palmitic acid (16)	$CH_3(CH_2)_{14}COOH$	63
Stearic acid (18)	$CH_3(CH_2)_{16}COOH$	70
불포화성 지방산		
Oleic acid (18)	$CH_3(CH_2)_7CH=CH(CH_2)_7COOH$	16
Linoleic acid (18)	$CH_3(CH_2)_4(CH=CHCH_2)_2(CH_2)_6COOH$	−5
Linolenic acid (18)	$CH_3CH_2(CH=CHCH_2)_3(CH_2)_6COOH$	−11
Arachidonic acid (20)	$CH_3(CH_2)_4(CH=CHCH_2)_4(CH_2)_2COOH$	−50

빨리 내려간단다."

"아, 그렇군요. 그럼 이제 왜 삼겹살의 기름이 참기름과 상온에서 형태가 다른지 알 것 같아요."

(나)　수소 첨가 반응의 산물로 만들어진 모조 초콜릿의 문제는 첨가 반응 과정에서 다량 함유될 수밖에 없는 트랜스 지방산이다. 이 성분은 심장병, 동맥 경화를 유발하고 간암, 위암, 대장암, 당뇨병과 관련이 있는 물질이다. 과자를 부드럽게 만드는 쇼트닝 역시 수소 첨가 반응의 산물이다.

　포화 지방은 혈관을 좁게 하는 나쁜 콜레스테롤 수치를 높이고 불포화 지방은 혈관을 청소하는 좋은 콜레스테롤 수치를 높이는 것으로 알고 있다. 그러나 불포화 지방이라도 트랜스 지방산은 동물성 기름 못지않게 심장에 해롭다.

(다)　불포화성 지방산에 존재하는 탄소의 이중 결합은 트랜스 형태와 시스 형태 두 가지로 존재할 수 있다. 시스 형태의 이중 결합을 가진 지방산은 다음 그림과 같이 그 구조적인 특이성으로 인해 세포막에서 배열될 때 좀 더 많은 공간을 차지하게 된다.

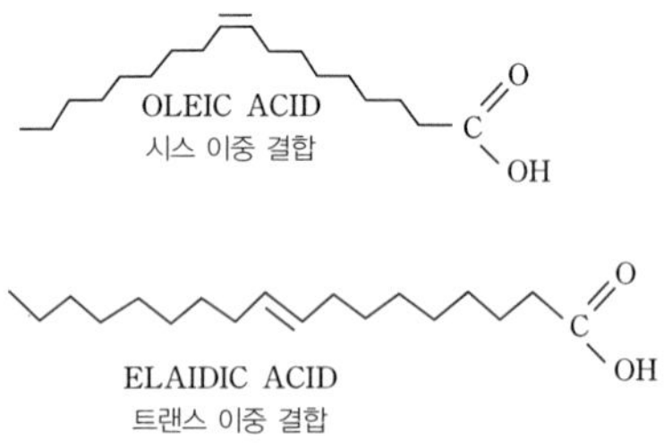

(1) 위의 지문들을 통해 동물성 기름과 식물성 기름의 지방산 조성에는 어떠한 차이가 있는지 논술하시오.

(2) 트랜스 지방산과 시스 지방산의 구조적 차이에 의해 어떻게 트랜스 지방산은 불포화성 지방산임에도 불구하고 포화성 지방산과 유사하게 세포막의 유동성을 감소시켜 심혈관계 질환을 유발할 가능성이 높은지에 대하여 논술하시오.

트랜스 지방은 최근에 부쩍 사회 문제가 되고 있는 성분으로서, 이것이 포화 지방 및 불포화 지방과 어떠한 관계를 가지고 있는지를 미리 이해하고 있어야 한다. 체내 불포화 지방은 원래 시스 이중 결합을 가지고 있어 굽은 형인데, 식품 조리·가공 과정에서 발생하는 트랜스 지방은 트랜스 이중 결합을 가지고 있다. 그런데 포화 지방산의 경우 탄소 간의 결합각이 109.5°인 데 반해, 트랜스 이중 결합의 탄소 간 결합각은 120°로서 별 차이가 나지 않으므로, 트랜스 지방은 구조적으로 포화 지방산과 유사하다. 이러한 사실을 세포막의 구조(인지질 이중막 구조)에 적용하여 트랜스 지방산이 체내에 유입되면 인지질 분자 구조와 세포질의 성질을 어떻게 변화시키는지를 이해해야 한다. 시사적인 소재를 취하고 있으면서도 과학적 원리상으로도 꽤 깊이 있는 지식과 통찰을 요구하는 문제이다.

예시 답안

(1) 탄소 간의 결합이 모두 단일 결합인 것을 포화 지방, 이중 결합이 포함된 것을 불포화 지방이라고 한다. 자연 상태에서 발견되는 불포화 지방은 모두 시스 이중 결합을 가지고 있고, 이로 인해 분자의 모양이 구부러져 있어 분자 간 평균 거리가 포화 지방에 비해 멀다. 따라서 불포화 지방은 분자 간 인력이 약해 녹는점이 낮고 상온에서 액체 상태로 존재한다. 상대적으로 분자 간 인력이 강한 포화 지방은 녹는점이 높아 상온에서 고체 상태로 존재한다. 동물성 기름은 대체로 포화 지방, 식물성 기름은 대체로 불포화 지방이다. 예외적으로 팜유나 코코넛유는 식물성이지만 포화 지방의 함량이 더 많다.

(2) 불포화 지방에 인공적으로 수소를 첨가하는 반응을 진행하여 포화 지방으로 만들어 내는 가공법이 있다. 이러한 과정을 통해 상온에서 고체 상태인 마가린이나 쇼트닝 등을 만들어 내는데, 이것들은 상온에서 고체 상태이므로 운반하거나 관리하기에 간편하다는 장점이 있다. 또한 과자나 튀김류의 바삭하고 고소한 맛 등을 내기에 유리하다.

트랜스 지방은 불포화 지방을 고온에서 가공할 때 부산물로 형성된다. 마가린이나 쇼트닝을 만들기 위한 수소 첨가 반응 과정에 고온 가공 과정이 있으므로 트랜스 지방이 생성되며, 식물성 식용유(불포화 지방)를 튀김 요리 등을 위해 가열해도 역시 트랜스 지방이 생성된다.

트랜스 지방은 불포화 지방이지만, 그 구조는 포화 지방처럼 직선형에 가깝다. 포화 지방에서 탄소 간 결합각이 $109.5°$이고 트랜스 이중 결합에서 결합각이 $120°$로서 매우 비슷하기 때문이다.

세포막은 인지질 이중막 구조를 기본으로 삼는다. 다음 그림에서 볼 수 있듯이 인지질의 지방산 가운데 한 개는 포화 지방산, 또 하나는 시스 불포화 지방산이다. 시스 불포화 지방산은 구부러진 구조이므로, 이로 인해 인지질 분자들이 빽빽하게 밀집하지 못하고 어느 정도 간격을 두게 된다. 이로써 세포막은 유동성을 가지게 된다.

그런데 트랜스 불포화 지방산이 체내에 유입되면, 시스 불포화 지방산 대신 인지질을 만드는 대사 과정에 참여할 수 있다. 트랜스 불포화 지방산은 포화 지방산처럼 직선형 구조이므로, 이렇게 만들어진 인지질 분자들 사이의 거리는 정상적인 경우보다 가까워지며, 이로 인해 세포막의 유동성과 투과성이 떨어지게 된다. 그 결과로 신체 면역 기능 등 체내의 여러 기능에 상당한 문제가 발생할 수 있는 것으로 추정되고 있다.

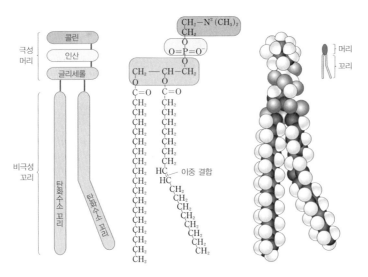

세포막을 구성하는 인지질 분자의 구조
두 개의 지방산 가운데 하나는 포화 지방산이고 또 하나는 시스 불포화 지방산이다.

6장
질병과 병원체

 세균, 원생생물, 바이러스

질병과 이를 일으키는 다양한 요인들은 생물학적으로나 시사적으로나 매우 중요하며 종종 논술 문제의 소재로 등장하지만, 교과 과정에서는 이와 관련되어 체계적으로 서술해 놓은 부분을 발견할 수 없다. 바이러스에 대해서는 생물 Ⅰ과 생물 Ⅱ에 서술되어 있으며, 면역계에 대해서는 생물 Ⅰ에서 해당 부분을 발견할 수 있는 정도이다. 암이나 AIDS, 조류 독감, 광우병 병원체인 프리온 등은 매우 중요한 부분이지만 이에 대한 체계적인 서술은 교과 과정 내에서 찾아보기 어렵다. 세균을 필두로 여러 질병의 원인에 대하여 체계적으로 정리하도록 하자.

세균은 원핵세포로 이루어진 단세포 생물로서, 일반적인 동식물의 진핵세포와는 상당히 다른 세포 구조를 가지고 있다. 특히 유전 물질인 DNA를 가지고 있지만 이를 담고 있는 주머니, 즉 핵막이 없으므로 흔히 핵이 없다고 표현된다. 크기는 1μm(10^{-6}m) 내외로서, 토양이나 물속은 물론 공기 중이나 심지어 지하 깊은 곳에서도 발견된다. 지표의 흙 1g에 수백만에서 수천만 개의 세균이 존재하는 것으로 알려져 있다.

세균은 유기물을 분해함으로써 살아가는 데 필요한 에너지를 얻는데, 이 과정에서 다양한 분해 산물을 만들어 낸다. 분해 산물 가운데에는 인체에 독성을 발휘하는 것들도 있으며, 이로 인해 각종 질병이나 식중독 등이 나타난다. 항생제는 세균의 대사 과정을 방해하여 세균을 퇴치하는 물질로서, 1928년에 플레밍이 페니실린을 발견한 이래로 다양한 항생제들이 개발되어 왔다.

많은 질환이 세균으로 감염된다. 여러 가지 염증과 상처에 생기는 화농, 결핵, 파상풍, 콜레라 등이 대표적인 세균성 질환이다. 대장균은 일반적으로 별다른 문제를 일으키지 않지만 O-157 같은 일부 변이체는 심각한 식중독을 일으키는 것으로 유명하다.

세균(원핵세포)과 달리 원생생물(진핵세포)이 일으키는 질병도 있다. 진핵세포는 핵막을 가지고 있어 핵과 세포질의 구분이 뚜렷하며 일반적으로 원핵세포보다 크다. 동식물의 세포 및 아메바, 짚신벌레 등의 원생생물이 이에 해당한다. 원생생물이 일으키는 질병의 대표적인 예로 모기가 매개하는 말라리아, 그리고 아메바가 유발하는 이질 등이 있다.(세균에 의해 일어나는 세균성 이질이 흔하지만, 아메바성 이질도 있다.) 이 질병들의 원인은 세균이 아니므로 항생제로는 치유할 수 없다.

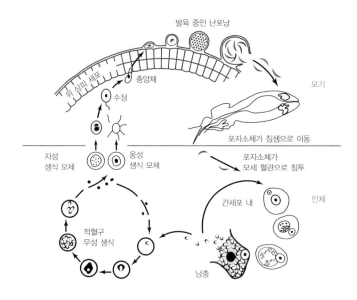

말라리아 병원체의 생활사
말라리아 병원체는 세균이나 바이러스가 아닌 일종의 진핵세포이다. 모기를 숙주로 하여 인간에게 전염된다.

바이러스는 세포가 아니다. 핵산(DNA나 RNA)이 단백질로 둘러싸여 있는 단순한 구조로 되어 있으며, 스스로 자기 증식하지 못하고 항상 살아 있는 세포

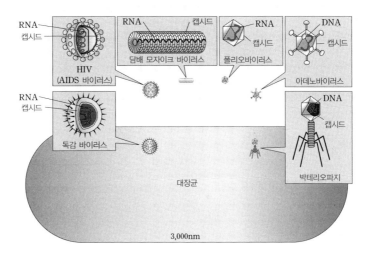

바이러스의 크기 및 구조
대개의 바이러스의 크기는 30~300nm이므로 전형적인 나노 테크놀로지의 조작 범위에 속한다. 대장
균의 크기는 3,000nm 가량이며, 진핵세포인 적혈구의 지름은 약 10,000nm이다.

에 기생함으로써 증식한다. 바이러스의 DNA나 RNA가 숙주 세포에 들어가게
되면, 숙주 세포의 세포 내 소기관과 효소들을 이용하여 자신의 유전자를 복제
하는 한편 표피 단백질을 생산하도록 하는 방식으로 스스로를 복제한다. 그리고
충분한 개수의 바이러스가 복제되면 숙주 세포로부터 빠져나와 더욱 많은 다른
세포들을 감염시킨다. 바이러스를 퇴치하기 어려운 이유는 바이러스의 변이가
심하고, 일단 숙주 세포 내부로 들어가면 직접적인 공격을 통해 퇴치하기 어렵
기 때문이다. 대표적인 바이러스성 질환으로 감기, 독감, 대상 포진, 홍역, 광견
병, AIDS 등이 있다.

최근에는 바이러스를 이용하여 특정한 세포에 원하는 유전자를 주입하는 유
전자 조작 기술이 활발히 개발되고 있다. 바이러스는 숙주 세포에 감염되어 자
신의 유전자를 끼워 놓는 특성이 있으므로, 주입을 원하는 유전자를 가지고 있
는 유전자 조작 바이러스를 만든 뒤 이 바이러스로 숙주 세포를 감염시키면 숙
주 세포의 DNA에 원하는 유전자가 주입되는 것이다.

19세기 이전까지는 서양에서도 바이러스나 세균과 같은 미생물이 병원체로
서 많은 질병을 유발한다는 생각을 하는 사람이 거의 없었다. 19세기 후반 파스

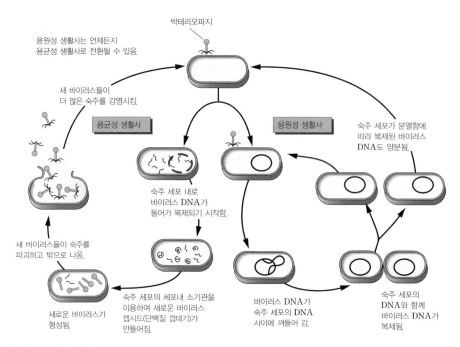

박테리오파지의 생활사

숙주 세포를 파괴하며 바이러스 개체를 증식시키는 용균성(lytic) 생활사와 숙주 세포에 잠복하여 숙주 세포와 함께 바이러스 DNA를 증식시키는 용원성(lysogenic) 생활사를 넘나들 수 있다.

퇴르와 코흐 등이 결핵균, 페스트균, 콜레라균, 탄저병균 등의 세균들을 확인하면서 비로소 세균이 병원체로서 인식되기 시작했다. 이 과정에서 코흐는 '특정 병인론'이라고 불리는 네 가지 원리를 정리하였고, 이는 세균학과 의학 발전의 중요한 발판이 되었다.

첫째, 특정 질병에는 그 원인이 되는 하나의 생물체가 있다.

둘째, 그 생물을 순수 배양으로 얻을 수 있다.

셋째, 배양한 세균을 실험동물에 투입했을 때 똑같은 질병을 유발시켜야 한다. 예컨대 분리 배양한 결핵균은 실험동물에 주입했을 때 결핵을 일으킬 수 있어야 한다.

넷째, 그 병에 걸린 실험동물에게서 다시 그 세균을 분리할 수 있어야 한다.

이 같은 특정 병인론에 의거하여, 그 질환을 일으키는 특정한 병원균을 죽이거나 무력화하면 질병을 치료할 수 있다는 인식이 일반화되었다. 코흐의 특정

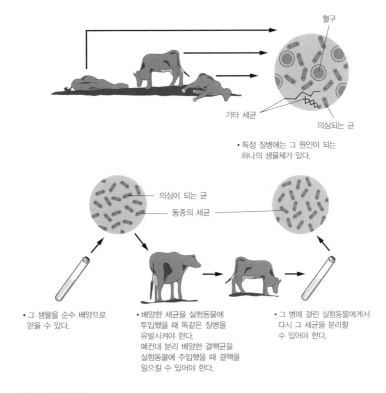

• 특정 질병에는 그 원인이 되는
하나의 생물체가 있다.

혈구

기타 세균

의심되는 균

의심이 되는 균

동종의 세균

• 그 생물을 순수 배양으로
얻을 수 있다.

• 배양한 세균을 실험동물에
투입했을 때 똑같은 질병을
유발시켜야 한다.
예컨대 분리 배양한 결핵균을
실험동물에 주입했을 때 결핵을
일으킬 수 있어야 한다.

• 그 병에 걸린 실험동물에게서
다시 그 세균을 분리할
수 있어야 한다.

코흐의 특정 병인론
특정 질병의 원인이 특정 병원체에 있음을 확인할 수 있는 네 가지 원리를 정리하였다.

병인론은 세균을 기준으로 정리된 것이지만 나중에 바이러스에 대해서도 적용
되었으며, 병원체에 대한 일반적인 이론으로서 정립되었다.

 AIDS

AIDS(후천성 면역 결핍증)는 1979년 처음 인식되었고 1984년에 그 병원체
바이러스가 분리되었다. 아직 백신이 개발되지 않았으며, 수혈과 성관계를 통해
전염된다. 초기에는 동성애자나 혈우병 환자 등의 집단에서 많이 발병한다고 알
려지기도 했으나, 지금은 동성애자와 이성애자의 발병률에 큰 차이가 나지 않는

다.(혈우병 환자의 발병률이 높았던 이유는 이들이 혈우병의 특성상 혈액 응고에 필수적인 성분을 수혈받기 때문이다.) 성관계 때 콘돔을 사용하면 전염을 예방할 수 있다는 사실이 알려져 있다.

ADIS를 유발하는 바이러스를 인간 면역 결핍 바이러스, 즉 HIV라고 하며, 사람에게 감염되어 면역 결핍 상태가 되게 하는 바이러스라는 뜻이다. 바이러스 분류상 HIV는 유전자로 RNA를 가지고 있는 레트로바이러스과에 속한다. HIV는 T 림프구를 감염시키는데, 감염된 T 림프구 안에서 자신의 RNA 정보를 숙주인 사람의 DNA에 전사하는 '역전사 효소'를 가지고 있다. 전사된 DNA는 감염 세포인 T 림프구의 유전자 속에 삽입된 채 분열하고, 증식하는 세포

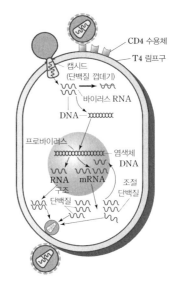

AIDS 병원체인 HIV의 생활사

에 그대로 이어져 내려가는 것이다. 이러한 상태에서 T 림프구의 중심 부분에 삽입된 채 그대로 몇 년이고 바이러스는 생존을 계속하며 언제든지 증식할 수 있는 체제를 갖추고 있다.

그러다가 어떤 원인으로 돌연 세포 속의 바이러스가 활성화되어 증식을 개시하면 T 림프구는 급속히 파괴되고, T 림프구 밖으로 나온 바이러스는 차례차례 새로운 T 림프구 속으로 같은 방법으로 삽입되어 들어간다. T 림프구는 항원이 침입했다는 정보를 접하면 B 림프구에게 항체를 만들도록 지시하는 일종의 사령관 역할을 하는 세포이기 때문에, T 림프구가 파괴되면 면역 능력이 저하되어 결국 사망에 이른다.

HIV는 발병까지 상당히 오랜 세월이 걸리는 바이러스로서, 발병하기 전에 보균자로서 10년 이상을 지나는 경우도 많다. 1986년에 HIV의 새로운 형이 발견되어, 지금까지의 것은 HIV-1, 새로운 것은 HIV-2로 명명되었다.

🧪 광우병과 프리온

프리온은 신경 조직 등에 광범위하게 존재하는 단백질로서, 그 기능이 아직까지 명확하게 밝혀지지 않았다. 프리온은 일정한 속도로 생성 및 분해되어 체내에서 일정한 농도를 유지하는 것으로 알려져 있다. 프리온이 '변형 프리온'으로 구조가 변형되면 다른 정상 프리온을 변형시킬 수 있는데, 변형 프리온은 정상 프리온과 달리 분해가 되지 않는다. 최초로 변형 프리온이 되는 이유는 정확히 밝혀지지 않았으나, 일단 변형 프리온이 생성되고 나면 변형 프리온의 농도가 높아지고 이것이 일정 농도 이상이 되면 독성을 발휘한다. 특히 뇌세포가 심각하게 손상되면 뇌 조직이 스폰지와 유사하게 구멍이 숭숭 뚫린 모양으로 바뀌며, 치매와 유사한 증세를 보이면서 결국 사망에 이르게 된다.

변형 프리온으로 인한 질환으로는 사람에서는 쿠루병, 크로이츠펠트–야콥병(CJD), 양이나 염소에서는 스크래피, 사슴의 만성적 소모성 질환(CWD), 소해면상뇌증(BSE, 일명 광우병) 등이 있다고 알려져 있다. 쿠루병은 식인 습관이 있는 뉴기니의 원시 부족에서 발생하는데, 이들이 사람의 뇌를 먹기 때문에 전염된다고 알려져 있다. 1980년대 프루시너는 처음으로 프리온을 병원체로 지목했으며, 1990년대 영국을 중심으로 발생하던 크로이츠펠트–야콥병이 소의 광우병과 동일한 변형 프리온을 통해 전염된 것임이 알려지면서 전세계에 충격을 주었다. 당시 영국의 축산업은 거의 붕괴되기에 이르렀고, 이후 유럽의 여러 나라들과 미국 등에서 광우병 소가 발견되었다.

현재 광우병은 양고기가 함유된 사료를 먹은 소에게 양의 스크래피가 옮겨져 발병하는 것으로 추측되며, 감염된 소를 인간이 섭취하여 다시 인간에게 전염되어 크로이츠펠트–야콥병으로 불리게 된 것으로 추측된다.

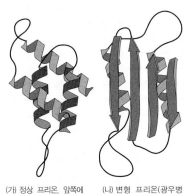

(가) 정상 프리온. 앞쪽에 나선 구조가 보인다.

(나) 변형 프리온(광우병 병원체). 나선 구조의 일부가 변형되어 병풍형 선형 구조로 바뀌었다.

정상 프리온과 변형 프리온(단백질 3차원 구조)

변형 프리온은 뇌, 척수와 같은 신경 조직과 뼈 등에 분포하는 것으로 알려져 있고, 도축장의 여건상 여기에 분포해 있던 변형 프리온이 살코기에 옮겨질 가능성을 배제할 수 없으므로 광우병은 축산업계에 큰 문제가 되고 있다. 최근에 미국산 쇠고기 수입과 관련해 심각한 마찰이 벌어진 것도, 미국의 도축장에서는 전기톱을 사용하기 때문에 처리된 정육에 뼛조각이 포함되는 경우가 종종 발생하기 때문이었다.

특히 변형 프리온은 일반적인 조리법으로 제거되지 않으며, 잠복기가 10∼40년에 달하는 것으로 추정되고 현재로서는 아무런 치료약도 없기 때문에 사람들에게 심한 공포심을 자아낸다.

프리온은 자신과 비슷한 존재를 복제해 내는 능력을 가지고 있으므로 일종의 생식을 한다고 볼 수 있고, 따라서 생명체라고 볼 수 있는 여지가 있다. 그러나 이러한 형태의 생식은 통상적인 생명체의 생식과 매우 다르기 때문에, 프리온을 생명체로 볼 수 있는지에 대해서는 많은 논란이 있다. 프리온이 광우병 병원체임을 밝혀낸 프루시너는 1997년 노벨 생리학·의학상을 수상했다.

 면역계 질환

면역 작용은 주로 체액성 면역과 세포성 면역의 두 가지에 의해 이루어진다. 체액성 면역이란 B 림프구가 생산한 항체에 의한 면역을 말하며, 세포성 면역이란 T 림프구가 직접 항원을 공격하여 파괴하는 면역을 뜻한다. T 림프구에는 면역 반응을 촉진하는 '헬퍼 T 세포', 면역 반응을 억제하는 '서프레서 T 세포', 병원체에 감염된 세포 등을 직접 파괴하는 '킬러 T 세포' 등이 있다. 앞에서 소개한 HIV, 즉 AIDS를 유발하는 바이러스는 헬퍼 T 림프구인 T4 림프구를 파괴하여 면역계를 붕괴시키는 역할을 한다.

항원−항체 반응은 대개 사람에게 유리하게 작용하지만, 때로는 너무 민감하게 나타나서 불리하게 작용하는 경우가 있다. 이처럼 항원−항체 반응이 생체에 비정상적인 과민 반응으로 나타나는 것을 알레르기라고 한다. 임상적으로는 반응성의 항진(과민성)이 강하게 나타나기 때문에 알레르기는 과민성과 거의 같은 뜻으로 쓰인다.

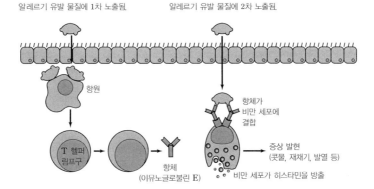

알레르기 증세의 발현 메커니즘
왜 특정한 항원에 대하여 알레르기 반응을 나타내는지는 정확히 알려지지 않았다.

　알레르기성 체질인 사람은, 보통 사람에게는 항원으로 작용하지 않는 식품이나 꽃가루, 곰팡이의 포자 등에 민감한 항원-항체 반응을 일으켜 천식, 두드러기 등의 증상을 일으키기도 한다. 알레르기의 일종인 아토피는 특히 최근 들어 환자 수가 급증하여 사회 문제로 대두되고 있다. 그러나 면역계가 매우 복잡하기 때문에 아토피 같은 알레르기성 질환의 원인을 정확히 알아내기란 매우 어려우며, 완치하기도 어려운 실정이다.

　류머티즘은 일종의 자가 면역 장애에 속하는 질환으로, 인체의 방어 조직에 문제가 생겨 자신의 조직을 공격하고 파괴해서 나타나는 것으로 보고 있다. 흔히 관절염 형태의 증세가 나타난다. 골관절염과는 달리 관절 류머티즘은 여러 관절에 침범하여 통증이나 부어오르는 증세가 나타나며, 이 관절에서 저 관절로 옮겨 다니기도 하고 온도나 기후 변화에 따라 변하거나 심해지기도 한다. 이런 관절 류머티즘은 만성 질환에 속하며, 호전되었다가는 나빠지는 반복성을 보인다. 관절 류머티즘은 어느 연령대에서나 발병할 수 있지만 30～40대 여성에게서 가장 흔히 발병한다. 류머티즘이 면역 체계에 이상이 생겨 발생하는 자가 면역 질환이라는 견해 외에도 감염 등 외부 인자에 의해 반응이 유발되고 면역 반응 때문에 그 반응이 증폭된다는 견해 등이 있다.

암

모든 세포는 세포 분열을 통해서 증식한다. 분화된 세포들은 세포 분열을 계속할 것인지, 멈출 것인지가 잘 통제되며, 이러한 세포 분열의 특이성을 통하여 분화된 세포가 갖고 있는 각 세포들의 특이성을 유지하고 있다. 정상적인 세포들이 자신들이 갖고 있는 세포 분열의 특이성을 상실하고 분열을 계속하면 그 세포들은 종양 조직을 형성하고, 이들 중 악성 종양들이 암세포를 형성하여 주변의 세포 조직을 공격하고 신체의 각 부위로 전이되면 결과적으로 생명을 앗아간다.

종양은 주로 노화된 동물이나 사람에게서 높은 빈도로 발생한다. 그러나 대부분의 경우는 국지적으로 발생하므로 큰 위험이 되지는 못하며, 이런 종류의 종양을 양성 종양이라 한다. 종양이 몸 전체에 퍼지면 큰 위협이 될 수 있는데, 이를 악성 종양이라 하며 '암'은 악성 종양의 다른 이름이다.

악성 종양과 양성 종양을 구분하는 가장 큰 특징은 침입성과 확산성(전이성)

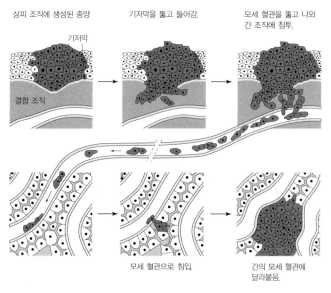

피부암 세포가 간으로 전이되는 과정

이다. 악성 종양은 국지적으로 발생한 상태 그대로 있지 않고, 주위의 조직 세포를 공격하고 체내 순환 기관으로 침투하여 본래 발생 부위가 아닌 부위의 암을 유발한다. 이러한 이차적인 암을 유발하는 현상을 '전이'라고 부른다.

대부분의 발암 물질들은 유전자 변화를 일으키고, 역으로 유전자에 변화를 일으키는 물질들은 암을 유발할 수 있다. 암을 유발하는 첫 번째 요인으로 지목된 것은 바이러스들이었다. 그 후 특정 화학 약품이나 방사선, 자외선, 특정한 세균(헬리코박터 등)도 암을 일으키는 것으로 밝혀졌다.

세포의 유전자는 1회 분열시마다 10^{-6} 정도의 확률로 DNA 돌연변이를 일으킨다고 알려져 있다. 발암원들은 대부분 세포의 DNA 돌연변이를 일으켜 세포 분열을 통제하는 유전자를 고장 냄으로써 암을 일으키는 것이다.

암에 대한 치료법으로 외과 수술과 화학 요법, 방사선 치료 등이 개발되어 있으나 대체로 상당한 부작용을 가지고 있다. 최근에는 암세포에 선별적으로 결합하는 단일 클론 항체를 투입하여 암을 치료하는 방법이 연구되고 있다.

항체를 이용하여 암세포를 선별적으로 공격하는 치료법
암세포에 선택적으로 결합하는 단일 클론 항체를 만들고, 이 끝부분에 방사성 동위 원소를 붙여 놓는다. 항체들이 혈관 내에 주입되면 암세포와 결합하게 되는데, 암세포는 방사성 동위 원소에서 방출되는 방사선에 의해 죽게 된다. 방사성 동위 원소 외에 항암제 분자를 항체에 부착하는 것도 가능하다.

1 다음 제시문을 읽고 물음에 답하시오.

〈2008 가톨릭대 모의 논술〉

　　유전자의 돌연변이는 암을 유발하는 주요한 원인이다. 돌연변이는 무작위로 일어나며 세포는 일생 동안 계속 돌연변이의 가능성을 가지고 있다.

　　어느 해에 영국 여성 중에서 새로 진단된 대장암 환자를 모두 조사하였다. 1년 동안 여성 대장암 발병률은 각 연령대 100,000명당 발병 환자 수로 정의하며, 이를 나이별로 나타낸 것이 오른쪽 그래프이다. 대장암의 발병률은 연령에 따라 증가하며, 특히 40세 이후 급격히 증가한다.

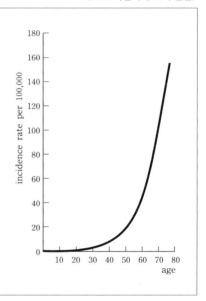

(1) 만약 한 번의 유전자 돌연변이가 대장암을 유발하고, 이러한 유전자 돌연변이가 각 연령에서 동일한 빈도로 나타난다고 가정할 때, 대장암 발병률과 연령의 관계가 어떻게 나타날지 예측하고, 그것이 위 제시문의 그래프의 양상과 다르다면 그 이유를 설명하시오.

(2) 여섯 번의 유전자 돌연변이가 일어나야만 대장암이 유발되고, 유전자 돌연변이가 각 연령에서 동일한 빈도로 나타나며, 41세 여성의 1년 동안 대장암 발병률이 100,000명당 10명이라고 가정하자. 이때 임의의 1년 동안 유전자 돌연변이가 일어날 확률을 구하는 방법을 설명하시오.(단, 1년에 두 번 이상 돌연변이가 일어날 가능성은 없다고 가정한다.)

(3) 인간 유전자 약 35,000개에 대한 유전자 돌연변이 가능성은 무작위임에도 불구하고, 최종 발병한 암세포의 DNA 서열을 분석해 보면 돌연변이는 일부 특정 유전자에 국한되어 있고

이들 유전자 안에서도 특정 DNA 서열에 집중되어 있음을 관찰할 수 있다. 이런 현상이 일어나는 과정을 진화의 관점에서 추론하시오.

 논술 길잡이

생식 세포 돌연변이는 자손에게 전해져 각종 선천적·유전적 문제를 일으킬 수 있으며, 체세포 돌연변이는 체세포의 각종 변형과 이상 증식 등을 일으킬 수 있다. 체세포 돌연변이가 여러 단계에 걸쳐 연속적으로 일어나 특별히 심각한 문제를 일으키는 것을 암이라고 하는데, 암세포는 활발히 분열하면서 주변 세포들 사이로 증식하며 혈관을 따라 다른 기관으로 전이되는 특성을 가지고 있다. (2)는 다소 수리적인 계산 과정을 요구한다.

예시 답안

(1) 문제에서 유전자 돌연변이가 한 번 발생하면 암이 발병하고, 각 연령에서 이러한 돌연변이의 확률이 일정하다고 가정하였다. 그렇다면 대장암 발병률은 연령에 관계없이 일정한 값으로 나타날 것이다. 그런데 제시문에서 밝힌 실제 발병률 그래프는 연령에 따라 점차 증가하는 것으로 나타난다. 이러한 결과는 두 가지로 해석할 수 있다. 하나는 노화와 함께 암을 일으키는 돌연변이의 확률이 높아질 가능성이다. 또 하나는 암이 독립적인 돌연변이 한 번으로 유발되는 것이 아니라, 돌연변이가 여러 번 누적됨으로써 유발될 가능성이다.

(2) 문제에 따르면 1년 동안 두 번 이상 유전자 돌연변이가 발생할 확률은 0이다. 1년 동안 한 번 발생할 확률을 p라고 가정하면, 41세 여성이 대장암에 걸리려면 1세부터 40세까지 다섯 번의 유전자 돌연변이가 일어나고 41세에 여섯 번째 유전자 돌연변이가 일어나야만 한다. 즉 41세 여성이 대장암에 걸릴 확률은 40년 중에 다섯 번을 뽑는 조합의 수 각각에 35년 동

안 유전자 돌연변이가 발생하지 않을 확률 $(1-p)^{35}$과 6년 동안 유전자 돌연변이가 발생할 확률 p^6의 곱이다.

그런데 41세 여성의 대장암 발병률이 $\dfrac{10}{100000}=10^{-4}$이므로 다음의 방정식이 성립한다.

$$10^{-4}={}_{40}\mathrm{C}_5(1-p)^{35}p^6$$

이를 풀면 문제에서 요구하는 확률을 얻을 수 있다.

(3) 대부분의 유전자 돌연변이는 세포 또는 개체의 생존에 아무 영향을 미치지 않거나 해롭게 작용한다. 하지만 일부 돌연변이는 세포 또는 개체의 증식에 유리하게 작용하기도 한다. 세포 생존에 해로운 돌연변이가 일어난 세포는 암세포가 되지 않았거나, 암세포가 되었더라도 생존하지 못했을 것이다. 암세포에 돌연변이가 특정 유전자의 특정 부위에 잘 일어난다는 것은 이 돌연변이가 암세포 생존에 유리하게 작용해서 이 돌연변이를 갖는 세포들이 적자생존의 진화 원리에 따라 선택되어 결과적으로 이 세포들만이 증식하기 때문이라고 해석할 수 있다.

7장
유전자

DNA에서 단백질까지

20세기 생물학의 가장 큰 성과는 바로 유전자가 DNA라는 물질에 담겨 있는 '정보'임을 인식한 것이다. 그렇다면 DNA라는 분자에 어떻게 그러한 정보가 입력될 수 있는가?

DNA에는 다음 그림에서 볼 수 있는 것처럼 염기만 서로 다른 네 가지 종류가 있다. DNA 사슬 두 개가 A(아데닌)와 T(티민), G(구아닌)와 C(시토신) 사이에 상보적인 수소 결합을 하며 맞물려 있는 상태를 이중 나선 구조라고 한다.

DNA가 항상 두 사슬끼리 이중 나선 상태로 존재하는 것은 아니다. 특정한 효소에 의해 DNA의 이중 나선을 형성하는 수소 결합이 풀릴 수 있는데, 수소 결합이 풀린 DNA 사슬을 주형으로 삼아 RNA 사슬이 만들어질 수 있다. RNA는 DNA와 거의 같은 구조를 가지고 있지만 RNA의 5탄당이 DNA의 5탄당에 비해 산소 원자 한 개를 더 가지고 있으며, DNA가 A, T, G, C의 네 가지 염기를 함유한 반면 RNA는 T 대신 U(우라실)를 가지고 있어 A, U, G, C의 네 가지 염기를 함유하고 있다.

DNA를 주형 삼아 합성되는 RNA에는 mRNA, rRNA, tRNA의 세 종류가 있다. 이 중 DNA의 유전 정보를 그대로 옮겨 세포질로 전하는 역할을 하는 것이 mRNA이고, mRNA의 염기 서열과 특정한 아미노산을 대응시켜 주는 것이 tRNA이다. rRNA는 리보솜이라는 세포 내 소기관을 만드는 구성 단위가 되는데, 리보솜은 다음 그림에서 볼 수 있듯이 mRNA의 염기 서열 세 개에 상보적으로 대응되는 tRNA를 결합시킴으로써 아미노산 사슬(단백질)이 만들어지

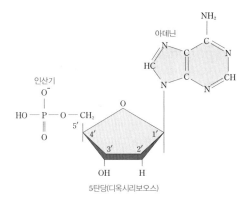

(가) DNA의 예: '인산기＋5탄당＋염기'로 구성되어 있다. DNA에는 네 가지 종류가 있는데 인산기
와 5탄당은 동일하고 염기만 다르다. 염기가 아데닌이면 A, 구아닌이면 G, 시토신이면 C, 티민이
면 T라고 표기한다.

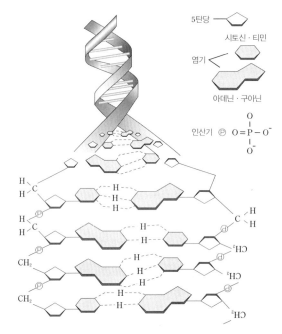

(나) DNA 이중 나선 구조를 보여 주는 모식도: 두 가닥의 DNA 사슬이 염기를 마주 보며 수소 결합
을 하고 있다. A와 T 사이에는 두 개의 수소 결합이, G와 C 사이에는 세 개의 수소 결합이 생길
수 있다.

DNA 이중 나선 구조

DNA는 5탄당(다섯 개의 탄소를 가진 당)과 염기와 인산기가 결합된 것이다. 이러한 DNA 분자들이
일렬로 결합하여 사슬을 이루고, 두 사슬이 서로 상보적으로 결합하여 이중 나선을 이룬다.

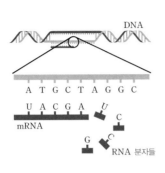

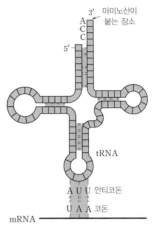

(가) DNA와 상보적인 서열을 갖는 mRNA
를 합성함으로써 정보가 옮겨진다.

(나) tRNA의 구조: 아래쪽에 mRNA의 염
기 세 개와 결합하는 부분을 가지고 있고,
반대쪽에 아미노산을 가지고 있다.

mRNA와 tRNA

DNA를 주형 삼아 '전사'를 통해 DNA 염기 서열과 상보적인 결합을 가지는 mRNA, rRNA, tRNA를 만들어 낸다. 이 중 mRNA에 옮겨진 DNA의 유전 정보가 (mRNA가 핵 밖으로 빠져나 감으로써) 세포질로 전달되고, tRNA가 mRNA의 염기 서열을 특정한 아미노산들의 서열과 대응시 켜 준다.

도록 한다.

DNA의 염기 서열을 RNA(특히 mRNA)로 옮기는 것을 전사라고 하고, mRNA의 염기 서열에 상응하는 아미노산 사슬(단백질)을 만들어 내는 것을 번 역이라고 한다. 전사와 번역의 전 과정이 다음 그림에 소개되어 있다. 세포는 이 러한 과정을 거쳐 DNA 염기 서열의 정보를 해독하여 단백질을 만들어 내는 것 이다. 이처럼 유전 정보가 DNA → RNA → 단백질로 전달된다는 설을 '센트 럴 도그마'라고 부르는데, 센트럴 도그마는 현대 생물학의 가장 위대한 성과 중 하나로 여겨지고 있다.

DNA나 mRNA의 염기 서열은 세 개씩 짝을 이루어 전사 및 번역되므로, DNA나 mRNA의 염기 서열을 알아내면 어떠한 아미노산이 순서대로 이어져 사슬을 만들 것인지를 알아낼 수 있다. 예를 들어 mRNA에서 염기 서열 GGA 는 아미노산 글리신과 대응되며, AUG는 메티오닌과, CUA는 류신과, CGA는 아르기닌과 대응되는 식으로 총 20가지의 아미노산이 염기와 대응되어 아미노

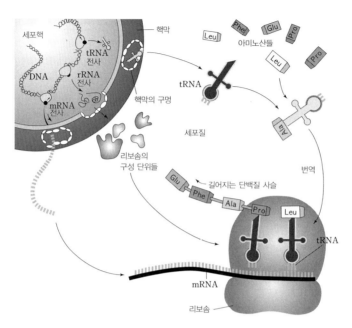

mRNA의 염기에 상보적으로 대응되는 tRNA를 결합시키는데, tRNA는 반대쪽에 아미노산을 가지고 있다. 리보솜이 레일 위를 이동하는 기차처럼 이동하면서 mRNA에 연속적으로 tRNA가 결합하도록 하여 아미노산 사슬(단백질)을 만들어 낸다. 결국 DNA의 염기 서열 정보가 mRNA로 전해지고, 이것이 (tRNA의 매개로) 아미노산의 서열을 결정하는 것이다.

산 사슬을 만드는 데 동원된다.

단백질은 어떠한 아미노산이 어떠한 순서로 결합되는지에 따라 극히 다양한 구조와 기능을 가질 수 있다. 실제로 우리 몸에 작용하는 수없이 다양한 효소, 항체, 상당수의 호르몬(단백질이 아닌 것은 스테로이드이다.), 근육을 이루는 근섬유(액틴·미오신), 막 단백질(펌프나 이온 통로, 수용체 등), 산소를 운반하는 헤모글로빈 등이 모두 단백질이며, 이 단백질들의 구조와 종류는 궁극적으로 DNA의 염기 서열에 따라 결정된다. 이러한 견지에서 유전자는 곧 DNA의 염기 서열 정보라고 말할 수 있다.

🧪 우성과 열성, 우월과 열등

유전자 개념과 관련하여 가장 먼저 확인할 내용이 바로 우성·열성 개념과 우월·열등 개념 사이의 구분이다. 우성·열성 가운데 열성 유전자라고 해서 열등하다고 단정해서는 결코 안 된다. 우성인가 열성인가의 문제는 우월한가 열등한가의 문제와는 다른 차원의 문제이다. 우성·열성 여부는 두 유전자가 공존할 때 어느 유전자의 특성이 발현되는지에 따라 판단하는 것이다. 예를 들어 A 유전자와 a 유전자를 함께 가지고 있는 Aa 개체의 경우에 A 형질은 드러나고 a 형질은 안 드러나기 때문에 A를 우성, a를 열성이라고 보는 것이다.

그렇다면 우월·열등을 판단하는 기준은 무엇일까? 일단 문화적인 가치 기준이나 선호도를 반영하는 우월·열등 기준이 있을 수 있다. 그런데 이것은 대체로 생물학적인 우성·열성 여부와는 별 상관관계가 없다. 예를 들어 문화적 기준으로는 긴 다리가 선호되지만, 생물학적으로는 짧은 다리 유전자가 우성일 수도 있다.(다리 길이가 유전자 한 쌍에 의해 결정되지는 않지만, 예를 들어 표현해 보자면 이렇다는 것이다.)

우월·열등을 순전히 생물학적인 차원에서 판별할 수도 있다. 환경에 대한 적응도(생존율)가 높은 형질을 우월하다고 보고, 적응도가 낮은 형질을 열등하다고 보는 것이다. 그런데 우월·열등의 의미를 이렇게 환경에 대한 적응도를 기준으로 규정해도, 이것을 유전적인 우성·열성과 연결시키기는 어렵다. 무엇보다 어떤 형질이 환경에 더 잘 적응한 것인지의 문제는 환경의 변화에 따라 크게 달라지기 때문이다.

예를 들어 어떤 포유동물의 경우, 가늘고 성긴 털 형질이 우성이고 길고 빽빽한 털 형질이 열성이라고 해 보자. 만약 빙하기가 닥쳐 서식 지역의 평균 기온이 낮아진다면, 다음 세대들에서는 열성 유전자의 비율이 높아질 것이다. 반대로 기온이 높아진다면 우성 유전자의 비율이 높아질 것이다.

결국 우성·열성은 단순히 어떤 유전자가 발현되느냐에 따른 구분일 뿐, 우월·열등(그 기준이 '문화적 선호도'이든 '환경에 대한 적응도'이든 간에)과는 별개의 차원의 문제라고 인식해야 한다.

열성 형질과 비정상 형질 사이에는 '어느 정도'의 상관관계가 존재한다. 물론 열성 형질이라고 해서 모두 비정상인 것은 아니다. 사람에게서 흔히 볼 수 있는 열성 형질로서 PTC에 대한 미맹, O형 혈액형, 부착형 귓불, 혀말기 불능 등은 전혀 '비정상'이라고 볼 수 없는 것들이다.

그런데 흔히 비정상이라고 간주되는 형질들이 '대체로' 열성인 것은 사실이다. 예를 들어 색맹, 혈우병, 겸형 적혈구, 알비노 등에 더하여 대부분의 선천적 기형들이 열성 유전된다. 그렇다면 비정상 형질이 대체로 열성 유전되는 이유는 무엇일까?

생존율(번식률)을 떨어뜨리는 심각한 비정상 형질이 우성 유전되는 경우를 가정해 보자. 그렇다면 유전자를 가진 개체는 비정상 형질을 드러낼 것이고, 비정상 형질로 인해 생존율이 낮아질 것이므로 세대가 거듭 이어질수록 이 유전자의 비율이 낮아질 것이며, 이윽고 완전히 도태될 것이다.

반대로 심각한 비정상 형질이 열성 유전되는 경우는 어떠할까? 유전자형이 열성 순종(aa)일 때에는 이 개체의 비정상 형질이 드러나 도태되어 갈 것이다. 그러나 이 유전자가 정상적인 우성 유전자와 함께 붙어 있는 잡종(Aa)인 경우에는 드러나지 않고 숨어 있을 수 있기 때문에, 완전히 없어지기 어렵다. 따라서 우리가 현재 볼 수 있는 형질들 가운데 생존에 불리한 형질(비정상 형질)은 대체로 열성 유전되는 것들이다. 그러나 비정상 형질이 우성인 경우도 있으므로 열성

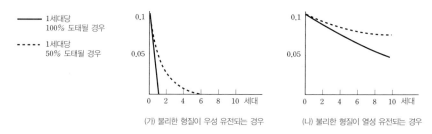

(가) 불리한 형질이 우성 유전되는 경우   (나) 불리한 형질이 열성 유전되는 경우

생존에 불리한 형질이 우성 유전되는 경우와 열성 유전되는 경우
첫 세대의 해당 유전자 빈도(비율)가 0.1(10%)이라고 가정하였다. 우성 유전되는 경우에는 몇 세대 지나지 않아 완전히 도태되지만, 열성 유전되는 경우에는 잡종의 보인자(Aa) 상태로 없어지지 않고 유지될 수 있다.

유전자라고 해서 비정상이라는 선입견을 가져서는 곤란하다.

왜소 체구증, 다지증, 단지증, 합지증, 선천성 야맹증 등이 비정상 형질이 우성 유전되는 예외적인 경우들이다. 그런데 우성 유전되는 비정상 형질은 대체로 증상이 가볍고 생존율에 큰 지장을 미치지 않는 경우가 많다. 왜냐하면 치명적인 형질이 우성 유전된다면 몇 세대 가지 못하여 그 유전자가 완전히 도태되어 사라질 것이기 때문이다.

 근친혼의 위험성

여기서 우리는 근친혼이 왜 생물학적으로 위험한지를 설명할 수 있다. 비정상적인 열성 유전자가 잠재되어 있다면, 이 열성 유전자를 공유하고 있는 근친 사이에서 자녀가 태어날 때 열성 유전자가 발현되어(열성 순종) 비정상 형질이 드러날 가능성이 높은 것이다. 근친도가 높을수록 공통 유전자를 가지고 있을 확률이 높으므로, 그만큼 자손에서 비정상 열성 형질이 발현될 확률이 높아진다.

일례로 워너 증후군으로 불리는 조로증 환자의 70%는 근친혼의 결과로 태어났으며, 전 세계 워너 증후군 환자의 80%는 근친혼이 많은 일본인이라는 통계가 있다. 일본에서는 비교적 최근까지 사촌, 심지어 삼촌 간의 근친혼도 행해졌기 때문이다. 순수한 혈통 보존을 위해 남매끼리 결혼하였던 고대 이집트 왕실이나 사촌 간 결혼이 많았던 근대 유럽 왕실 등에서 혈우병을 비롯한 유전병이 빈발했던 것도 근친혼의 결과로 알려져 있다.

이렇듯 근친혼을 규제하는 데에는 생물학적 근거가 있다. 그러나 정확히 어느 정도의 근친혼을 규제할 것인가는 각국의 전통에 따라 다르고 시대적으로도 변동이 있었다. 현재 덴마크, 노르웨이, 독일은 삼촌 간 이내 근친혼만을 금지하고 있고, 영국, 프랑스, 스위스, 이탈리아, 미국 일부 주와 일본 등 많은 나라들이 사촌 이내의 근친혼만을 금지한다. 아인슈타인과 다윈은 사촌과 결혼하였고, 당시 그 문화권에서 전혀 문제시되지 않았다. 우리나라에서는 얼마 전까지 동성동본 간 혼인이 금지되어 있었으며 지금도 8촌 이내의 혼인은 금지되어 있어, 가장 폭넓게 근친혼을 규제하는 편이다.

근친혼의 위험성을 통해, 종이 멸종하지 않기 위해서는 충분한 개체 수와 유전자 다양성이 확보되어야 한다는 사실을 이해할 수 있다. 일반적인 포유동물의 경우 몇십 마리 정도만이 생존해 있다면 근친혼으로 인해 열성 비정상 인자가 발현될 가능성이 커지고, 이로 인해 장기적으로는 멸종할 가능성이 높다.

사회 생물학과 유전자 결정론

사회 생물학은 윌슨이 정립한 분야로서, '유전자'와 '진화'라는 두 가지 핵심 요소를 통해 동물과 인간의 행동을 설명하려고 한다. 20세기의 가장 유명한 고전적 저술 가운데 하나인 『이기적인 유전자』의 저자인 도킨스에 따르면, 개체는 유전자를 담는 그릇에 불과하다. "닭은 달걀(유전자)이 더 많은 번식을 위해 만들어 낸 한시적인 매체"라는 것이다. 그리고 인류가 가진 특성들도 오랜 진화의 과정에서 살아남은 유전자의 형질로 설명할 수 있다는 주장하고 있다.

사회 생물학적 견지에서 보면 사랑, 도덕, 이타적인 행동 등도 유전자의 생존 전략으로 해석할 수 있다. 예를 들어 사랑은 번식을 통해 유전자를 다음 세대에 남기기 위한 현상이고, 이타적인 행동은 자신과 유전자를 부분적으로 공유하고 있는 개체의 유전자를 살아남게 하려는 현상이라는 식이다. 사회 생물학은 생물학을 통해 사회 과학을 통합해 보려는 야심적인 시각이며, 사회 생물학 및 이것의 응용 분야인 진화 심리학 등에서 많은 흥미로운 연구들이 발표되고 있다.

이 같은 사회 생물학의 시도는 다음 세 가지 측면에서 비판받을 여지가 있다. 첫째, 인간 행동을 결정하는 요인으로 지나치게 유전자의 역할을 강조하는 한편, 문화적 다양성을 제대로 설명하지 못한다. 최근에는 서구 문화가 지배적인 문화가 되었지만, 과거에는 지역별로 매우 강한 특색을 가진 문화권들이 존재했으며 이에 따라 인간의 행동 양식이 크게 다르게 나타났음이 광범위한 인류학적 연구를 통해 드러나고 있다. 윌슨은 문화가 오랜 진화 과정에서 누적되어 온 유전적 형질의 '확장된 표현형'이라는 개념으로 대응하고 있으나, 전반적으로 문화에 따라 인간 행동이 폭넓게 달라지는 것을 제대로 설명한다고 보기 어렵다.

둘째, 행동을 결정하는 직접적인 요인은 유전자보다 두뇌(대뇌) 중추 신경계라고 해야 할 것이며, 환경은 일차적으로 뇌에 영향을 미치고 이를 통해 행동에 영향을 미치게 될 것이다. 그런데 뇌에 대한 연구는 유전자에 대한 연구에 비하여 상당히 미약한 수준이다. 따라서 아직 잘 알려지지 않은 환경–대뇌 요인보다는 이미 비교적 잘 알려져 있는 유전자 요인을 이용하여 인간의 행동을 설명하려 하고, 이로 인해 유전자가 인간의 행동을 결정하는 측면이 과장되는 경향이 있다. 따라서 유전자 수준으로 환원하여 인간의 행동이나 문화를 설명하려는 시도에 대하여 충분히 경계할 필요가 있는 것이다.

사회 생물학에 대한 마지막 비판으로서, 과학 철학자 포퍼가 지적한 문제를 고려할 필요가 있다. 포퍼는 한때 정신 분석학에 심취했다가 나중에 이를 비판하게 된다. 그는 예를 들어 남을 구하기 위해 목숨을 거는 행동은 자신의 능력을 증명하고 싶은 욕구로 설명하고, 같은 상황에서 몸을 사리는 행동은 열등감의 결과로 설명하는 정신 분석학자들의 태도에 대해 실망한 것이다. 즉 '무엇이든 설명할 수 있는', 어떤 경험적 사실이 등장해도 틀린 것으로 판명될 수 없는 만능 지식은 과학이 아니라는 것이다.

포퍼에 따르면 과학이기 위해서는 반증 가능해야 한다. 즉 경험적 사실에 따라 수정되거나 반박될 수 있는 가능성을 열어 놓아야 하는 것이다. 포퍼의 이 같은 지적을 사회 생물학에 대한 수용에 적용해 본다면, 사회 생물학의 시각이 강력한 하나의 연구 프로그램일 수는 있어도, 모든 것을 설명하는 만능 이론이라고 볼 수는 없다. 따라서 유전자와 진화의 견지에서 모든 사회적 행동을 설명할 수 있다는 대담하고도 단순한 전제를 무비판적으로 받아들인다면 포퍼가 지적한 사이비 과학의 범주에 빠지게 될 우려도 있다.

실전 문제

1 수소 결합은 자연계에서 관찰되는 다양한 자연 현상이 발현되고 유지되는 데 반드시 필요한 요소이다. 특히 수소 결합은 단백질, 핵산 등의 생체 분자들에 있어서도 중요한 역할을 한다고 알려져 있다. 다음 제시문을 읽고 논제에 답하시오.

〈2008 한양대 모의 논술 2차〉

(가) 수소 결합은 분자의 물리, 화학, 생물학적인 특성에 대해 많은 것을 설명할 수 있게 해 준다. 그러나 수소 결합의 본질적인 특징은 의외로 매우 간단하다. 즉 전기 음성도가 큰 원자에 붙은 수소 원자는 주위에 있는 전기 음성도가 큰 다른 원자에 매우 강하게 끌린다는 것이다. 수소 결합의 성립 요건은 수소가 끌리는 전기 음성도가 큰 원자가 비공유 전자쌍(공유 결합에 참여하지 않는 전자쌍)을 가지고 있어야 한다는 것과, 기하학적인 구조로는 수소 원자가 전기 음성도가 큰 두 원자를 이은 선상에 위치하여야 한다는 것이다. 이렇게 간단한 원리의 수소 결합으로 아래에 예시된 단백질이나 핵산 등에서 일어나는 다양한 생명 현상을 설명할 수 있다.

(나) 단백질은 분자량이 크며 수백에서 수천 개의 아미노산 분자가 이어진 형태를 갖고 있다. 이러한 아미노산들이 연결된 사슬을 단백질 골격이라고 하며 단백질이 생체 내에서 작용하기 위해서는 아미노산 사슬이 감기고 접혀져서 활성화 형태의 특수한 입체 구조를 이루어야 한다. 단백질을 이러한 구조로 유지시키는 것은 단백질 골격을 이루는 아미노산의 원자들 사이에서 이루어지는 수소 결합이다. 예를 들면 대부분의 단백질에서 나타나는 기본 구조인 알파 나선 구조는 이러한 수소 결합에 의해 유지된다고 알려져 있다. 그리고 대부분의 단백질은 50~60℃ 사이에서 변성되며, 이 온도에서 수소 결합이 파괴되어 활성화 상태의 입체 구조를 잃게 된다. 만약 단백질의 수용액이 너무 뜨겁게 혹은 너무 오래 가열되지 않고 수용액을 천천히 식힌다면 수소 결합이 다시 생성되어 아미노산 사슬이 감기고 접혀서 원래의 활성화 형태 구조로 돌아올 수 있다.

(다) 모든 생명체의 유전자는 당, 인산, 염기로 구성된 DNA로 이루어져 있다. DNA

는 두 개의 평행한 사슬을 가
지고 있는 사다리 모양의 분자
로서 당과 인산기가 수직 방향
으로 번갈아 나타난다. 양 사
슬의 각 당에는 염기가 곁가지
로 부착되어 있으며, 이들 염
기 간의 수소 결합이 이루어져
사다리의 발판 형태를 띤다.
염기는 그림과 같이 4개의 분
자 즉 아데닌(A), 구아닌(G),

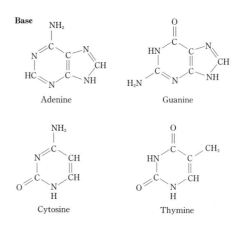

시토신(C), 티민(T) 중 어느 한 가지가 될 수 있다. 염기쌍의 결합은 두 가지 방법
이 있다. 아데닌과 티민 사이와 구아닌과 시토신 사이의 수소 결합이 그것이다.
살아 있는 세포에서 DNA 사다리는 이중 나선을 형성하며, 사슬을 따라 염기가
붙어 있는 순서는 유전적 정보를 암호화하여 저장하는 역할을 한다.

(1) 위의 지문에서 언급된 DNA 이중 나선은 견고하여 용액 내에서 자유롭게 움직이지 못한다.
하지만 DNA의 용액을 가열하면 용액은 끈적한 상태에서 갑자기 물처럼 쉽게 흐르기 시작
한다. 이러한 현상이 관찰되는 온도를 보통 T_m(melting point, 녹는점)으로 표시한다. 수
용액의 온도가 T_m일 때 DNA에 일어나는 현상과 얼음이 녹을 때 일어나는 현상과는 어떤
다른 점과 유사성이 있는지 구체적으로 설명하시오.

(2) 오른쪽 그림은 전체 염기쌍 중 염기쌍의 비율과
DNA 수용액의 T_m 간의 상관관계를 나타낸다. A,
T, G, C 염기들의 분자 구조를 이용하여 A-T 그리
고 C-G 염기쌍 사이의 수소 결합의 수를 추정하고,
이를 바탕으로 A-T 염기쌍의 비율과 측정된 T_m과
의 상관관계를 설명하시오.

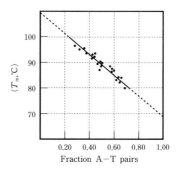

(3) 대부분의 단백질은 50~60℃ 정도에서 변성된다 그러나 온천이나 깊은 바다 속 열수구(해저 화산 활동에 의해 광물이 녹아 있는 고온의 물이 솟아오르는 곳) 근처는 물의 온도가 100℃에 가까움에도 불구하고 미생물이 살아가고 있다. 이들 지역에서의 미생물들의 단백질은 이렇게 뜨거운 환경에서 살아가기 위해 분자 수준에서 어떠한 차이점을 가지는지 설명하시오.

 논술 길잡이

수소 결합은 많은 생체 고분자들에서 발견된다. 단백질의 3차 구조는 폴리펩티드 사슬을 구성하는 아미노산 분자들의 히드록시기(−OH)들 간의 수소 결합에 의해 유지된다. 녹말과 같은 다당류의 나선 구조 또한 마찬가지로 단위체인 단당류 분자들의 히드록시기(−OH)들 간의 수소 결합에 의해 유지된다. DNA 이중 나선에서도 A−T 간에 두 개의 수소 결합이, G−C 간에 세 개의 수소 결합이 나타난다. 이러한 수소 결합은 생체 고분자들의 구조와 기능에 지대한 영향을 미친다.

예시 답안

(1) DNA는 녹는점에서 이중 나선을 구성하는 각 가닥들 간의 수소 결합이 끊어지면서 각 가닥들이 분리되어 흐르게 된다. 얼음은 녹는점에서 구성 물 분자 간의 수소 결합이 끊어지면서 얼음의 기본 단위가 되는 육각형 단위 결정체가 해체된다. DNA와 얼음 모두 녹는점에서 수소 결합이 끊어지는 것이다. 하지만 얼음의 경우 녹는점 이상, 즉 액체 상태의 물에서도 수소 결합이 사라지는 것은 아니며, 비록 얼음에서보다는 약해지겠지만 상당히 강력한 수소 결합이 여전히 유지된다. 이러한 점에서 물과 DNA 사이에는 상당한 차이점이 있다.

(2) 그래프에 따르면 A−T 염기쌍의 비율이 낮을수록, 즉 G−C 염기쌍의 비율이 높을수록 녹는점이 높다. 그렇다면 A−T 염기쌍 사이의 수소 결합

에 비해 G−C 염기쌍 사이의 수소 결합이 더 강하다고 추정할 수 있다. 실제로 G−C 염기쌍 사이에는 세 개의 수소 결합이 있는 반면, A−T 염기쌍 사이에는 두 개의 수소 결합만이 존재한다.

(3) 열수구 주변처럼 고온의 환경에서 단백질이 변성되지 않고 제 구조와 기능을 하려면 그만큼 수소 결합이 많아야 한다. 그렇다면 단백질을 구성하는 아미노산의 R기에 수소 결합을 할 수 있는 히드록시기($-OH$), 카르복시기($-COOH$), 아미노기($-NH_2$) 등이 많아야 할 것이다. 즉 이러한 곳에 사는 생물의 단백질에는 이러한 작용기를 포함한 아미노산의 비율이 높을 것이다.

2 다음의 제시문들 중에서 다른 제시문들과 상반된 논리를 펴는 제시문 하나를 선택하여 그 요지를 설명하고, 선택한 제시문의 주장에 대해 나머지 각각의 제시문을 근거로 논리적으로 반박하시오.

〈2008 동국대 모의 논술〉

(가) 일반적으로 알려진 암의 발병 확률을 낮출 수 있는 몇 가지 방법이 있다. 담배를 피우지 말라. 폐암 원인의 90%와 모든 암 사망률의 1/3이 흡연에 의한 것이다. 여러 종류의 건강식을 섭취하라. 과일과 채소를 매일 섭취하고 식단은 곡류와 콩이 풍부한 음식으로 조절하라. 음주 시에는 절제해서 마셔라. 지나친 음주는 암의 위험성을 높인다. 운동을 하고 건강한 체중을 유지하라. 비만과 발암 위험성의 연관성이 밝혀진 바 있다. 햇볕에 피부를 지나치게 태우지 말라. 피부암의 대표적 원인 요소는 자외선이다.

(나) 유전자 병이란 유전자의 이상으로 일어나는 병을 총칭하며 부모의 형질에 대한 유전성 질환을 포함한다. 대표적 성인병인 당뇨병이나 고혈압의 유전자를 가지고 있어도 반드시 발병하는 것은 아니고, 환경 인자(식사 내용이나 운동량 등)가 발병

에 큰 영향을 미친다. 비만이나 암에 관계하는 유전자도 발견되고 있어, 거의 모든 내인성 병은 어떠한 형태로든 유전자의 이상이 관계한다고 생각할 수 있다.

(다) 1994년 찰스 헌스타인과 리처드 머리는 미국인 중 흑인들이 백인들에 비해 평균 지능 지수가 15% 정도 낮은 것으로 보고하고, 이러한 차이는 백인들의 보다 좋은 교육 환경보다는 두 집단 간의 지능에 관련된 유전적 차이에 기인한 것으로 주장하였다. 이 주장은 그들이 산출한 백인 집단의 지능에 대한 높은 유전율에 근거한 것이었다. 1883년 프랜시스 갈턴이 주창한 우생학이라는 개념에서도 백인은 흑인보다, 부자는 가난한 자보다 선천적으로 지능이 높으며, 따라서 이들 우수한 집단에서의 출산을 장려하고 열등한 집단의 출산을 억제해 인류의 진보를 도모해야 한다고 주장하였다.

(라) 6명의 입양아를 대상으로 친부모와 양부모의 지능 지수(IQ) 상관관계를 조사하여 그 결과를 아래 표에 제시하였다.

친부모 및 양부모의 IQ는 각 부모 IQ의 평균치

	친부모 IQ	입양아 IQ	양부모 IQ
입양아 1	90	122	118
입양아 2	92	117	125
입양아 3	94	118	119
입양아 4	98	126	130
입양아 5	100	132	129
입양아 6	97	130	135
평균	95	124	126

(마) TV 뉴스 리포트: 유전자 검사는 범죄 수사나 친자 확인, 일부 유전성 질환 진단에 유용한 수단으로 자리 잡고 있습니다. 하지만 유전자 검사를 통해 지능과 체력, 장수 여부를 알 수 있다는 유전자 검사 상품이 등장하면서 상업화에 대한 우려가 제기되고 있습니다. 보건복지부와 국가생명윤리심의위는 사람의 많은 특성이 수백 개의 유전자와 환경 등 복잡한 요인이 영향을 미치는데도 특정한 유전자 분석으로 이를 모두 판단하는 것은 불가능하다고 밝혔습니다. 과학적 입증이 불

확실해 검사 대상자를 오도할 수 있다는 겁니다. 복지부는 60여 개의 벤처 업체들이 돈을 받고 무분별하게 유전자 검사를 하고 있다고 밝혔습니다.

(바)　유전적 방법을 이용하여 미로 탈출에 대해 영리한 쥐(이하 영리한 쥐)와 미로탈출에 대해 우둔한 쥐(이하 우둔한 쥐)를 만들어, 이 쥐들의 미로 탈출 능력에 미치는 영향 요소를 평가하는 실험이 수행되었다. 미로가 설치된 정상적인 실험실 환경에서 우둔한 쥐는 미로 탈출을 하는 데 매회 평균 165번의 실수를 저질렀으나, 영리한 쥐는 115번의 실수를 했다. 그러나 이들 두 집단의 쥐를 제한적인 환경(다른 쥐가 없고 자극을 주는 시설이 없으며, 실험실의 다른 활동을 볼 수 없는 환경)에서 길렀을 때, 영리한 쥐와 우둔한 쥐 모두 동일하게 매회 평균 170번의 실수를 보였다. 반면, 두 종류의 쥐들을 자극적이고 미로 탈출에 대해 잘 훈련할 수 있는 환경(통로가 있고 숨을 곳이 있는 환경)에서 키운 후 미로 탈출 실험에 적용하였을 때, 매회 평균 114번 실수한 우둔한 쥐는 112번 실수한 영리한 쥐에 비해 단지 2번의 실수를 더 할 뿐이었다. 즉 두 종류의 쥐 모두 유전적 요인의 차이에 관계없이 잘 갖추어진 환경에서는 나아진 미로 탈출 능력을 보였고, 특히 우둔한 쥐가 영리한 쥐보다 더 큰 폭의 향상을 보였다.

 논술 길잡이

매일 보도되는 각종 과학 관련 기사를 읽다 보면, 유전자(선천적 요인)의 중요성을 강조하는 연구와 그 반대로 환경(후천적 요인)의 중요성을 강조하는 연구로 크게 대별되는 것을 알 수 있다. 제시문 (가)～(바)의 내용 가운데 유전자 결정론을 뒷받침하는 내용과 그 반대의 내용을 구분해 낼 수 있다면 간단히 답안을 작성할 수 있는 문제이다.

예시 답안

제시문 (가)～(바) 가운데 (다)만이 유전자의 결정적인 작용을 강조하고 있고, 나머지는 유전적 요인 못지않게(또는 그보다 크게) 환경적 요인이 중요한 영향을 미친다는 사실을 지적하고 있다. (가)에서 소개된 암의 사례처럼 환경이나 습관이 큰 영향을 미치는 질환도 있고, (나)와 (마)가 지적하듯이 특정한 질환 유전자를 가지고 있다고 해도 이것의 발현 여부는 환경적 요인 등에 따라 큰 영향을 받는 경우도 많다. 따라서 사람의 지능 또한 환경적 요인의 영향을 많이 받을 수 있음을 충분히 인정해야 할 것이다. 특히 (라)와 (바)의 사람과 쥐를 대상으로 진행된 실증 연구들은, 지능과 같은 형질에도 유전자보다 환경적 요인이 더 큰 영향을 준다는 것을 더욱 직접적으로 시사하고 있다.

3 아래 글들은 인간에 관한 과학적 탐구가 인간의 행동이 지향해야 할 바를 제시해 줄 것인지 하는 문제에 관련해 부정적인 입장에서 긍정적인 입장으로 옮겨 가는 현대의 사상적 추이를 순차적으로 반영하고 있다. 이 글들을 읽고, 이러한 추이의 결과와 관련 지어, 마지막 글에서 언급되는 "진화 과정을 스스로 조정 통제할 수 있는 가능성"에 대한 자신의 견해를 논술해 보시오.
〈2001 성균관대 모의 논술〉

> (가) …… 인간의 본질 및 인간의 특수 지위라고 할 수 있는 것은 지능이나 선택 능력보다는 훨씬 높은 곳에 있다. …… 인간을 인간이도록 하는 새로운 것을 감각 충동, 본능, 연상적 기억, 지능, 선택 능력 등에 무엇인가가 보태지는 데서 찾는다 해도, 그것을 역시 심적 생명 영역에 속하는 기능이나 능력을 본다면, 이 또한 잘못이다. 그러한 것이라면 그것은 새로운 본질이라 하더라도 심리학이나 생물학의 대상에 속하는 것일 뿐이다.
>
> 인간을 인간이도록 하는 새 원리는 우리가 넓은 의미에서 생명이라고 부르는 모든 것의 외부에 있는 것이다. 그것은 생명의 새 단계가 아닐 뿐 아니라, 생명이나 심성이 현현(顯現)하는 단계의 새로운 형태가 아니다. 그것은 모든 생명 일반에 대립하는 원리요, 따라서 인간 내부의 생명에도 대립되는 원리이다. 이 원리는 참으로 새로운 본질적 근원 사태로서 자연적 생명의 진화로 돌릴 수 없는 것이다.
>
> 그리스 사람들은 이미 이런 원리를 주장했고 그것을 이성이라고 명명했다. 우

리는 오히려 이에 대해 하나의 포괄적인 단어, 즉 '정신'이라는 단어를 사용하고 자 한다. 정신은 확실히 이성의 개념을 포함하지만, 이념의 사고와 함께 일종의 직관도 포함한다. 즉 근원 현상 혹은 본질적 내실(內實)에 관한 직관과 호의, 애호, 후회, 경탄, 행복, 절망, 자유, 결단 등과 같은 특정한 단계의 의지적이고 정서적인 작용을 포함하는 것이다. 우리는 이러한 정신이 유한한 존재의 내부에서 드러나 는 그 작용 중심을 인격이라고 부르며, 이를 모든 '기능적'인 생명 중심과 준별(峻別)한다.

(나) ······ 동서양에서 생각하는 인간의 특성에 따르면, 인간은 동물적 특성과 이성적, 정신적 존재로서의 특성을 동시에 지니고 있음이 분명하다. 그런데 과거의 철학자들 중에는 인간의 이러한 두 성질을 서로 대립되고 상반되는 특성으로 규정하는 사람들이 많았다. 따라서, 그들은 인간의 동물학적 특성을 억제하고 이성적인 특성을 살려야만 올바르게 살아갈 수 있다고 생각했다. 그러나 현대에 이르러 이러한 견해는 다소 설득력을 잃어버리게 되었다. 이제는 많은 사람들이 인간의 이성적 측면과 함께 생리적, 기본적 욕구도 중시되어야 한다는 사실을 인정하기 시작하였다.

(다) 사회 생물학은 현존하는 모든 생명 종(種)들이 진화의 산물이며, 생물학적 진화를 초래하는 것은 유전자 재조합, 돌연변이, 그리고 자연 선택이라는 사실을 기반으로 하여 성립한다. 사회 생물학은 행동 방식, 특히 인간을 포함한 생물들의 사회적 행동에 진화론적 사고를 적용한다. ······ 사회 생물학은 생존, 즉 번식의 성공이 최고의 원리임을 주장한다. 이에 따르면 이타적 행동도 번식을 위한 일이거나 생존 경쟁 속에서 자신의 최적 상태를 유지하기 위한 방책이다.

사회 생물학은 본질적으로 유전 이론이다. 개별적 학습이 중요하다는 것과 외적인 영향에 의한 행동이 변화될 가능성은 당연히 인정된다. 그러나 입론의 근거가 되는 명제는 (사회적) 행동을 유전자가 조종한다는 것이다. 극단적인 사회 생물학은 생물체를 유전자에 의해서 조종되는 생존 기계로 본다.

인간도 사회 생활하는 생물이라는 명제를 발판으로, 사회 생물학은 진화−유전자적 모델을 인간의 사회적 행동에 적용시킨다. 여기에는 도덕적 행위도 포함된다. …… 도덕도 진화의 산물로 해석된다.

(라)　베일에 가려졌던 인체의 신비가 벗겨지면서 생명 공학 분야에 새로운 지평이 열렸다. 인간 유전자 완전 해독은 사람의 유전체에 어떤 유전 정보가 담겨 있는지를 밝혀낸 혁명적 사건이다. / 수십 억의 인류가 저마다 다른 특징을 지니는 이유는 아데닌(A), 구아닌(G), 시토신(C), 티민(T) 등 네 가지 염기 서열로 구성된 DNA란 유전 정보가 다르기 때문이다. 사람의 유전자는 30억 개 염기로 이루어져 있으며 이번 연구 결과 이들 염기가 어떤 순서로 어떻게 배열되어 있는지 밝혀진 것이다. / 전 세계가 인간 지놈(genome, 게놈) 발표에 열광하는 이유는 염기 서열을 이용해 인체의 신비가 완전히 밝혀질 것이라는 기대 때문이다. 즉 유전 정보를 통해 타고난 외모나 유전병은 물론 음식을 소화하는 능력, 질병에 대처하는 방식, 사람의 성격이나 행동도 예측 가능한 시대가 온 것이다.

(마)　자기 인식은 언제 어디서나 중요했다. 오늘날 그것은 시대적 소명이 되었다. 왜냐하면 우리 자신의 가능성과 한계에 대한 통찰이 종(種)으로서의 우리 자신의 존립을 결정할 수 있을 듯하기 때문이다. 그럴진대 이러한 자기 인식을 고양하는 것은 일종의 윤리적 의무에 속한다. 단, 우리가 살아남기를 원한다는 전제하에서 그러하다. 호모 사피엔스가 반드시 살아남아야 할 이유는 진화의 그 어느 것에도 기록되어 있지 않다. 그들 앞에 존재했던 수많은 다른 종들처럼 그들 역시 얼마든지 멸종될 수 있겠지만, 설사 그렇게 된다 해도 진화의 역사는 눈 하나 깜박하지 않을 것이다. 하지만 진화 과정을 스스로 조정 통제할 수 있는 가능성은 비상(非常)한 것으로 인간에게만 고유하게 주어져 있다. 결단은 우리 자신의 몫이다.

논술 길잡이

생명 공학의 발달로 인한 인간 유전자의 조작 가능성은 과학적·윤리적으로 매우 중요한 문제가 되고 있다. 일단 인간 유전자 조작이 어떠한 기술적 과정을 통해 가능한지를 명확히 알고 있어야 하며, 인간의 유전자가 특정한 의도에 의해 조작된다면 이 사회가 평등한 개개인들의 연합체라는 근대적인 개념을 침식시킬 위험성이 있음을 이해하고 있어야 한다.

인간의 본질에 대한 연구는 고대에서 지금까지 꾸준히 진행되어 왔다. 제시문들을 통해 과거에는 인간과 동물의 차이점(이성의 유무)이 부각되었던 반면 최근에는 인간과 동물의 연속성을 강조하는 입장으로 바뀌어 가고 있음을 알 수 있다.

특히 게놈 프로젝트 등 현대 생물학의 발전으로 인해 인간이 스스로의 유전자를 조작할 수 있게 되었고, 이를 통해 "진화 과정을 스스로 조정 통제할 수 있는" 상황이 예견되고 있다.

그런데 인간의 유전자를 조작하는 일이 가능해지면 유전자의 조작 과정에서 새로운 질병이나 돌연변이가 일어날 가능성도 있고, 군사적으로 악용되어 재앙을 불러일으킬 수도 있다. 또한 유전자 조작을 통해 우수한 유전자를 가진 집단과 그렇지 못한 유전자를 가진 집단 사이에 생물학적 계급이 발생할 가능성도 우려된다.

인간의 행복과 복지를 위해 유전자를 개조하는 것이 충분히 정당하다는 반박도 있을 수 있겠지만, 인류의 문명 전 기간을 통해 불평등이라는 문제를 해결하지 못한 상황에서 이러한 불평등을 생물학적 수준에서 고착화할 우려가 있는 유전자 조작을 시행한다면, 매우 우려할 만한 결과를 초래할 가능성이 크다.

---

4 제시문 (가), (나), (다)를 연관시킬 수 있는 하나의 주제를 찾아내어, 그 주제에 관한 자신의 의견을 쓰시오.

〈2006 고려대 수시 2〉

(가) 한국 전쟁 기간 중에 나는 종군하여 철원에 간 적이 있었다. 격전이 막 끝난 철원 시가는 완전 폐허였다. 길만 훤히 트인 시가지 도처에서 연기가 무럭무럭 피어오르고 있었다. 길을 따라 걷던 나는 문득 타 죽은 닭을 보았다. 그런데 웬일인지

그 닭은 선 자세로 타 죽어 있었다. 이상하게 여긴 나는 무심코 발로 닭을 건드려 보았다. 그랬더니 그 닭의 날개 밑에서 병아리 몇 마리가 삐악거리며 나왔다. 죽은 어미 닭을 버려둔 채 종종거리는 병아리를 보며 나는 코가 시큰해지고 눈물이 핑 돌았다.

이 세상의 모든 생명은 유한하다. 억만 겁의 흐름 속에서 어렵고 어려운 인연을 얻어 태어난 생명은 그 태어남의 영겁과는 너무나 대조적으로 무상(無常)하다. 그러나 알고 보면 이 세상 영겁의 흐름도 결국은 무상의 연결을 통하는 것이다. 말하자면 영원과 무상은 서로 별개인 채 대립해서 존재하지 않는다. 실재는 무상하고 영원이란 그 많은 무상들이 통섭(統攝)되어 이루어진다.

무상들이 이어져서 영원을 기약한다고 할 때, 각각의 무상이 시공간상에서 차지하는 기능은 바로 영원과 맞먹는 절대적인 것으로 보아야 한다. 영원이란 무상과 무상이 앞뒤로 빈틈없이 연결되어 이루어지기 때문이다. 우리는 무상과 무상의 전후 연결을 과거와 현재와 미래라는 시간의 지속적 구분에다 결부시킬 수 있을 것이다. 그리고 생식과 생존이라는 실재에서 무상과 무상의 연결은 앞서 태어난 생명으로부터 새로운 생명이 태어나는 생의 연속이므로 생명은 어디까지나 고립된 존재일 수 없다. 따라서 공간적으로 나와 남이 만나는 교섭 관계를 고려하지 않을 수 없다.

인간 세상에서 유한한 생명이 무한으로 연결되는 길은 우선 남녀가 결합해서 자녀를 생산함으로 열리게 된다. 무상과 무상은 시간적 전후 계승에 앞서 공간적인 자타(自他)의 결합을 필요로 하는 것이다. 남녀의 결합으로 이룬 부부 관계에서 자녀가 태어난다. 자녀는 현재를 미래로 연장하는 역할을 한다. 자녀가 성장하여 저마다 짝을 찾아 부부를 이루고 자녀를 낳으면서 현재는 과거가 되고 미래가 현재로 다가와 끊임없이 생을 이어 간다. 따라서 생식이란 어떤 의미로 보아서는 자기의 희생이다. 그러나 모든 생명은 그러한 자기 희생을 겪지 않고서는 못 견디는 미래 생(未來生)에 대한 동경을 가지고 있다. 그것은 유한한 자기는 자녀를 통해서 무한하게 존속된다고 여기기 때문이다.

그런데 부모의 현재 생(現在生)에서 자녀의 미래 생으로 연결되는 과정과 절차는 결코 간단하지만은 않다. 왜냐하면 생명은 그리 강인견실(強靭堅實)한 것도 아니요, 더욱이 어린 생명은 그 스스로 생을 영위할 능력을 갖추고 있지 못해 부모

한테 보호와 양육을 받아야 하기 때문이다. 따라서 부모의 희생이란 생식에서 그치지 않고 보육(保育)까지 연장된다. 자녀는 그러한 부모의 희생을 발판으로 현재성을 굳건히 점유하고 과거와 미래를 연결시킬 수 있는 존재로 성장한다. 자녀가 현재의 점유자가 되었을 때 부모는 과거로 밀려가고 그들의 무상은 끝을 맺는다.

(나)   개체가 희생을 감수하면서 자신이 속한 집단의 다른 개체들에게 이익을 가져오는 현상을 일컬어 이타적이라고 한다. 생물학에서는 집단의 이익을 위한 개체의 희생을 자연선택의 결과로 본다. 자연선택에 의한 어느 개체의 자손 감소는 같은 집단 내의 다른 개체들의 자손 증가를 촉진한다. 따라서 어느 개체의 자손 감소가 결과적으로는 집단에게 이익을 가져오므로 이타적인 현상으로 이해될 수 있다.

개체의 희생으로부터 수혜를 입는 범위는 가깝게는 친족으로부터 멀게는 그 친족을 포함하는 종족까지 확산된다. 친족의 입장에서 보자면 혈연관계에 있는 어느 개체의 희생은 친족의 내적 결속을 강화하는 이타적인 행동이다. 반면에 그 희생은 혈연이 아닌, 다른 집단들에 대해서는 친족의 이기주의에 기여하는 행동처럼 보일 수 있다. 그러나 유전자적 관점을 취하는 근래의 유력한 생물학 이론에 따르면 한 개체의 희생이 미치는 수혜의 범위가 혈연관계에서 그치는 것이 아니라 종족이라는 포괄적인 수준까지 확대된다고 한다. 다만 희생하는 개체가 수혜자와 얼마나 가까운가에 비례하여 이타적 행동의 정도가 상대적으로 가감된다는 것이다. 따라서 개체의 희생은 그것을 바라보는 시각의 차이에 의해 이기적으로도 이타적으로도 보일 수 있다. 혈연적으로 다른 집단들에 대해 이기적으로 보이는 개체의 희생이 유전자라는 포괄적인 시각을 취하면 이타적이 되는 것이다. 유전자는 개체의 이타주의를 통해 존속하며 그로써 같은 유전자를 보유한 종족의 번식이 가능해진다.

(다)   포식자를 발견한 땅다람쥐는 예외 없이 뒷다리로 서서 소란스러운 경고음을 낸다. 침입자의 주의를 끌어 주변의 다른 땅다람쥐들이 도피할 수 있도록 하기 위한 것이다. 경고음을 낸 땅다람쥐가 침입자에게 잡아먹히는 대가로 다수의 다른 땅다람쥐들은 생명을 보존하게 된다. 심지어 새끼를 낳아 본 적이 없는 어린 땅다람쥐조차 동일한 행동을 취한다. 죽음을 자초하는 땅다람쥐의 행동은 개체 선택의

관점에 비추어 쉽사리 납득이 가지 않는다. 그러나 집단의 차원에서 이해할 때 땅다람쥐가 경고음을 내어 스스로를 위험에 노출하는 것은 결코 무모한 선택이라고 할 수만은 없다. 개체의 희생을 통해 같은 유전자를 지닌 종족의 보존과 번식에 이바지하는 성과를 거두기 때문이다.

당까마귀의 서식지는 유라시아 대륙에 두루 분포한다. 당까마귀는 군거성이 강해 무리를 지어 살면서 목초지에서 유충을 잡아먹는다. 해마다 봄이 되면 당까마귀 떼는 산란과 부화를 위해 높은 나무 위에 집단적으로 둥지를 튼다. 다수가 군락을 이루어 살면서도 당까마귀들은 별다른 충돌 없이 서로서로 잘 지낸다. 당까마귀 떼가 둥지를 튼 숲에서는 새벽부터 저녁까지 소란스런 지저귐이 쉼 없이 들린다. 당까마귀들이 장난치고 짝을 짓기 위해 깍깍대며 서로를 불러 대기 때문이다. 끝도 없이 들려오는 시끄러운 소리에 신경이 거슬린 사람들은 당까마귀 떼를 '까마귀 의회'라고 부르기도 한다. 정말 의회라는 이름에 합당할 만큼 당까마귀 떼는 집단의 이익을 우선시하는 것 같다. 당까마귀들은 최적의 개체 수를 유지하기 위해 산란의 양을 조절하기까지 한다. 같은 무리 속의 모든 당까마귀들은 마치 의논이라도 한 듯 그들의 산란 능력보다 적은 수의 알을 낳는 것이다. 그런 방식으로 최적의 개체 수가 유지됨에 따라 당까마귀가 굶주림으로 떼죽음을 당하는 일은 벌어지지 않는다.

논술 길잡이

사회 생물학적 시각의 위험성에 대해서는 이 단원의 본문에서 지적한 바 있다. 그러나 이 논제는 사회 생물학에 대한 옹호 또는 비판과는 별개의 차원에서, 극단적인 이기주의를 반박하기 위해 이타적 행동에 대한 사회 생물학적 설명을 동원하고 있다. 비록 자신이 이미 알고 있는 개념어가 나온다 해도, 그 개념어가 자신이 이해하고 있는 의미로 사용되었는지를 정확히 확인하고, 무조건 제시문에서 규정한 의미에 충실히 따라야 한다.

　　이기주의는 모든 개체에서 발견할 수 있는 성향이며 유전적으로 뿌리박혀 있는 본능이라고 할 수 있다. 특히 전통적인 공동체주의가 개인주의로 대체되면서, 이기심의 발현을 방해하는 도덕과 규범의 중요성에 대한 인식이 약해지고 있다. 그러나 '나'는 혈연적·사회적으로 많은 다른 개인들과의 상호적 관계 속에서 만들어지고 생존하고 있으며 앞으로도 살아갈 것이다. 따라서 이러한 연관관계를 무시하고 이기주의를 앞세우는 것의 타당성에 대하여 비판적인 검토가 필요하다.

　　특히 제시문에서는 이기주의를 제어하는 것 또한 유전자 또는 본능의 차원에 뿌리박혀 있는 것임을 밝히고 있다. 제시문 (나)에 소개된 것처럼 개체의 희생이 궁극적으로 종족의 유전자를 보존하기 위한 이타적인 행동이라고 볼 수 있다. 또한 제시문 (다)에 소개된 땅다람쥐나 당까마귀의 예에서처럼, 극단적인 이기주의의 발현(즉 무분별한 번식)을 제어함으로써 '모두 함께 몰락하는' 사태를 피하는 것 또한 유전적으로 뿌리박힌 본능이라 할 수 있다.

8장
진화

 진화

　다윈 이전의 생물학자들도 부분적으로 생물이 진화한다는 생각을 가지고 있었다. 그들은 '변이'의 원인이 무엇인지에 대하여 관심을 집중했다. 한편, 다윈의 출발점은 달랐는데, 다윈은 변이의 원인에 대하여 면밀히 고찰하는 대신에 변이를 '주어진 것'으로 전제하고 출발하였다. 즉 그의 주된 관심은 변이가 일어나는 메커니즘이 아니라 변이의 생성 이후에 벌어지는 일이었던 것이다.(변이라는 현상 자체는 다윈에게 매우 익숙했는데, 특히 갈라파고스 섬의 핀치새 부리에 대한 관찰은 유명하다.)

　다윈은 꾸준히 변이가 생성된다고 전제한 다음, 변이들의 생존율을 차등화하는 요인에 관심을 기울였다. 그가 보기에 특정 환경에서 어떤 변이는 생존율이 높고 어떤 요인은 생존율이 낮은데, '변이의 생성'과 이에 따르는 '변이들에 따른 차등적인 생존율(또는 번식률)'이 많은 세대 동안 누적되면 종 수준의 장벽을 넘는 진화도 가능하다고 보았다.

　'자연선택'이란 변이들이 차등적인 생존율을 나타내는 과정을 뜻하는 개념이다. 자연선택 개념을 중심으로 한 그의 진화 이론은 『종의 기원』(1859년)에 수록되어 발표되었고, 이것이 현대적인 진화 이론의 첫걸음이라고 평가된다.

　다윈이 변이가 생성되는 메커니즘에 대하여 고찰하지 않은 것은 결과적으로 매우 현명한 일이었다. 왜냐하면 당시에는 멘델의 유전 법칙도 알려지지 않은 상태였고, 유전 현상에 대한 초보적인 이해는 있었으나 현대적인 유전자 개념이 확립되기 이전이었기 때문이다. 현대 생물학에서는 유전 현상을 유전자 개념을 중심으로 이해하고, 변이는 유전자(DNA)의 재조합 및 돌연변이를 통해 일어나는 것이라고 이해한다.

변이 생성 요인 1: 유전자의 재조합

변이가 나타나는 첫 번째 메커니즘은 유성 생식 과정에서 일어나는 유전자들의 재조합이다. 유성 생식을 하는 생물들의 체세포에는 $2n$개의 염색체가 있으나 생식 세포에는 n개의 염색체만이 존재한다. 생식 세포를 만들기 위해 감수 분열을 하는 과정에서 염색체들은 서로 독립적으로 배분된다. 즉 서로 다른 염색체에 존재하는 유전자들은 서로 독립적으로 행동하여 다양한 생식 세포를 만들어 내는 것이다. n쌍의 상동 염색체를 가진 개체의 경우, 2^n가지 유전자(염색체) 조합을 가진 생식 세포들이 만들어진다.

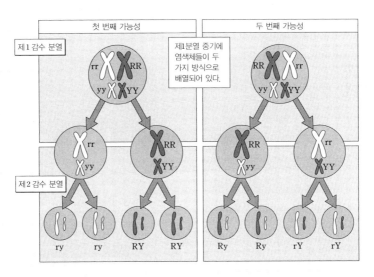

대립 유전자 두 쌍이 서로 다른 염색체에 놓여 있는 경우 만들어지는 생식 세포의 유전자 조합
각 쌍의 염색체들이 독립적으로 행동하므로, 총 네 가지 유전자 조합의 생식 세포가 만들어진다.

앞의 그림에서는 염색체가 두 쌍($2n=4$)인 개체에서 생식 세포($n=2$)를 만들어 내는 과정을 설명하고 있다. R/r 유전자를 가진 염색체와 Y/y 유전자를 가진 염색체가 서로 독립적으로 행동하므로, 생식 세포는 RY, ry, Ry, rY 등 네 가지의 유전자 조합을 가지게 된다.($n=2$이므로 $2n=4$, 즉 네 가지 조합의 생식 세포가 형성된다.) 이러한 경우에 RrYy 개체끼리 수정시키면 자손의 표현형이 9 : 3 : 3 : 1 의 비율이 되는데, 이러한 결과가 나오는 것은 근본적으로 유전자들이 서로 다른 염색체 쌍에 존재할 때 염색체들의 행동이 서로 '독립적'이기 때문이다. 독립적으로 행동하는 유전자(염색체)로 인해 성립하는 이 같은 법칙을 '독립의 법칙'이라고 한다.

여기에 더하여 감수 분열 과정에서 나타나는 교차까지 고려하면, 더욱 다양한 유전자 조합이 나타날 수 있다. 다음 그림에서 볼 수 있는 것처럼 제1분열 전기에 접합되어 있는 한 쌍의 상동 염색체 사이에서 염색분체끼리의 교차가 발생할 수 있는데, 이럴 경우에 교차가 일어나지 않는다면 발생할 수 없는 새로운 유전자 조합이 나타나게 된다.(교차에 대해서는 생물 Ⅱ에서 자세히 다룬다.)

유전자들의 재조합은 유성 생식하는 종에서만 나타나는 것이 아니다. 무성 생식을 한다고 알려진 세균류에서도 유전자 재조합이 이루어질 수 있다. 147쪽의 그림은 세균에서 나타나는 대표적인 유전자 재조합 방식 세 가지를 나타내고 있다. 세균 스스로 유전자를 주고받거나(접합), 외부의 DNA를 흡입하거나(형질 전환), 바이러스에 의해 감염됨으로써 새로운 유전자를 주입받는(형질 도입) 등의 방식으로 세균에서도 유전자의 재조합이 이루어지는 것이다.

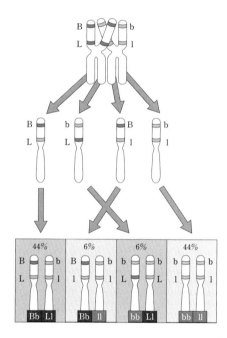

감수 분열 도중 교차가 일어난 경우
해당 염색체 쌍의 12%에서 교차가 일어난 경우를 가정하였다. 교차가 일어나지 않는다면 BL 또는 bl 유전자를 가진 생식 세포만이 만들어지지만, 교차가 이루어짐으로써 새로운 유전자 조합(Bl 또는 bL)을 가진 생식 세포가 일부 만들어진다.

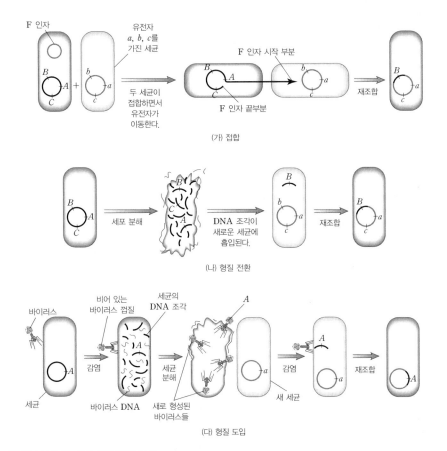

(가) 접합

(나) 형질 전환

(다) 형질 도입

세균에서 나타나는 유전자의 재조합 방식
세균은 기본적으로 무성 생식을 하지만 위의 세 가지 방식으로 유전자 재조합이 나타날 수 있다.

 변이 생성 요인 2: 돌연변이

　　과거에는 돌연변이란 눈에 두드러지는 큰 변화를 뜻하는 용어로 사용되었고, 지금도 종종 그러한 의미로 사용되기도 한다. 하지만 현대 생물학에서 돌연변이라는 말은 염색체 돌연변이와 같은 상당히 거시적인 변화도 포함하지만 유전자 돌연변이와 같은 미시적 변화도 포함한다. 심지어 DNA 염기 서열 단 한 개의 변화도 유전자 돌연변이의 일종으로 간주하며, 실제로 겸형 적혈구 빈혈증은 헤모글로빈 유전자의 염기 서열 단 한 개의 돌연변이로 인해 발생하는 질환이다.

현대 생물학에서는 후천적으로 획득한 형질은 유전되지 않는다고 본다. 즉 유전자의 변화가 있어야만 그것이 후손에게 유전되는 것이다. 따라서 엄밀히 볼 때 돌연변이는 과거에는 존재하지 않던 새로운 유전자가 생겨나는 '유일한' 메커니즘이다. 자연 상태에서 세포의 유전자는 1회 분열할 때 10^{-6} 정도의 확률로 돌연변이를 일으켜 새로운 유전자로 변화한다. 방사선이나 화학 물질 등이 가해지면 돌연변이율이 높아지지만, 특별히 이러한 요인이 없는 상황에서도 돌연변이는 DNA 복제 과정에서의 실수 등으로 인해 꾸준히 발생한다.

체세포에서 이러한 돌연변이가 일어날 경우에는 자손에게 전해지지 않지만 (그 대신 암을 일으키는 등의 문제를 발생시키기도 한다.), 생식 세포 형성 과정에서 이러한 돌연변이가 일어날 경우에는 이것은 바로 자손에게 전해져 새로운 변이를 형성하는 것이다.

유전자 빈도의 변화 요인 1 : 자연선택

주어진 환경 속에서 여러 변이들이 공존하다 보면 어떤 변이는 높은 생존율을 보여 자손을 많이 남기는 반면 어떤 변이는 생존율이 낮아 자손을 별로 남기지 못한다. 이렇듯 서식 환경에 따라 변이들의 생존율(자손 번식율)이 차등화되는 현상을 자연선택이라고 한다. 변이의 생성과 차등적 생존율이 오랜 세대 동안 누적되면 '종'이 바뀔 수도 있다는 것이 다윈의 진화론의 핵심이다.

실제 자연 상태에서 자연선택이 급격히 이루어지는 경우를 보기란 쉽지 않다. 그러나 살충제를 사용하면 살충제에 대하여 내성 유전자를 가진 곤충들의 비율이 높아진다든가, 항생제를 사용하면 항생제에 내성을 가진 세균의 비율이 높아지는 것 등을 대표적인 자연선택의 사례로 볼 수 있다. 곤충이나 세균에게는 인간이 투입한 살충제나 항생제도 일종의 '자연 환경'으로 작용하기 때문에 이것도 일종의 '자연' 선택으로 간주할 수 있는 것이다.

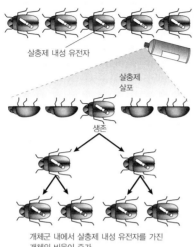

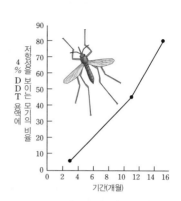

(가) 살충제 내성 돌연변이 개체의 비율이 높아지는 원리   (나) 모기에 4% DDT 용액을 지속적으로 살포한 경우

실충제의 사용이 자연선택으로 작용하는 원리

살충제에 저항성을 가진 돌연변이 개체는 평소에는 생존에 특별히 유리할 이유가 없으므로 개체군 내에서 비율이
크지 않지만, 살충제를 뿌리면 다른 일반적인 변이체에 비해 훨씬 생존율이 높으므로 개체군에서 차지하는 비율이
커진다.

살충제나 항생제를 사용할수록 내성 유전자를 가진 개체의 비율이 증가하는
현상은 왜 일어날까? 원인은 두 가지로 추정할 수 있다. 하나는 원래 종 내에 살
충제나 항생제에 대하여 저항성을 가진 유전적 집단이 존재했는데, 과거에는 이
들이 특별히 생존에 유리한 면이 없었기 때문에 잘 드러나지 않았다가, 살충제
나 항생제가 살포됨에 따라 다른 개체들에 비해 높은 생존율을 보이면서 우점
집단이 되었을 가능성이다.

또 하나는 유발한 돌연변이로 인해 '우연히' 그에 대하여 저항성을 가진 유전
적 특성을 가진 개체가 생겨나고, 이들이 살충제나 항생제가 존재하는 새로운
환경에서 높은 생존율을 보여 확산되었을 가능성이다. 실제로 살충제나 항생제
는 대사 과정의 특정 단계를 방해하는 방식으로 작용하는 경우가 많은데, 이와
아울러 유전자(DNA)의 돌연변이율을 높이는 경우도 종종 있다. 그런데 살충제
나 항생제 때문에 발생한 돌연변이 유전자가 대사 과정에 변화를 초래할 경우
살충제나 항생제에 내성을 보이는 경우가 종종 있다.

더욱 고전적인 자연선택의 사례로 영국에서 관찰된 이른바 '공업 암화(industrial melanism)'를 들 수 있다. 산업화 이전의 바위나 나무줄기의 표면에 희끗희끗한 지의류가 많이 살고 있었는데, 이때에는 흰색 나방 변이체가 다수였다. 그러다가 대기 오염 때문에 지의류가 죽고 어두운 표면이 그대로 노출되자, 검은색 나방 변이체가 다수를 차지한 것이다.

이러한 일이 일어나는 이유는, 나방이 앉는 나무나 돌의 표면의 색과 비슷한 색깔을 가진 나방이 천적의 눈에 잘 띄지 않으므로 생존하기에 유리하기 때문이다.

공업 암화

 유전자 빈도의 변화 요인 2 : 우연적 효과

세대를 거듭함에 따라 유전자의 비율이 달라지도록 만드는 요인은 자연선택뿐만이 아니다. 개체의 수가 줄어드는 경우에는 유전자 비율이 급격하게 달라질 수 있는 것이다. 이처럼 개체 수가 감소할 때 '우연히' 유전자의 비율이 달라지는 현상을 유전적 부동(genetic drift)이라고 한다. 유전적 부동이란 특히 개체 수가 급격히 줄어들 때 심하게 나타날 수 있다. 우연적으로 단시간 내에 개체 수가 크게 감소하면 개체군의 유전자 구성 비율에 큰 변화가 있을 수 있다.

현대 생물학에서는 특히 지리적 격리나 이주, 질병·환경 급변 때문에 개체 수가 급속히 감소하는 경우에 유전적 부동으로 인해 진화의 속도가 비교적 빠른

원래 개체군의   병목 현상   새로운
유전자들   (질병이나 환경   개체군의
변화로 인한 개체 수의   유전자들
감소, 소수 개체의
이주·격리 등)

병목 현상으로 인한 유전자 빈도의 변화
개체군 전체의 유전자를 구슬로 간주하고, 서로 다른 대립 유전자는 서로 다른 색깔로 표시하였다. 병
목을 통해 몇 개의 구슬만을 뽑아내 보면, 원래 병 속의 구슬의 색깔 비율과는 완전히 다른 비율로 나
오는 경우가 종종 발생한다.

속도로 진행된다고 보고 있다. 실제로 컴퓨터 시뮬레이션을 해 보면, 개체 수가
심각하게 줄어드는 시나리오를 거칠 때 개체군의 유전자 변동이 심하게 나타나
는 경우가 많다.

 진화에 대한 오해

진화에 대한 가장 심각한 오해는 "왜 지금도 원숭이가 인간으로 진화하고 있
지 않는가?"라는 것이다. 이러한 의문은 직선적이고 목적론적인 진화 개념의 산
물이다.

실제로 다윈 이전에도 진화론은 존재했다. 생물이 종 사이의 장벽을 뛰어넘어
변화한다는 식의 생각은 심지어 고대 그리스 시대에도 볼 수 있으며, 라마르크의
진화론도 다윈의 활동 연대 이전 세대에 제기된 것이었다. 그런데 다윈 이전의 진
화 이론들이 가지는 한 가지 공통점은 바로 모든 생물체들이 단순한 것에서 복잡
한 것으로, 하등한 것에서 고등한 것으로 직선적인 진화를 한다는 전제이다.

다윈은 이러한 진화 개념에서 최초로 벗어난 인물이다. 다윈이 제기한 진화의 메커니즘, 즉 "특정한 환경에서 생존 경쟁을 하다 보면 형질들에 따라 생존율이 달라진다."라는 원리는 직선적인 진화의 방향이나 목적론을 배제하는 것이었다.

예를 들어 동굴 속에서 사는 벌레나 심해에 사는 물고기의 눈이 퇴화되는 것도 다윈의 개념에 따르면 일종의 진화이다. 바이러스는 세균보다 훨씬 단순하지만 세균류가 출현한 이후에 생긴 것으로 추정되는데, 이러한 현상을 다윈의 진화론으로는 무리 없이 이해할 수 있다.

다윈 이후 진화론은 유전자, DNA 개념의 확립과 수학, 통계학의 도움을 통해 현재의 모습을 갖추게 되었다. 특히 컴퓨터 시뮬레이션을 통해 다양한 진화의 시나리오를 검토할 수 있게 되면서, 느닷없는 환경의 변화나 유전적 부동과 같은 우연적 효과가 진화의 경로에 큰 영향을 준다는 것이 밝혀졌다. 즉 과거에 유인원에서 인간으로 특정한 경로의 진화가 나타났다고 해서 지금도 그 경로가 반복되어야만 한다는 것은 현대 진화 이론과 완전히 동떨어진 믿음이다.

 미토콘드리아 DNA

보통 진핵세포의 핵에만 DNA(유전자)가 존재한다고 생각한다. 그러나 세포질에 존재하는 세포 내 소기관인 엽록체와 미토콘드리아에도 DNA가 있으며, 핵(염색체)의 DNA와는 독립적인 복제·전사·번역 메커니즘을 갖추고 있다.

엽록체나 미토콘드리아가 별도의 DNA를 갖추고 있는 이유는 무엇일까? 이들이 약 20억 년 이전에는 독립적인 생물체였으나 당시 다른 생물체와 공생하게 되어 세포의 일부가 되었다는 이른바 '공생설'이 그 답으로 유력하다. 마굴리스가 제창한 공생설에 따르면, 원시적인 호기성 세균(산소를 이용하여 이화 작용을 하는 세균)이 변화하여 미토콘드리아가 되었고, 최초로 광합성을 한 생물체인 남조류가 변화하여 엽록체가 되었다는 것이다.

특히 미토콘드리아에 존재하는 DNA는 핵 DNA에 비해 길이가 짧고(37개의 유전자만을 가지고 있다.), 물리·화학적 변형에 잘 견디기 때문에 유전자 감식에

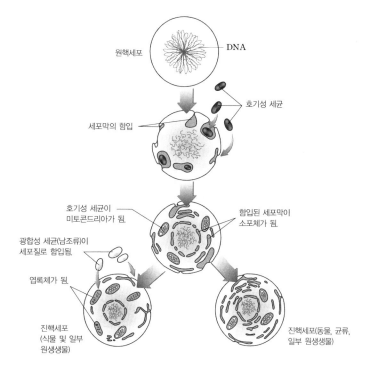

세포 공생설
원시적인 원핵세포가 다른 원핵세포와 공생하게 되어 진핵세포가 만들어졌다는 설이다. 호기성 세균
은 숙주 세포에 들어가 미토콘드리아가 되었고, 광합성 세균(남조류)은 숙주 세포에 들어가 엽록체가
되었다는 것이다.

많이 사용된다. 심지어 불타거나 매우 오래된 유해에서도 미토콘드리아 DNA
를 추출하여 감식할 수 있어, 화재 사고 희생자의 신원을 알아내거나 오래된 고
인류 화석의 계통을 추적할 때 이용된다.

이때 주의할 점은 핵 DNA가 부모에게서 반반씩 물려받은 것인 반면, 미토
콘드리아 DNA는 모계로만 유전된다는 점이다. 왜냐하면 수정란의 핵 속에 있
는 DNA는 정자와 난자에게서 절반씩 받은 것이지만, 정자의 세포질은 수정에
전혀 관여하지 않으므로, 수정란의 미토콘드리아는 난자가 가지고 있던 것을 그
대로 이어받은 것이기 때문이다.

미토콘드리아 DNA는 인류 진화와 이주의 경로를 추적하는 데 유용한 도구
로 활용되고 있다. 앞서 밝혔듯이 오래된 유해에서도 비교적 쉽게 얻어 낼 수 있
기 때문이기도 하지만, 돌연변이율이 높아 핵 DNA에 비해 돌연변이가 10배 정

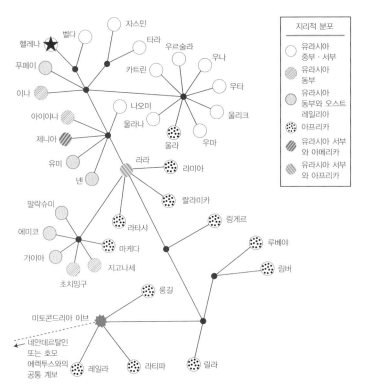

지리적 분포

○ 유라시아
중부·서부

◐ 유라시아
동부

◑ 유라시아
동부와 오스트
레일리아

◉ 아프리카

◍ 유라시아 서부
와 아메리카

◍ 유라시아 서부
와 아프리카

인류의 모계 계보도

전세계 인류의 계보는 20만 년 전 '미토콘드리아 이브'라고 불리는 한 여성에서 시작된다. 이후 미토
콘드리아 DNA의 돌연변이가 일어남에 따라 새로운 계통이 분리되는데, 각 계통의 기원에 이름을 붙
여 놓았다. 라라가 최초로 아프리카를 벗어난 계통이다.

도 더 자주 일어난다는 점 때문이기도 하다.

학자들은 미토콘드리아 DNA의 변이가 심할수록 최근에 이주한 종족이라는 가설을 세웠다. 예를 들어 1만 년 전에 미토콘드리아 DNA 중 (가)라는 곳에 돌연변이가 생겼고 5,000년 전에 (나)라는 곳에, 2,000년 전에 (다)라는 곳에 추가로 돌연변이가 생겼다면, (가), (나), (다) 돌연변이를 모두 가지고 있는 사람은 가장 나중에 이주한 종족이라고 판단할 수 있는 것이다. 그리고 (가) 돌연변이만을 가지고 있는 사람들로 구성된 종족이 발견된다면 이 종족은 그 지역에 최초로 이주한 종족이라고 여길 수 있다.

1980년대 이후 인류학자와 생물학자들은 미토콘드리아 DNA를 추출하여 인류의 가계 및 이주 경로를 조사했는데, 특히 1987년에는 현생 인류를 모계로 추적하여 20만 년 전 동아프리카에 살고 있던 단 한 명의 이른바 '미토콘드리아 이 브(Eve)'의 후손이라는 연구 결과가 발표되기도 했다. 물론 당시 현생 인류 집단에는 더 많은 여성이 있었지만, 약 15만 년 전에 일어난 유전적 부동의 결과 단 한 명의 미토콘드리아 유전자만이 이후 세대에 전해졌다는 것이다. 즉 현재의 전 인류는 궁극적으로 단 한 명의 할머니에게서 퍼져 나온 자손인 것이다.

현생 인류(호모 사피엔스, 크로마뇽인)가 아프리카 바깥으로 이주하기 시작한 것(훨씬 이전에 일어난 호모 사피엔스 네안데르탈인이나 호모 에렉투스의 이주와는 별개의 사건이다.)은 5만 5000∼7만 5000년 전으로 추정되고, 유럽에는 4만∼5만 년 전에, 아시아에는 5만 5000∼7만 3000년 전에, 아메리카에는 7000∼3만 5000년 전에 이주하기 시작한 것으로 보인다.

한민족의 기원에 대한 연구도 진행되어, 미토콘드리아 DNA 분석을 통해 한민족 대부분이 중국 중북부 농경 민족에서 유래했다는 연구 결과가 발표되기도 하였다. 최근에는 핵에 있는 Y염색체의 유전자를 추적하여 인류의 '아담'을 찾아내려는 연구도 상당한 성과를 보이고 있다.

1 포유류는 모두 7개의 목뼈를 가지고 있지만 현재 기린의 목은 다른 포유류보다 훨씬 길다. 그러나 과거의 어느 시점에는 목이 길고 짧은 기린들이 공존하고 있었을 것이다. 현재와 같이 모든 기린의 목이 일률적으로 다 같이 길게 진화된 과정을 라마르크의 용불용설과 다윈의 자연선택설의 입장에서 각각 설명하고, 두 이론의 근본적인 차이를 설명하시오.

〈2006 동국대 수시 2〉

다윈은 약 5년 동안 비글호에 승선하여 세계 곳곳을 탐험하면서 동물들의 습성과 생태를 관찰한 연구 결과로 저술한 『종의 기원』에서 이전의 진화론을 진일보시킨 '자연선택설'을 발표하였다. 다윈은 이미 맬서스가 『인구론』에서 주장한 "모든 종은 억제되지 않는 한 그 수가 기하급수적으로 증가하는 경향이 있으나 실제로는 소수의 개체만이 생존하므로 개체 수는 기하급수적으로 증가하지 않고 평형 상태에 이른다."라는 내용을 바탕으로 하여, "자연은 개체들 중에서 환경에 적합하고 우수한 개체를 선택하여 번식이 가능하게 하고, 열등한 개체들은 도태시킨다."라는 가설을 제기하였다. 이 가설이 바로 다윈이 주장한 진화론의 핵심인 자연선택에 대한 것이다. 다윈은 『종의 기원』에서 자연선택에 관해 다음과 같이 설명하였다.

생존 경쟁은 변이에 대해 어떻게 작용하는 것일까? 인위적인 선택의 원리가 자연에서도 적용될 수 있을까? 나는 자연선택이 매우 효과적으로 작용할 수 있다고 생각한다. 만약에 어떤 변이가 일어난다면, 다른 개체에 비해서 생존과 출산에서 매우 불리한 변이체는 엄격히 소멸될 것이라고 확신할 수 있다. 이렇게 유리한 변이체는 보존되고 불리한 변이체는 도태되는 것을 나는 자연선택이라고 한다.

다윈의 진화론은 이전의 여러 학설을 그 기저에 두고 있다. 그 대표적인 경우로 반세기 전에 최초로 생물체의 진화를 체계적으로 설명한 라마르크의 '용불용설'을 들 수 있다. 라마르크가 『동물 철학』에서 주창한 용불용설은 생물체는 환경에 대한 적응력이 있어서 자주 사용하는 기관은 더욱 발달하고, 사용하지 않는 기관은 퇴화하여 결국 없어지게 된다는 학설이다. 그는 이와 같은 현상이 진화의 원인이라고 생각하여 다음과 같이 설명하였다.

　　어떤 동물의 기관도 다른 기관보다 자주 쓰거나 계속해서 쓰게 되면 그 기관은 점점 강해지고 사용된 시간에 따라 특별한 기능을 갖게 된다. 이에 반해서 어떤 기관을 오랫동안 사용하지 않으면 차차 그 기관은 약해지고 기능도 쇠퇴될 뿐만 아니라 그 크기도 작아져 마침내는 거의 없어지고 만다. 나아가 한 세대에서 환경에 적응하면서 변형된 형질이 암수에 모두 존재할 경우 그 형질은 자손에게 전해진다.

　　라마르크와 다윈의 학설에서 당시에도 문제가 되었던 부분이 있었다. 라마르크의 경우에는 한 세대에서 획득된 우수한 형질이 어떻게 다음 세대로 전달되는가 하는 문제였고, 다윈의 경우에도 역시 자연선택에 따라 보존된 형질이 어떻게 다음 세대로 전해지는가 하는 것이었다. 다윈과 거의 같은 시기에 오스트리아에서 멘델이 유전에 관한 연구를 하고 있었지만 그 연구 결과는 1900년대에 와서야 널리 알려지게 되었고, 진화와 유전의 원리를 통합하고 나서야 형질의 변화가 어떻게 자손에게 전달되는지, 또 자연선택의 작용 대상인 변이가 어떻게 생기는지를 설명할 수 있게 되었다.

 논술 길잡이

실제로 다윈이 획득 형질 유전을 부정한 것은 아니었다. 다윈의 『종의 기원』을 보면 획득 형질의 유전 가능성을 언급하고 있고, 그의 다른 저작에서 이를 발전시켜 좀 더 자세한 가설을 제시하고 있기도 하다. 그러나 다윈 진화 이론의 핵심은 획득 형질을 통해 새로운 변이가 출현할 수 있다는 생각에 있는 것이 아니라, 변이가 어떠한 이유로 출현했든 간에 상관없이 자연선택에 의해 변이들의 차별적 생존율이 누적되어 진화가 이루어진다는 생각이었다. 실제 현대 생물학에서 '획득 형질 유전'은 받아들여지지 않는 반면, '자연선택'은 진화의 핵심적인 메커니즘으로서 인정되고 있다.

그러나 위 문제에 대한 답안을 작성할 때에는 다윈이 획득 형질 유전을 부정한 반면 라마르크는 이를 진화의 메커니즘으로서 인정하고 있다고 전제해야 한다. 어디까지나 자신이 알고 있는 배경 지식보다는 제시문의 내용 및 질문의 조건에 충실해야 하기 때문이다.

라마르크의 이론에 따르면, 원래 기린의 목이 길지 않지만 좀 더 높은 가지에 있는 나뭇잎을 따 먹기 위해 계속 목을 뻗는 노력을 한 결과 모든 세대에서 목이 조금씩 길어졌다. 이런 과정이 여러 자손 대를 걸쳐 전달된 결과 현재와 같이 모든 기린의 목이 다른 포유동물들보다 훨씬 길어졌다.

한편 다윈의 이론에 따르면, 과거에 조금이라도 긴 목을 가진 기린은 나뭇잎을 따 먹는 데 유리한 입장이었을 것이다. 이런 기린은 다른 기린보다 튼튼하게 자라 새끼도 많이 낳았고, 목이 긴 형질을 물려받은 기린은 또 목이 짧은 기린보다 더 튼튼하게 자라 더 많은 새끼를 낳았다. 이와 같은 과정이 반복되어 오랜 시간이 지나면서 기린 집단은 목이 긴 기린들로 이루어지게 되었다.

두 이론의 근본적인 차이점은, 라마르크가 동시대 기린의 목이 같이 길어졌다고 설명하는 반면, 다윈은 목이 조금이라도 긴 목을 가진 기린이 자식을 많이 낳는 과정을 여러 세대 반복하면서 목이 짧은 기린은 도태되었다고 설명한다는 것이다.

2 다음 제시문에 근거하여 우리나라의 인구 변화(출생률 저하와 고령화)가 우리의 미래 사회에 미칠 영향에 대해 논술하시오.

〈2008 연세대 논술 예시 문제〉

> 출생과 사망 사이의 균형 변화는 자연선택(natural selection) 기회에 또 다른 영향을 미치기도 했다. 현대인은 과거와는 달리 아이 낳는 일에 거의 집착하지 않는다. 북미의 후터파 교도는 종교적 이유 때문에 가급적 많은 식구를 갖고자 하지만, 그들조차도 건강 보장이 잘된 사회에서 10명 이상의 아기를 낳는 일은 거의 없다. 인류 역사의 대부분의 기간 동안 사람들은 생물학적으로 가능한 한 많은 아이를 낳았던 것 같다. 단지 최근에 들어서 그 수가 감소하기 시작한 것이다.
> 사람이 자기의 수명이 다할 때까지 산 것은 지금부터 몇 년 전의 일에 불과하다. 서

구 사회에서는 지난 한 세기를 지나면서 평균 예상 수명이 거의 두 배로 증가했다. 역사상 처음으로 대부분의 사람들이 노화로 사망했는데, 이들은 생물학적으로 생존 가능한 연령까지 산 셈이다. 1900년 47세였던 사람의 예상 수명은 75세까지 증가했다. 그러나 이제는 적어도 일부 사회 계층에서는 더 이상 예상 수명이 증가되지 않는다. 1979년에 65세 된 미국의 백인 여성은 그 후로 18년 반을 더 살 것으로 예상되었고, 1991년에 이르러서도 그 예상 수치는 정확하게 같다. 모든 전염병과 사고로 인한 죽음이 없어진다 해도, 서구 사회의 평균 예상 수명은 단지 2년 정도밖에 증가하지 않는다. 하지만 평균 수명이 증가할 여지가 남아 있기는 하다. 건강과 관련하여 사회 계층 간의 차이가 있기 때문이다. 영국에서 미숙련공의 아기는 전문 직종을 가진 사람의 아기보다 예상 수명이 8년 더 짧다. 국가의 수치스런 일이기는 하지만 이런 차이는 실제로 증가하고 있다. 그러나 인간 수명의 극적인 증가는 기대하기 어렵다. (……)

이것은 미래에 일어날 진화에서 중요한 요소가 된다. 노인 수의 증가는 그 이전 시대에 비해 더 많은 사람들이 유전적인 이유로 죽는다는 것을 의미한다. 싸움이나 질병 감염으로 죽는 사람이 많지 않기 때문이다. 역설적으로 이것은 자연선택이 더 약해짐을 의미한다. 이제는 암과 심장병처럼 인생의 후반부에 발생하는 질병의 유전자가 인간의 사망과 더 관련이 있게 되었다. 이는 이미 아이를 낳아 그 치명적 유전자를 후세에 전달한 이후에 사망한다는 것이다. 유전자 보유자가 아이를 낳기 전에 생존 기회가 달라지는 경우에 비해 이런 유전자에 작용하는 자연선택력은 훨씬 약해진 것이다.

인간은 전에 비해 더 적은 수의 아이를 낳지만, 대부분은 자신의 생물학적 시계가 멈출 때까지 생존하는 새로운 삶의 양상을 보이고 있다. 인간이 지구에 출현한 이후로 지금까지 6,000세대를 거쳤다면, 이런 현상은 인간이 단지 20세기를 거치며 나타난 것이다. 이것은 자연선택이 그 작용 방식을 바꾸었음을 의미한다. 이제는 생존보다는 생식력에 의해 자연선택이 이루어지는 것이다.

사람들이 산아 제한을 통해 자연선택의 영향을 받는 일이 이제는 보편화되었지만, 각 가족들이 갖는 아이 수에는 아직 차이가 있다. 상위 계층은 하위 집단에 비해 산아 제한에 대한 생각을 잘 받아들였다. 프랑스 귀족이 제일 먼저 이를 받아들여서, 단지 100년 사이에 한 번의 결혼으로 낳는 아이 수가 여섯 명에서 두 명으로 감소했다. (……) 산아 제한이 널리 퍼진 이후로 가족들 간의 아이 수의 차이는 감소해 왔지만, 아직 아이 수의 차이에 의한 자연선택은 생존자 수에 작용하는 자연선택에 비해 더 크게 나타나고 있다. 이것은 인류가 살아온 과정에서 자연선택은 생존 기회보다는 우리가 낳는 아이 수에 달려 있다는 것을 의미한다.

자연선택을 일으키는 요인으로 지금까지 가장 잘 알려져 온 질병, 기후, 기아 등은 생식보다는 생존에 영향을 미쳤다. 생존과 생식 사이의 균형이 한쪽 방향으로 치우침에 따라 앞으로의 진화는 새로워질 것이고 예상하기도 어렵게 되었다. 일찍 성숙하면 좀 더 많은 아이를 낳을 수 있기 때문에 아마도 생식 가능 연령이 중요한 요인이 될 것이다. 소녀들은 과거보다 어린 나이에 성적으로 성숙하다. 이런 경향과 상반되게 서구의 여성들은 반세기 전에 비해 5년 정도 늦게 결혼을 한다. 일찍 결혼하거나 늦게 결혼하는 경향(또는 아이를 낳기를 제한하는 경향)과 관련된 유전적 요소가 있다면, 이것은 진화를 일으키는 강력한 요인이 될 것이다.

— 스티브 존스, 『유전자 언어(*The language of genes*)』

논술 길잡이

진화의 핵심은 '적자 생존'이라는 원리이다. 환경에 제대로 적응한 개체만이 자손을 남기므로, 환경에 대한 '적응도'와 '생식 가능 연령까지의 생존율'은 거의 동의어로 사용된다. 과거에 수명이 짧았을 때에는 노년이라는 시기가 사실상 없었고, 자손을 출산·양육하면 곧 죽는 것이 일반적이었다. 그런데 생활 여건의 향상과 의료 기술의 발달로 인해, 지금은 자손을 남긴 이후에도 한참 동안 생존하게 된다. 어떤 유전적 결함이 생식 가능 연령 이전에 드러나는 것이라면 이로 인해 자손을 남기기 어려워지므로 그 유전자는 자연히 도태되겠지만, 생식 가능 연령 이후에 드러나는 것이라면 그 유전자가 자손에게 전해져 계속 살아남을 수 있다.

예시 답안

이 제시문은 평균 수명 연장과 저출산으로 인해서 과거 인류의 진화에 크게 작용했던 자연선택은 약화된 반면 '생식력에 따른 자연선택'이 인류 진화에 중요한 요소가 되었다고 주장하고 있다. 생존에 비하여 생식이 훨씬 중요한 자연선택으로 작용한다는 점을 고려하면, 저출산으로 인하여 인구 감소와 고령화뿐만 아니라 인류의 유전적 형질이 변화하는 결과도 충분히 예상할 수 있다. 즉 과거라면 도태되었을 만한 유전 형질이 대부분의 사람들이 생식 가능 연령 이후까지 생존함으로써 자손 세대에게 전해질 확률이 높아지는 것이다. 이로 인해 유전병 또는 유전적 소인을 가진 질환의 발병 비율이 높아지고, 이로 인해 의료비 지출 부담이 증가하는 사회적 영향이 있을 것이다.

3 다음 제시문을 읽고 물음에 답하시오.

〈2006 동국대 수시 2〉

21세기에 들어와 급격히 발달한 생명 공학은 농림업, 식품 산업, 수산업 등의 분야에서 핵심 산업으로 자리매김하고 있다. 생명 공학은 생산량 증대를 비롯하여 기존의 전통적인 육종법으로는 발현 불가능한 특정 형질을 나타낼 수 있도록 하는 신기술이다. 특히 유전자 재조합 기술은 어떤 생물의 유전자 중 불필요한 부분은 제거하고 유용한 유전자만을 취해서 다른 생물체에 삽입하여 새로운 품종을 만드는 것이다. 이 방법은 기존의 것보다 차원이 높은 선택적 육종법이라 할 수 있다.

식물의 세포 내에서 새로운 유전자가 발현되기 위해서는 일반적으로 화분 교배를 통한 수정 과정이 필요하다. 그러나 수정을 통해서 만들어지는 신품종은 우리가 원하는 유전자뿐만 아니라 불필요한 유전자까지도 결합되어 열성의 품종으로도 나타날 수 있다. 또한 식물의 품종을 개량하기 위해서는 암·수꽃의 개화가 선행되어야 하는데, 나무와 같이 다년생 식물의 경우 꽃이 피는 데 대체로 15년 이상의 장기간이 소요된다. 이러한 제약 요인을 극복하여 단기간에 품종을 개량하기 위한 수단으로 유전자 조작 기술을 적용하고 있다.

유전자 조작 기술을 도입하여 상품화한 첫 식물은 토마토이다. 일반 토마토의 경우에는 열매가 성숙되면 보관이 용이하지 않으나, 유전자 조작 토마토는 열매의 성숙에 관여하는 유전자를 변형시켜 성숙 속도를 지연시켜서 수확 후에도 상당한 기간 동안 신선한 상태로 보관할 수 있다. 유전자 조작 콩은 제초제에 저항성이 있는 유전적 특성을 가지고 있어서 농약에 선택적으로 강한 품종이다. 농약을 살포할 경우에 잡초는 제거되지만 유전적으로 조작된 콩은 내성을 띠는 선택적 특징을 갖게 된다. 나무의 경우에도 유전자 조작 기술을 도입하여 병충해에 대한 저항성이 강한 나무, 사막과 같이 수분이 부족한 지역에서도 자랄 수 있는 나무, 반딧불 유전자를 보유하고 있는 나무 등의 고부가 가치 자원이 개발되고 있어 가까운 미래에 상품화될 전망이다.

현재 우리나라에 수입되는 콩 중에서 80% 이상이 유전자 조작으로 생산된 것으로 추정하고 있다. 이미 우리의 식탁은 유전자 조작 콩을 비롯하여 각종 유전자 조작 농산물이 차지하고 있다. 생명 공학 기술을 적용할 경우 다수확 생산을 통하여 식량난을 해소할 수 있을 뿐만 아니라, 다양한 기능성 물질을 보유하고 있는 농산물을 단기간에 개발할 수 있다.

그러나 유전자 조작 기술로 만들어진 식물에 대한 우려의 목소리 또한 크다. 유전자 조작으로 만들어진 식물을 인간이 섭취할 경우 인체에 어떤 영향을 미칠지 과학적으로 밝혀진 바 없지만, 사람들은 유전자 조작 식품을 기피하거나 친환경 농업으로 생산된 식품을 선호하는 경향이 있다.

(1) 전통 육종 방법의 단점을 3가지 이상 제시하고, 각 단점에 대해 유전자 조작 기술을 활용하여 극복할 수 있는 방안을 논하시오.

(2) 유전자 조작으로 생산된 식물을 자연 환경에 심을 경우 발생할 수 있는 문제점에 대하여 논하시오.

 논술 길잡이

유전자 조작 기술에 어떠한 종류가 있으며, 이것이 어떤 분야에 응용 가능하고 또 어떠한
위험성을 가지고 있는지는 극히 중요한 논술 주제이므로 미리 잘 정리해 두어야 한다.

(1) 전통 육종 방법은 암수 생식 세포의 모든 유전자가 결합하므로 잡종 개체가 가지고 있던 열성 유전자끼리 조합되어 자손 세대에서 나타나는 경우도 있고, 원하는 형질들의 조합을 선별적으로 발현시키기 어려우며, 생식 가능 연령에 도달하기까지 많은 시간이 걸리는 경우도 있다. 유전자 조작 기술은 원하는 유전자만을 선별적으로 삽입하여 발현시키므로 원하는 유전자 조합을 마음대로 만들어 낼 수 있다.

(2) 유전자 조작된 식물이 재배된다면 그 유전자가 접합, 형질 전환, 형질 도입 등의 방법을 통해 다른 종에 도입되어 생태계를 교란시킬 수 있다. 예를 들어 유해 식물이 병충해에 강한 유전자를 갖게 되어 크게 번성하거나, 잡초가 제초제에 대한 저항 유전자를 갖게 되어 제거하기 어려워지는 부작용이 나타날 수 있을 것이다. 유전자가 다른 종으로 유입되는 가능성을 배제한다 할지라도, 제초제나 질병에 대하여 강한 저항한 저항 유전자를 가진 품종이 만들어진다면 이것이 야생화되거나 다른 작물의 재배지에서 잡초로서 기생함으로써 생태계를 교란시키고 농업 생산성에 악영향을 미칠 수 있을 것이다.

파트 5가 '극단의 세계'라는 다소 거창한(?) 제목을 달게 된 것은, 실제로 파트 5에서 극단적으로 멀거나(우주) 극단적으로 작거나(원자) 극단적으로 큰 에너지가 출입하는(핵반응) 현상들을 집중적으로 다루기 때문이다. 교과 과정에서는 주로 물리에 걸쳐 있으나, 화학 및 지구과학과도 밀접한 연관을 맺고 있다.

1, 2장에서는 특정한 파장(진동수)을 가진 전자기파(또는 음파)가 발생하거나 흡수되거나 공명을 일으키는 현상을 집중적으로 다룬다. 이를 통해 광학 현상을 좀 더 폭넓은 견지에서 체계적으로 이해하게 될 것이다. 3장에서는 다소 과학 철학적인 논의를 실제 교과 과정의 사례(지구 중심설과 태양 중심설, 파동설과 입자설)를 통해 전개하며, 4, 5장에서는 원자핵이나 전자와 같은 미시적인 세계에서 고유하게 나타나는 현상들을 다룬다.

특히 5장에서 핵붕괴, 핵분열, 핵융합과 같은 현상들의 원리와 실제 응용 분야를 정리하면서, 아울러 물질의 에너지 수준이 높아짐에 따라 차례차례 물질을 구성하는 입자들이 해체되는 현상을 체계적으로 정리한다. 그리고 우주가 탄생한 대폭발 이후 대체로 그 역순으로 물질이 형성되어 왔음을 통합적으로 이해하게 될 것이다.

극단의 세계

1장
스펙트럼과 색

 연속 스펙트럼과 선 스펙트럼

스펙트럼은 빛을 분해하여 얻어지는 성분들, 또는 그 성분들의 파장별 분포를 뜻한다. 스펙트럼은 그 유형에 따라 연속 스펙트럼과 선 스펙트럼으로 구분된다. 태양이나 백열등과 같은 비교적 높은 온도의 백색 광원에서 방출되는 빛의 스펙트럼은 파장에 따른 에너지 세기가 연속적으로 나타나는데, 이를 연속 스펙트럼이라고 한다. 이와 대조적으로 특정한 몇몇 파장대의 빛만을 방출하는 경우를

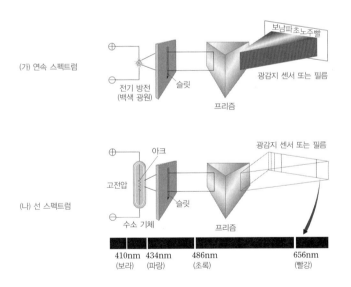

연속 스펙트럼과 선 스펙트럼
(가)의 광원은 백색 광원인 아크등이며, (나)의 광원은 수소 기체에 고압을 가한 것이다.

선 스펙트럼이라고 한다.

우리는 연속 스펙트럼은 친숙하게 받아들인다. 프리즘을 이용하여 태양빛을 분광해 보았거나, 최소한 무지개를 본 경험이 있기 때문이다. 앞의 그림 (가)는 연속 스펙트럼을 잘 보여 준다. 그런데 선 스펙트럼은 무엇인가? 선 스펙트럼의 원리를 알기 위해서는 보어의 원자 모델을 이해해야 한다.

다음 그림을 통해 보어의 원자 모델을 간단히 정리해 보자. 원자핵 주위를 돌고 있는 전자가 높은 에너지 준위(상대적으로 들뜬 상태)에서 낮은 에너지 준위(상대적으로 바닥 상태)로 떨어질 때, 그 에너지의 차이 E에 상응하는 빛(광양자)을 방출한다. 이때 방출하는 빛의 진동수 및 파장은 $E = hf = \dfrac{h\lambda}{c}$ 식에 따라 결정된다. 일례로 수소를 기준으로 살펴보면, 수소 원자에서 방출되는 광양자의

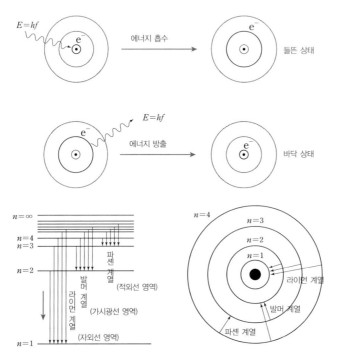

보어의 원자 모델

주양자 수 n의 숫자가 클수록 에너지 준위가 높다. 전자는 빛(광양자)을 흡수하면서 더 높은 에너지 준위로 이동한다. 반대로 전자가 더 낮은 에너지 준위로 이동하면서 에너지 변화량에 해당하는 파장의 빛(광양자)을 방출하기도 한다. 전자의 에너지 준위는 불연속적이므로, 방출되는 광양자 또한 불연속적인 에너지 값(그리고 $E = hf = \dfrac{h\lambda}{c}$에 의해 불연속적인 파장 및 진동수)을 가지고 있다.

파장(및 진동수)은 이에 상응하는 특정한 몇몇 값을 가지게 될 것이다. 이 빛을 프리즘에 통과시키면 이 특정한 파장대에서만 밝은 부분이 마치 선처럼 나타난다.(이 과정은 물리 II 교과 과정에서 자세히 다룬다.)

수소의 경우, 전자가 $n=1$인 에너지 준위로 떨어지면서 방출하는 자외선 계열의 전자기파를 라이먼 계열이라고 부르는데, 라이먼 계열에서는 121.6nm, 102.6nm, 97.3nm, 95.0nm 등의 특정한 파장의 빛만을 방출한다. 마찬가지로 전자가 $n=2$인 에너지 준위로 떨어지면서 방출되는 발머 계열(가시광선)의 전자기파는 656.3nm, 486.1nm, 434.0nm 등의 파장을 가지고 있으며, $n=3$으로 떨어지면서 방출되는 파셴 계열(적외선)의 전자기파는 18,751nm, 12,828nm 등의 파장을 가지고 있다.

이처럼 특정한 원자는 특정한 파장의 빛만을 방출하므로, 해당 파장 영역에서만 빛이 검출된다. 이 때문에 이러한 스펙트럼을 '선 스펙트럼'이라고 부르며, 수소뿐만 아니라 모든 원자나 분자는 고유한 선 스펙트럼을 가지고 있다.

 방전관의 응용

수소가 방출하는 선 스펙트럼을 얻기 위해서는 167쪽 그림의 (나) 선 스펙트럼에서와 같은 수소 방전관을 이용한다. 유리로 만들어진 방전관 속에 낮은 압력의 수소 기체를 넣고 높은 전압을 걸어 주면, 음극에서 양극으로 흐르는 전자의 일부가 수소 분자(H_2)를 수소 원자(H)로 해리시킨다.

이 과정에서 수소 원자에 있던 전자는 높은 에너지 준위의 상태가 되며, 이 전자들이 낮은 에너지 준위로 돌아오는 과정에서 특정한 파장들의 빛을 방출하는 것이다.

이 장치를 응용하여 방전관에 수소 대신에 헬륨, 아르곤 등 다른 종류의 기체들을 넣고 전압을 조정해 주면, 넣어 준 물질의 종류에 상응하는 다양한 색깔의 빛을 얻을 수 있다. 이것이 네온사인의 원리이다. 형광등 역시 이 원리를 이용한다. 형광등의 경우에는 수은과 아르곤 기체를 넣어서 만드는데, 수은에서 방출되는 빛은 자외선 영역이지만 이것이 관 벽에 칠해진 형광 물질에 흡수되었다가 다시 방출되는 과정에서 가시광선으로 변화한다. 유리관 벽 안쪽에 미리 가시광선 파장 영역의 빛을 방출하는 형광 물질을 칠해 놓은 것이다.

가로등으로 많이 사용되는 나트륨등에는 나트륨 기체가 안에 들어 있다. 나트륨은 파장 590nm인 빛을 주로 방출하는데, 이 파장은 노란색 영역에 해당하므로, 나트륨등이 달린 가로등 불빛은 노란색을 띠게 된다.

이 같은 선 스펙트럼을 가장 거칠게 확인하는 방법이 바로 '불꽃 실험'이다. 각 원자들에서 방출하는 빛(선 스펙트럼의 선들로 구성된) 가운데 특정한 선이 굵거나, 몇몇 선들이 특정 파장 영역에 모여 있는 경우에 우리는 그 파장의 색깔을 감지하게 된다. 이것이 바로 불꽃 실험에서 관측되는 고유한 색깔이다. 일반적인 실험실에서 행하는 불꽃 실험은 방전관 실험에 비해 정교하지 못하다는 단점이 있다. 실험 대상이 되는 물질 이외에 다른 물질의 선 스펙트럼이 섞이게 될 가능성이 있기 때문이다.

 흡수 스펙트럼

다음 그림의 (가)는 전형적인 연속 스펙트럼이다. 그런데 (나)는 연속 스펙트럼 중간중간(선 스펙트럼의 밝은 선이 놓이는 위치)에 검은 선이 나타난다. 이러한 스펙트럼을 흡수 스펙트럼이라고 한다. 예를 들어 6,000K의 광원에서 방출되는 빛(연속 스펙트럼)이 더 저온인 5,000K의 물질을 통과하는 경우, 5,000K 물질이 일부 빛을 흡수하여 검은 선이 생기는 것이다. 이것은 5,000K 물질 선 스펙트럼 자리에 해당하는 파장의 빛이 5,000K 물질에 의해 흡수되기 때문이다. 역시 보어의 원자 모델을 이용하면, 물질의 종류에 따라 전자가 에너지 준위가 낮아지는 과정에서 특정 파장의 빛을 방출하기도 하지만, 전자가 역으로 에너지 준위가 높아지는 과정에서 그 파장의 빛을 흡수하기도 할 것임을 쉽게 이해할 수 있다.

흡수 스펙트럼은 다양한 방식으로 이용된다. 특히 대기나 성간 물질이 어떤

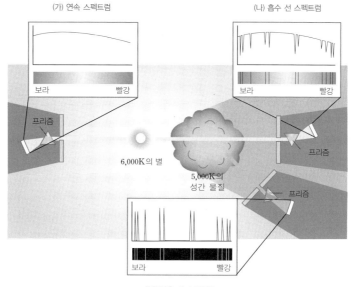

(가) 연속 스펙트럼

보라   빨강

(나) 흡수 선 스펙트럼

보라   빨강

프리즘

6,000K의 별

5,000K의
성간 물질

프리즘

프리즘

보라   빨강

(다) 방출 선 스펙트럼

연속 스펙트럼과 두 가지 종류의 선 스펙트럼
우주 공간에 있는 5,000K의 기체(성간 물질)가 광원으로 작용하는 경우, 통상적으로 (다)에서처럼 특
정 파장대의 광자만을 방출하는 선 스펙트럼을 볼 수 있다. 그러나 배경의 광원보다 이 기체의 온도가
낮은 경우에는, (나)에서처럼 특정 파장대에서 흡수 현상이 나타나 스펙트럼에 검은 선이 나타난다.

성분으로 되어 있는지를 흡수 스펙트럼을 통해서 알 수 있다. 예를 들어 어떤 별
빛이 우리 눈에 도달하는 과정에서 성간 물질과 지구 대기를 통과하게 되는데,
이 과정에서 해당 물질(성간 물질 또는 지구 대기의 성분)에 상응하는 특정 영역의
파장의 빛들이 흡수될 것이다. 따라서 별빛 중에서 어떤 파장대에서 빛이 유난
히 약하게 관측되었는가를 측정하면, 성간 물질이나 지구 대기가 어떠한 성분으
로 되어 있는지를 알아볼 수 있는 것이다.

 플랑크 곡선

어떤 물체가 전자기파를 방출하는 현상을 복사라고 한다. 광원이 방출하는 복
사 에너지의 양과 성분은 광원의 온도에 따라 달라지는데, 이를 연구한 독일의

물리학자 플랑크의 이름을 따서 이 그래프를 플랑크 곡선이라고 부른다. 플랑크 곡선의 가로축은 파장이며, 세로축은 광원의 단위 면적당 방출하는 에너지 세기이다.

플랑크 곡선은 원래 이론적인 계산을 통해 만들어 낸 것이다. 흡수한 에너지를 모두 방출하는 가상의 물체를 흑체(黑體)라고 설정하고 이것의 파장별 복사 에너지를 계산하여 그린 것이다.

플랑크 곡선은 이처럼 가상의 물체를 설정해 놓고 이론적 계산을 통해 그려낸 곡선이지만, 연속 스펙트럼을 방출하는 실제 광원들(예를 들어 항성)에 잘 들어맞는다. 즉 플랑크 곡선은 실제 항성들이 방출하는 전자기파의 연속 스펙트럼 그래프라고 간주할 수 있다. 이로써 연속 스펙트럼을 분석함으로써 역으로 광원의 온도를 추정할 수 있게 되었다. 즉 별빛을 분광하여 분석하면 그 별의 표면 온도를 알 수 있다.

다음 플랑크 곡선을 보면, 광원의 온도가 높을수록 단위 면적당 방출하는 복사 에너지가 크다는 사실을 알 수 있다. 이것을 수식으로 표현한 것이 슈테판-

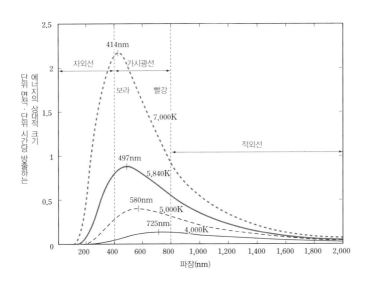

플랑크 곡선
5,840K는 태양의 표면 온도이다. 이 그래프에 표현되지는 않았지만, 지구나 사람의 몸과 같은 낮은 온도의 물체는 극단적으로 적외선 쪽에 치우쳐 존재한다.

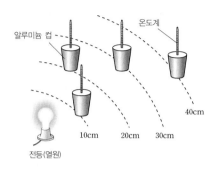

알루미늄 컵

온도계

40cm

10cm 20cm 30cm

전등(열원)

(가) 복사 평형

(나) 시간에 따른 온도 변화

전등과 깡통을 이용한 복사 평형 실험
온도가 상승하다가 결국 평형 온도에 도달하게 된다.

볼츠만의 법칙으로서, 광원이 단위 면적당 방출하는 복사 에너지의 크기는 광원 표면 온도의 네제곱에 비례한다는 것이다.($E = aT^4$, a는 볼츠만 상수) 즉 물체의 온도가 높을수록 그 물체는 단위 면적당 많은 양의 복사 에너지(빛)를 방출하게 된다.

슈테판-볼츠만 법칙을 통해 복사 평형에 도달하기까지의 과정을 손쉽게 설명할 수 있다. 왼쪽 그림은 전등과 물이 담긴 깡통을 이용한 복사 평형 실험이다. 거리가 가깝든 멀든 간에 모두 온도가 상승하다가 결국 일정해지는 것을 알 수 있다. 처음에 온도가 상승하는 이유는 깡통이 단위 시간당 흡수하는 복사 에너지보다 방출하는 복사 에너지가 더 작기 때문이다. 따라서 열이 누적되어 깡통의 온도가 상승하는 것이다. 그런데 깡통이 단위 시간당 흡수하는 복사 에너지는 일정한 반면, 온도가 높아짐에 따라 깡통이 단위 시간당 방출하는 복사 에너지는 슈테판-볼츠만의 법칙에 따라 점차 커진다. 그리하여 이윽고 일정 온도에 도달하면 깡통이 흡수하는 복사 에너지와 방출하는 복사 에너지가 서로 같은 양이 되어 온도가 일정해진다. 이 상태를 흔히 '복사 평형' 상태라고 하며, 이때의 온도를 평형 온도라고 한다.

플랑크 곡선과 광원의 색

광원의 온도가 높을수록 많은 양의 복사 에너지가 방출된다는 것을 앞에서 슈테판-볼츠만의 법칙으로 정리하였다. 그런데 플랑크 곡선에서 광원의 '색'과 관련된 법칙을 얻을 수 있는데, 이를 빈(Wien)의 법칙이라고 한다. 온도가 낮은 광원일수록 파장이 긴 전자기파를 많이 방출하고, 온도가 높은 광원일수록 파장이 짧은 전자기파를 많이 방출한다는 것이다. (최대 에너지를 방출하는 파장 $\lambda_{\max} = \dfrac{b}{T}$, b는 빈 상수)

빈의 법칙을 염두에 두고 앞에서 제시된 플랑크 곡선 중 가시광선 영역을 떼어 내어 살펴보면, 저온의 광원은 붉은색이 강하고 고온의 광원은 푸른색이 강하다는 것을 알 수 있다. 고온의 항성은 푸른색으로 보이고 저온의 항성은 붉은색으로 보이는 것이 바로 이러한 이유 때문이다. 또한 대장간에서 철을 관찰해 보면 화로에서 고온으로 가열된 철은 흰색에 가깝게 보이지만, 꺼내서 단조 등의 과정을 거치면서 냉각되면 차츰 붉은색으로 변하는 것을 볼 수 있는데, 이것도 철의 온도가 낮아지면서 플랑크 곡선이 점차 붉은색 쪽으로 치우치기 때문에 나타나는 현상이다.

태양 복사의 성분 가운데 가시광선이 가장 큰 부분을 차지하고 그 밖에 적외선, 자외선 등으로 구성되어 있는데, 플랑크 곡선들 가운데 태양의 표면 온도인 5,840K의 곡선을 보면 이러한 구성을 쉽게 이해할 수 있다.

또한 지표 복사나 대기 복사는 모두 적외선이라고 전제하였는데, 앞의 그래프에는 그려져 있지 않지만 지표나 대기, 사람 신체와 같이 평범한(비교적 낮은) 온도를 가진 물체는 플랑크 곡선이 오른쪽(적외선 쪽)으로 치우쳐 있어 실질적으로 자외선이나 가시광선을 방출하지 않는다. 깜깜한 밤에 적외선을 감지하여 가시광선으로 바꿔 보여 주는 적외선 탐지경은 군사 작전 등에 매우 유용하며, 실제로 이러한 용도로 적외선 탐지경이 사용되고 있다.

플랑크 곡선은 항성의 스펙트럼 형과 직결되어 있다. 항성은 표면 온도에 따라 O, B, A, F, G, K, M 등의 유형으로 분류된다. O형 별 쪽으로 갈수록 별의 온도는 높아지고, 색깔은 점점 더 파랗게 된다. 반대로, M형 별 쪽으로 갈수록

항성의 스펙트럼 형
태양은 G형에 속한다.

스펙트럼 형	O	B	A	F	G	K	M
표면 온도(K)	28,000	28,000~ 10,000	10,000~ 7,500	7,500~ 6,000	6,000~ 5,000	5,000~ 3,500	3,500 이하
색깔	청색	청백색	백색	황백색	황색	주황색	붉은색

별의 온도는 낮아지고, 색깔은 점점 더 붉어진다. 이와 같은 분류를 하버드 스펙트럼 분류라 하는데, 이것은 표면 온도에 민감한 스펙트럼에 따라 별을 나눈 것이 특징이다.

온실 효과의 원리

온실의 유리는 가시광선은 잘 통과시키지만 적외선은 많이 흡수하여 투과율이 낮다. 이로 인해 가시광선을 많이 포함하고 있는 태양 복사는 상당 부분 통과시키지만, 적외선으로 구성되어 있는 지구 복사는 상당량을 흡수한다. 그래서 온실에 유리를 설치해 놓으면 내부 온도를 높게 유지할 수 있다.

그런데 가시광선은 잘 통과시키지만 적외선은 다량 흡수하는 유리의 특성과 매우 흡사한 특성을 가지고 있는 대기 성분들이 있다. 이것들을 우리는 '온실 기체'라고 부른다. 대표적인 온실 기체로 CO_2(이산화탄소), CH_4(메탄), CFC(플루오르화탄화수소, 오존층 파괴 물질인 동시에 온실 기체이기도 하다.), N_2O(일산화이질소) 등이 있으며, 이것들은 가시광선이나 자외선은 대부분 투과시키되 적외선에 대해서는 흡수율이 높은 기체들이다.

그렇다면 온실 기체의 유무 및 온실 기체의 농도가 지표의 온도에 어떠한 영향을 미치는가? 이를 확인하기 위해 다음 그림을 보자. 이 그림은 가상적인 행성 세 개를 나타내고 있다. 계산의 편의를 위하여 세 가지 가정을 해 보자.

첫 번째 가정은, 태양 복사 에너지가 대기를 100% 통과해서 전혀 반사되지 않고 모두 지표에 흡수된다는 것이다.(태양 복사 에너지의 가장 큰 구성 성분은 가시광선이고 그 다음 적외선, 자외선의 순서이다. 따라서 실제로는 태양 복사 중 적외선 성분은 상당 부분 대기 중의 온실 기체에 흡수될 것이다. 그리고 대기와 지표에서 평균 30%의 태양 복사가 반사된다.)

두 번째 가정은, 지표에서 방출하는 지표 복사 에너지(적외선)는 온실 기체에 일부 흡수되고 나머지는 대기를 통과하여 우주로 방출된다는 것이다.

세 번째 가정은, 지표 복사 에너지를 흡수하는 대기는 흡수한 에너지와 똑같

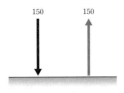

(가) 온실 기체가 없는 경우

150   150

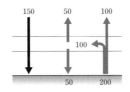

150   50   100
         100
      50   200

(나) 온실 기체의 지표 복사
흡수율이 50%인 경우

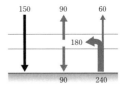

150   90   60
         180
      90   240

(다) 온실 기체의 지표 복사
흡수율이 75%인 경우

온실 효과의 크기
본문에 언급된 세 가지 가정 아래, 모두 복사 평형 상태를 전제로 한 그림이다. 지표가 방출하는 에너지량이 (가)<(나)<(다)인 것으로 보아, 슈테판–볼츠만의 법칙에 따라 이 순서대로 지표의 온도가 높아짐을 알 수 있다.

은 크기의 대기 복사 에너지(적외선)를 방출하는데, 이 중 절반은 위쪽(우주 쪽)으로 방출하고 나머지 절반은 아래쪽(지표 쪽)으로 방출하며, 지표를 향해 방출된 대기 복사 에너지는 역시 전혀 반사되지 않고 지표에 모두 흡수된다는 것이다.(실제로는 대기가 상하 방향으로 대칭이 아니고 상층으로 갈수록 희박해지기 때문에, 대기가 위쪽으로 방출하는 에너지량은 상대적으로 적고 아래쪽으로 방출하는 에너지량은 상대적으로 많다.)

온실 기체의 농도가 높아질수록 지표 복사(적외선)에 대한 흡수율이 높아지는데, 위 그림의 (가)~(다)를 비교해 보면 온실 기체의 지표 복사 흡수율이 높아질수록 지표의 온도가 높아지는 것을 알 수 있다. 지표가 방출하는 에너지량은 (가)<(나)<(다)인데, 슈테판–볼츠만의 법칙에 따르면 표면 온도가 높을수록 단위 면적당 복사 에너지 방출량은 커지므로, 지표의 온도도 (가)<(나)<(다)의 순서라고 추론할 수 있다. 결국 온실 기체의 농도가 높아져 지표 복사(적외선)에 대한 흡수율이 높아질수록, 지표의 평형 온도는 높아진다는 사실을 확인할 수 있다.

일반적으로 이 같은 모식도에서 복사 평형임을 전제로 하여 몇 가지 방정식을 이끌어 낼 수 있다. 예를 들어 태양 복사 에너지의 크기가 x, 지표 복사 에너지의 크기가 b, 지표 복사 가운데 대기 중에 흡수되는 흡수율이 y, 대기가 흡수한 에너지의 절반은 위로 방출되고 절반은 아래로 방출된다고 하면 다음 그림과 같은 모식도를 그릴 수 있다.

이 그림에서 여기서 지표가 복사 평형이므로 $x+\dfrac{by}{2}=y$, 행성 전체가 복사

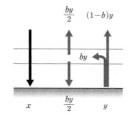

행성 표면과 대기의 일반적인 모식도
태양 광선은 무조건 대기를 통과하며, 대기나 지표에서의 반사는
없고, 지표 복사(적외선)는 b의 흡수율로 대기에 흡수되며, 대기에
흡수된 복사 에너지는 절반씩 위쪽과 아래쪽으로, 역시 적외선의
형태로 방출된다는 전제 아래 그린 모식도이다.

평형이므로 $x=\dfrac{by}{2}+(1-b)y$라는 두 가지 방정식을 만들 수 있다.(여기에 더해
대기가 복사 평형이므로 $by=\dfrac{by}{2}+\dfrac{by}{2}$ 가 성립한다.) 흡수율 b에 0.5를 대입
하면 온실 효과의 크기를 나타낸 176쪽의 그림 (나)의 상황이, 0.75를 대입하면
(다)의 상황이 된다.

물론 실제 행성에서의 열출입 관계는 이 모식도보다 훨씬 복잡하다. 그러나
역시 '지표'를 기준으로 열평형 방정식을 얻을 수 있고, '대기'를 기준으로 또
하나의 방정식을, '행성 전체'를 기준으로 또 하나의 방정식을 얻을 수 있다. 위
그림에 제시된 세 가지 방정식은 모두 각각의 열평형 상태(지표 평형, 행성 전체
평형, 대기 평형)를 전제로 하여 도출된 것이다.

눈의 색 감각

172쪽의 플랑크 곡선을 보면, 태양의 최대 에너지 파장이 497nm로서 청색
영역이다. 즉 태양에서 방출되는 복사 중 청색 파장이 가장 많이 방출되므로 태
양은 청색으로 보여야 할 것 같다. 그런데 실제로 태양은 174쪽의 표에 제시되
어 있듯이 황색에 가깝게 보인다. 또한 표면 온도 7,500~10,000K인 A형이 백
색으로 보인다고 되어 있는데, 10,000K의 플랑크 곡선을 그려 보면 파장이 긴
쪽(적색 쪽) 에너지는 약하고 파장이 짧은 쪽(청색 쪽) 에너지는 강해서 그 차이가
매우 크다는 것을 알 수 있다. 그런데도 우리 눈에는 태양의 색이 여러 파장의 빛
이 균일하게 섞일 때 나타나는 '백색'에 가깝게 느껴지는 것이다.

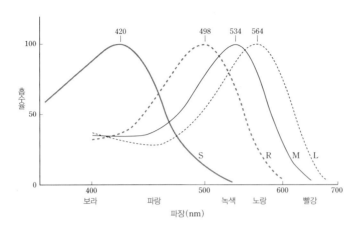

원추 세포의 파장별 에너지 흡수도
점선(R)은 간상 세포이다.

왜 이럴까? 이것은 실제 광원에서 최대 에너지를 내는 파장이 우리의 감각 기관(눈)에 그대로 반영되지 않기 때문이다. 우리 눈은 대체로 파장이 짧은 쪽(보라색-청색 쪽)에 대한 감도가 떨어진다. 즉 '색'이라고 하는 것은 측정 대상인 광원의 속성만으로 결정되는 것이 아니라, 그것을 측정하는 장치, 예를 들면 눈과 대뇌의 속성도 같이 관여되는 것이다.

망막에는 세 가지 원추 세포(L, M, S)가 있으며, 각각 적색, 녹색, 청색 영역에서 가장 민감하다. 대뇌는 세 가지 원추 세포에서 받아들인 신호의 비율을 이용하여 광원의 색깔을 알아낸다. 예를 들어 적 원추 세포(L)의 신호가 녹 원추 세포(M)의 신호보다 약간 크고 청 원추 세포(S)의 신호는 0이라면, 이 색을 노란색이라고 감지하는 방식이다.

그런데 위 그림을 보면 녹 원추 세포의 그래프가 한가운데 위치해 있지 않고 적 원추 세포 쪽으로 치우쳐 있음을 알 수 있다. 이 때문에 적색 쪽 성분에 대한 감도가 청색 쪽 성분에 대한 감도보다 높을 수밖에 없다. 게다가 세 가지 원추 세포의 개수 사이에 상당한 차이가 있다. 적, 녹, 청 원추 세포의 개수는 대략 40 : 20 : 1 정도로서, 적 원추 세포가 훨씬 많다.

결론적으로 우리 눈의 원추 세포 가운데 적 원추 세포가 가장 많은데다가 녹 원추 세포의 감지 영역이 적색 쪽으로 치우쳐 있기 때문에, 파장이 긴 적색 쪽 빛에 대한 감도는 높은 반면 파장이 짧은 청색 쪽 빛에 대한 감도는 떨어지는 것이다. 바로 이것 때문에 태양은 청색 쪽에서 최대 에너지를 내지만 우리 눈에는 황색으로 보인다. 또한 스펙트럼 A형(표면 온도 10,000K) 별의 플랑크 곡선을 보면 보라색–청색 쪽의 에너지가 훨씬 크지만, 우리의 눈과 대뇌에는 A형에서 방출되는 빛이 여러 색깔의 빛을 골고루 섞어 놓은 것처럼(즉 흰색으로) 감지되는 것이다.

또 다른 예로 하늘이 파랗게 보이는 것도 눈의 특성과 관련이 있다. 공기를 이루는 산소나 질소처럼 작은 분자들에 의한 산란은 파장이 짧을수록 크게 일어난다. 그렇다면 하늘은 파란색이라기보다는 보라색으로 보여야 맞다. 그러나 우리 눈의 색깔별 감도를 살펴보면 파란색보다 보라색에 대한 감도가 크게 떨어지기 때문에, 우리 눈에는 하늘이 파란색으로 보이는 것이다.(참고로 아침 저녁에 태양이 붉게 보이는 것은 산란과 관련이 있다. 아침 저녁에는 햇빛이 통과하는 대기의 두께가 두꺼우므로, 청색–보라색 성분은 모두 산란되고 파장이 긴 적색–황색 계열의 광선만이 통과하여 우리 눈에 보인다.)

이처럼 시각, 청각, 미각 등 감각 현상과 관련된 개념은 감각 기관의 특성과 여러 종류의 신호에 대한 차별적 감도를 잘 고려해야만 제대로 이해할 수 있다.

 광합성과 색

교과 과정에는 색과 밀접한 연관을 가진 자연 현상들이 여러 가지 소개되어 있는데, 그중 대표적인 것이 광합성이다. 교과서에서 다음 (가) 그래프와 같은 광합성 색소의 흡수 스펙트럼을 쉽게 볼 수 있다.

흡수 스펙트럼이란 빛의 파장 또는 색깔에 따라 색소에 의해 흡수되는 빛의 백분율을 나타낸 그래프이다. 이 그래프에 나타난 것과 같이 엽록소는 청색–보라색과 주황색–적색 파장의 광선을 많이 흡수하지만, 녹색 파장 부근에서는 매우 적게 흡수하거나 흡수하지 않는다. 식물은 흡수한 빛을 이용하여 광합성을 하고, 나머지 빛은 반사시킨다.(녹색 빛에 대해서는 흡수율이 낮은 만큼 반사율이

높으며, 이로 인해 식물의 잎이 녹색으로 보이는
것이다.) 즉 주로 청색과 적색 영역의 광선이 엽
록소를 이용한 광합성에 이용되는 것이다.

작용 스펙트럼은 실제 광합성률을 빛의 파장
에 따라 나타낸 것이다. 많이 흡수된 파장 영역
에서는 광합성률이 높지만 녹색 광선에서는 엽
록소가 이 파장들을 반사하기 때문에 광합성률
이 낮다.

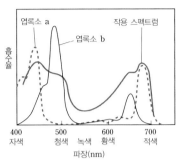

(가) 엽록소 a, b의 흡수 스펙트럼과 작용 스펙트럼

그런데 엽록소 a, b의 흡수 스펙트럼과 실제
잎의 광합성률을 보여 주는 작용 스펙트럼 사이
에 약간의 차이가 있다. 엽록소 a, b는 녹색에
대한 흡수율이 0에 가까운데, 작용 스펙트럼을
보면 녹색 광선에서도 어느 정도 광합성이 이루
어지는 것을 볼 수 있다. 이것은 식물이 엽록소
이외의 다른 색소를 함유하고 있기 때문이다.
이 색소들은 엽록소를 도와서 다른 파장의 빛을
흡수하고 포착하는 작용을 하므로 보조 색소라
고 한다. 보통 나뭇잎에서 볼 수 있는 보조 색소

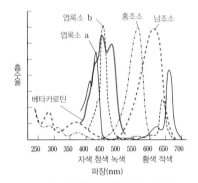

(나) 여러 가지 광합성 색소들의 흡수 스펙트럼

잎에 있는 색소들의 흡수 스펙트럼과 작용 스펙트럼

는 노란색을 띠는 카로티노이드 계열로서, 크산토필, 카로틴 등이 대표적인 카
로티노이드 계열의 보조 색소이다.

파장별로 차이는 있지만 식물들이 대체로 가시광선 영역을 이용하도록 진화
한 것은 태양의 플랑크 곡선과 관련이 있다. 태양은 가시광선 영역에서 가장 많
은 복사 에너지를 방출한다. 따라서 식물도 이 영역의 에너지를 이용하게끔 진
화했을 것이다. 만약 태양보다 온도가 높거나 낮은 항성 주변에서 식물이 진화
한다면, 이용하는 파장 영역이 달라질 것이다. 따라서 외계에 식물이 존재한다
면 이 식물이 꼭 녹색이라고 추정할 수 없다. 만약 태양보다 온도가 높아 청색 광
선과 자외선을 많이 방출하는 항성이 있다면, 이 주변에서 진화하는 식물은 청
색 계열을 흡수하고 황색 또는 적색을 반사할 것이므로 우리 눈에 황색–적색으
로 보일 것이다.

단풍

잎에 존재하는 엽록소 이외의 보조 색소들은 그 양이 적기 때문에 평소에는 거의 드러나지 않는다. 그러다가 이들이 본격적으로 모습을 드러내는 경우가 있는데, 이 현상을 우리는 '단풍'이라고 부른다.

가을이 되어 온도가 낮아지면 엽록소가 분해되기 시작한다. 이로 인해 여태까지 거의 드러나지 않던 카로티노이드 계열 보조 색소들의 색깔이 드러난다. 카로티노이드 계열의 보조 색소인 카로틴류와 크산토필류가 대체로 황색을 띠기 때문에 이들의 색깔이 드러나면 잎이 노란색이나 갈색으로 보이게 된다.

단풍나무에서 일어나는 변화는 좀 다른 양상이다. 날씨가 추워지면서 잎에서 광합성으로 만들어진 포도당 등이 줄기로 이동하지 못하고 대신 잎 속의 효소 작용으로 인해 붉은색을 띠는 안토시아닌류의 색소로 변화한다. 엽록소가 분해된 가운데 안토시아닌이 만들어지면 잎 속에 원래 존재하던 카로티노이드 계열의 색소들에 더해져 주황색이 되고, 온도가 낮아질수록 안토시아닌류의 색소가 더 많아져 붉은색이 진해지는 것이다.

 해조류의 수심별 분포

조류는 녹조류, 갈조류, 홍조류 등으로 나뉜다. 그런데 수심이 얕은 곳에는 대체로 녹조류가, 중간 수심에는 갈조류가, 깊은 곳에는 홍조류가 주로 분포한다. 이처럼 서식하는 수심에 따라 이들의 색이 다르게 나타나는 이유는 광선의 수심별 투과 정도가 다르기 때문이다.

가시광선 중에서 파장이 긴 광선일수록 물에 대한 흡수율이 높다.(보라색은 예외이며 푸른색~붉은색 사이에서 이러한 경향이 나타난다.) 따라서 햇빛이 바닷속으로 들어갈 때, 파장이 긴 붉은색 광선은 얕은 곳에서만 나타난다. 반면 파장이 짧은 푸른색 광선은 물에서의 흡수율이 낮아 비교적 깊은 곳까지 투과해 들어간다. 홍조류는 푸른색 광선을 흡수하는 색소(남조소 피코시아닌과 홍조소 피코에리트린)를 많이 갖고 있으므로, 푸른색 빛만이 도달하는 깊은 곳에서 서식할 수 있다.

반면 수심이 얕은 곳에서는 여러 색깔의 빛이 비교적 고르게 도달할 것이므로, 얕은 곳에 서식하는 조류(녹조류)는 지상의 식물과 유사하게 주로 초록색의 엽록소 a, b를 가지고 있으며 약간의 카로티노이드 계열 색소를 가지고 있다. 갈조류는 적색과 청색의 사이에 있는 황색~녹색 광선을 주로 흡수하는 갈조소(푸코크산틴)를 많이 가지고 있다고 알려져 있으며, 서식하는 수심도 녹조류와 홍조류의 중간 영역이다.

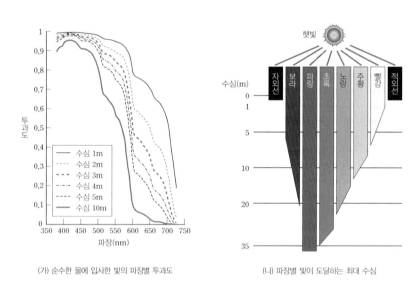

(가) 순수한 물에 입사한 빛의 파장별 투과도   (나) 파장별 빛이 도달하는 최대 수심

물에 입사한 빛의 파장별 투과도
보라색을 제외한 푸른색~붉은색 사이의 빛은 물속을 통과할 때 파장이 길수록 잘 흡수된다.(즉 투과도가 낮고 흡수도가 높다.) 따라서 파장이 짧은 푸른색 빛이 가장 깊은 곳까지 도달한다.

실전 문제

1 다음 제시문을 읽고 주어진 문제에 대해 논술하시오.

〈2008 국민대 모의 논술〉

> (가) 열은 온도의 차이에 의하여 높은 곳에서 낮은 곳으로 이동한다. 불꽃에 상온의 숟가락을 넣으면 숟가락의 온도가 올라간다.
>
> (나) 숟가락을 불꽃으로부터 일정 거리를 떼어 놓아도 열은 숟가락으로 전달된다.
>
> (다) 마이크로파는 파장이 1m보다는 짧고 1mm보다는 긴 전자기파를 말한다. 전자레인지는 마이크로파를 이용하여 식품을 가열하는 기구이다.

(1) (가)와 (나)에서 열에 의하여 숟가락의 온도가 올라가는 이유를 각각 물리적으로 비교하여 설명하시오.

(2) (나)와 (다)에서 온도가 올라가는 현상의 물리적 차이점을 논술하시오.

 논술 길잡이

> 열의 세 가지 이동 방식(전도·대류·복사)을 원리적으로 이해하고 있어야 한다. 전도는 입자의 직접적인 접촉을 통해 진동 에너지(열에너지)가 전달되는 것이고, 대류는 운동 에너지(열에너지)가 큰 입자의 직접 이동을 통해 열이 전달되는 것이고, 복사는 전자기파의 방출 및 흡수를 통해 에너지가 전달되는 현상이다. 파트 3의 5장 「엔트로피」 및 파트 4의 4장 「동적 평형」과 밀접한 연관을 가지고 있는 문제이다.

예시 답안

(1) (가)는 전도에 의한 열의 전달에 관한 설명이다. 진동이 심한 입자의 진

동 에너지(운동 에너지)가 진동이 덜한 입자로 전해지는데, 이 같은 과정을 통해 에너지가 큰(온도가 높은) 입자의 에너지가 작아지는(온도가 낮아지는) 한편, 에너지가 작은(온도가 낮은) 입자의 에너지는 커지는(온도가 높아지는) 현상이 나타난다. 이것은 전형적인 전도 현상의 결과이다. (가)에서 고온의 입자는 불꽃 및 그 주변의 기체 분자들이며, 저온의 입자는 숟가락을 구성하는 금속 원자들이다. 열의 전달은 이렇듯 항상 고온에서 저온을 향해서만 흐르며, 이윽고 양쪽 물체의 온도가 동일해지면 더 이상 열 이동이 일어나지 않게 되는데 이 상태를 '열평형' 상태라고 한다.

(나)에서는 불꽃에서 발생한 복사 에너지(각종 전자기파)가 숟가락을 구성하는 금속 원자들에 흡수됨으로써 숟가락의 온도가 높아진다. 입자 간의 직접적인 접촉이 이루어지지 않는다는 점에서 (가)의 전도와는 다르다. 이러한 열 전달 방식을 복사라고 하는데, 고온의 물체에서 방출된 전자기파가 저온의 물체에 흡수됨으로써 열이 전달되는 것이다. 이 경우에도 고온의 물체와 저온의 물체 사이에 온도 차이가 없어지면 서로 주고받는 복사 에너지량이 일치하게 되어 일종의 열평형 상태에 도달하게 된다.

(2) (나)와 (다)는 모두 전자기파를 통해 열이 전달된다는 공통점을 가진다. 그러나 일반적인 복사열 전달 과정을 보여 주는 (나)에서는 열원에서 방출되고 숟가락에서 흡수되는 복사 에너지가 넓은 파장 영역에 걸쳐 있는 데 반해, (다)에서는 특정한 진동수(및 파장)의 전자기파를 발생시켜 특정한 분자(물 분자)만을 선별적으로 진동시켜 열을 전달한다는 점에서 다르다. (다)에서 물 분자만이 선별적으로 진동하는 것은 일종의 공명(공진) 현상으로서 이해할 수 있다.

2 복사 에너지 흐름에 대한 간단한 모델을 이용하여 '온실 효과'를 이해해 볼 수 있다. 아래 제시문을 읽고 거기에 제시된 내용과 자료를 근거로 하여, 다음 문항들에 대하여 답하라.

〈2001 서울대 수시 지필고사〉

산업화에 따른 화석 연료 사용의 증가로 발생한 이산화탄소로 인하여 지구 표면의 평균 온도가 증가할 것이라는 과학자들의 예측은 전 세계적으로 큰 반향을 불러왔다. 지구 온난화는 해안 도시의 수몰, 기상 이변·재해, 환경 변화 등을 초래할 것으로 예상되며, 최근 몇 년 동안 엘니뇨 등의 기상 이변을 일으킨 주요 원인일 것이라는 주장도 있었다. 그런데 실제로 지난 100년 동안 지구의 온도 상승은 0.3~0.6℃ 정도에 불과하기 때문에, 이 정도의 온도 상승이 화석 연료의 사용에 기인한 것이라는 증거는 확실하지 않다.

기후 예측은 그 자체가 너무 복잡하기 때문에, 지구 온난화의 원인이나 결과를 정확히 밝혀내는 일은 매우 어려운 일이다. 하지만 대기 중의 이산화탄소가 지구의 온도 상승에 기여하는 기본적인 메커니즘은 지구 온도를 결정하는 기본적인 요소들과 그 관계를 기술하는 간단한 모델을 통해서 이해할 수도 있다.

지구의 에너지원은 태양이다. 지구가 받는 태양 복사 에너지의 양을 일사량이라고 한다. 지구 대기권 밖에서 태양 광선의 수직 일사량 S는 약 $2cal/cm^2 \cdot min$이다. 지구가 매일 많은 양의 태양 복사 에너지를 받고 있으면서도 계속 더워지지 않는 이유는 지구 자체도 복사 에너지를 방출하고 있기 때문이다. 지구에서의 에너지 평형 관계를 살펴보기 위해 그림 1과 같이 간단한 모델을 생각하자. 여기서 대기권이 일정한 온도를 유지하면서 지표면과 우주로 복사 에너지를 방출하고, 태양 복사 에너지 중 일부는

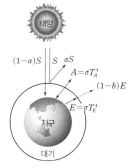

〈그림 1〉 지구의 복사 에너지의 흐름을 나타낸 간단한 모델

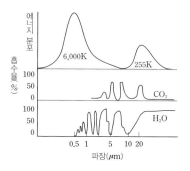

〈그림 2〉 태양과 지구의 복사 에너지의 파장별 에너지 분포, 이산화탄소와 물 분자의 빛 흡수율

대기권 상층에서 반사되어 다시 우주 공간으로 되돌아간다고 가정한다.

슈테판–볼츠만의 법칙에 따르면 흑체가 방출하는 복사 에너지량은 흑체의 절대 온도 T의 네제곱에 비례하여, $T=\sigma T^4$으로 표시할 수 있다. 대기권 밖에서 관측한 태양 복사 에너지의 파장별 분포는 6,000K인 흑체 복사의 분포와 거의 일치한다. 따라서, 태양의 표면 온도는 약 6,000K임을 알 수 있으며, 태양 복사 에너지는 약 0.5μm의 파장에서 최대 에너지를 갖는다.(그림 2 참조) 한편 태양 복사 에너지를 받아 따뜻해진 대기나 지표면도 복사 에너지를 방출하고 있는데, 지구 표면의 평균 온도는 약 288K(15℃)로서 최대 에너지를 방출하는 파장은 약 10μm이다.

태양과 지구의 복사 에너지는 파장별 분포에 있어서 크게 다르기 때문에 그림 2에서와 같이 대기권의 에너지 흡수율에서 큰 차이가 있다. 다시 말해서 대기권은 태양 빛을 잘 통과시키지만, 지구의 복사 에너지는 이산화탄소와 물 분자에 많이 흡수된다. 따라서, 지표면에서 복사되는 에너지의 일부는 대기권에 흡수되어서 결국 우주로 방출되는 에너지량은 $(1-b)E$에 불과하게 된다. 이와 같이 지구 복사 에너지의 흡수가 큰 기체를 '온실 가스'라 한다.(그림 1에서 온실 가스에 의한 에너지 흡수율을 b로 표시하였다.)

대기권 상층과 지표면에서 흡수한 에너지량과 방출한 에너지량이 같다는 조건에서 다음과 같은 관계를 얻을 수 있다.(그림 1에서 대기권의 온도를 T_A, 지표면의 온도를 T_E로 할 때, 대기권과 지표면의 복사 에너지량은 각각 $A=\sigma T_A^4$, $E=\sigma T_E^4$으로 쓸 수 있다.)

- 대기권 상층 경계면 : $(1-b)E+A=(1-\alpha)\dfrac{S}{4}$
- 지표면 : $E=A+(1-\alpha)\dfrac{S}{4}$

여기서 지표면에서 방출된 에너지가 대기권에서 전혀 흡수되지 않고(즉, $b=0$) 모두 우주로 다시 방출된다고 가정하고 이미 측정되어 있는 대기권의 반사율 값 $\alpha=0.3$을 적용한다면, 지표면의 평형 온도 T_E는 약 255K(-18℃)로 구해진다. 그런데 이 값은 실제 관측되고 있는 지표면의 평균 온도 288K 보다 매우 낮다. 왜냐하면 지표면에서 복사된 에너지가 직접 우주 공간으로 모두 다 방출되는 것이 아니기 때문이다.

[참고 사항]
— 물 분자는 이산화탄소와 마찬가지로 지구 복사 에너지를 흡수할 수 있음에도 불구하고, 제시된 모델에서는 물 분자에 의한 온실 효과가 제대로 고찰되지 않았

다. 물은 이산화탄소와는 다르게 대기 중에서 응결하여 구름의 형태로 존재할 수 있기 때문에 다른 온실 가스와는 다른 작용을 할 것임을 예상할 수 있다.

— 지구 온난화의 정반대 현상으로 빙하기와 같은 '지구 냉각화'가 있다. 거대한 운석의 충돌, 대규모 화산 폭발, 혹은 핵전쟁 등으로 대기권 상층에 화산재나 분진이 많아지는 경우에 '핵겨울'이라고 부르는 냉각기가 올 것이라고 예측된 바도 있다.

(1) 제시문의 모델을 분석하여 지구의 온실 효과의 핵심 원리를 정리하라.

(2) 제시문의 모델은 아주 단순하게 만들어진 것이기 때문에, 실제 상황을 정확히 기술하는 데 많은 문제가 있다. 제시문 안에 주어진 참고 사항을 고려하여 대기 중의 물 분자 혹은 대기권 상층의 화산재에 대하여 제시문의 모델을 적용하거나 개선할 방안을 제시해 보라.

(3) 위의 문항 (1)과 (2)를 구체적인 주변 상황(예: 여름철 자동차 속이 뜨겁게 데워지는 현상)에 적용하여 설명하라.

 논술 길잡이

사실상 100% 적외선으로 구성된 지표 복사를 선택적으로 흡수하는 기체가 곧 온실 기체이다. 온실 기체는 지표 복사를 흡수하고 자신도 적외선 성분의 복사 에너지를 방출하는데, 일부는 우주 공간으로 날아가지만 일부는 지표를 향해 되돌아온다. 이처럼 대기가 지표를 향해 방출하여 지표로 되돌아오는 에너지가 곧 온실 효과의 원인이다. 온실 기체 농도가 높아져 대기의 적외선 흡수율이 높아지면 대기가 지표를 향해 재방출하는 에너지량도 증가하며, 이로 인해 지표는 이전에 비해 더욱 높은 온도에서 새로운 평형 온도를 기록하게 된다. 이것이 바로 지구 온난화에 대한 원리적 이해이다.

예시 답안

(1) 지구를 포함한 행성들의 온실 효과에서 핵심은, 온실 기체가 마치 온실의

유리처럼 태양 복사 에너지의 상당 부분을 차지하는 가시광선은 통과시키지만 지구 복사 에너지를 이루는 적외선은 상당량 흡수한다는 점이다. 즉 가시광선과 적외선에 대한 투과율이 크게 다른 것이다. 대기는 지표에서 방출되던 적외선을 흡수하는 한편 위쪽(우주 쪽)과 아래쪽(지표 쪽)을 향해 적외선을 방출하기도 하는데, 특히 지표 쪽으로 방출된 적외선으로 인해 지표가 가열된다. 결국 온실 기체가 없을 때에 비해 온실 기체가 있는 경우에 지표의 평형 온도는 더 높게 형성되며, 온실 기체의 농도가 높아져 지구 복사(적외선)에 대한 흡수율이 높아질수록 지표의 평형 온도는 더욱 높아진다.

(2) 화산재는 대기의 태양 복사에 대한 반사율을 높임으로써 지구를 냉각시키는 효과를 가져온다. 또한 대기 중의 수증기는 온실 기체로서 지구를 온난화하는 효과가 있음과 동시에 구름을 만들어 반사율을 높임으로써 지구를 냉각시키는 효과도 가지고 있는데, 이렇듯 대기 중의 수증기가 기후 온난화에 대하여 음성 피드백 효과와 양성 피드백 효과를 동시에 수행할 수 있다. 제시문에 제시된 모델에서는 흡수 및 투과만이 고려될 뿐 반사가 고려되지 않았다.(즉 반사는 없다고 전제되었다.) 화산재나 수증기(그리고 구름)의 효과를 제대로 반영하려면, 대기 및 지표에서의 반사율을 도입하고 특히 가시광선에 대한 대기의 반사율이 화산재나 구름 등에 의해 얼마나 달라질지를 반영해야 할 것이다.

(3) 여름철에 차량 내부가 뜨겁게 데워지는 원리는 온실 효과를 통해 설명될 수 있다. 차량은 유리와 금속판으로 된 뚜껑을 가지고 있는데, 이 중에서 특히 유리는 태양 복사에 포함된 가시광선을 거의 다 투과시킨다. 반면 차 내부에서 방출되는 적외선은 유리 및 금속판에 의해 상당량 흡수되는데, 유리 및 금속판은 에너지를 적외선 복사의 형태로 다시 방출한다. 특히 유리 및 금속판으로부터 차량 내부를 향해 재복사된 적외선 때문에 차량 내부는 원래 상태에 비해 가열되며, 이로 인해 이전보다 높은 평형 온도를 가리키게 된다. 온실이나 비닐하우스 또한 이와 같은 원리로 설명할 수 있다.

2장
공명과 고유 진동수

🧪 공명 현상

흔들리는 그네의 진폭을 점점 커지게 하려면 외부에서 어떤 방식으로 힘을 가해야 할까? 만약 그네의 진동수가 1Hz라면(즉 1초에 한 번 진동하는 경우), 외부에서 1초에 한 번씩 힘을 가해 주어야 할 것이다. 즉 그네의 진동수가 f라면, 외부에서 가하는 힘 또한 f의 진동수로 가해 주어야 하는 것이다.

어떤 계(system)에 고유한 진동수 값을 고유 진동수라고 한다. 그리고 이 진동수 값과 같거나 그것의 $\frac{1}{n}$배의 진동수로 외부 에너지가 전달될 경우, 계의 진폭이 커지게 되고 결국 붕괴하거나 외부로 에너지를 방출하는 반응이 일어난다. 이러한 현상을 공명이라고 하며, 기계적 진동의 경우에는 공진(共振)이라고도 한다.

고유 진동수에 의한 공명 현상을 볼 수 있는 가장 간단한 장치 중의 하나가 바로 위에서 언급한 그네이다. 그네를 일종의 단진자로 볼 수 있는데, 단진자의 진폭이 작을 경우, 단진자 주기 $T=2\pi\sqrt{\dfrac{l}{g}}$라는 근사 식으로 나타난다. 이를 진동수에 대해 정리하면 $f=\dfrac{1}{2\pi}\sqrt{\dfrac{g}{l}}$이므로, 단진자의 고유 진동수 f와 실의 길이(l) 사이에 제곱근 반비례 관계가 성립한다는 것을 알 수 있다. 즉 길이가 짧을수록 진동수가 크고, 길이가 길수록 진동수가 작다.(진폭은 진동수에 영향을 미치지 않는다.)

물리 I 교과 과정을 통해, 고유 진동수와 밀접한 연관을 가진 장치를 이해할 수 있다. 그것은 바로 악기(현악기와 관악기)이다. 일단 현이나 개관(開管)의 정상파 파장 공식 $\lambda_n=\dfrac{2L}{n}$을 생각해 보자. 여기서 $n=1, 2, 3 \cdots$인 정수이다. $n=1$

일 때를 '기본 진동'이라고 하고, $n=2, 3$ …일 때를 각각 2배 진동, 3배 진동, n배 진동이라고 하는데, 실제 악기에서는 기본 진동과 2배, 3배, n배 진동이 동시에 나타나지만 기본 진동이 지배적인 작용을 한다. 일례로 일례로 기타 줄을 튕겨 보면 기본 진동이 지배적으로 나타나는 것을 눈으로 확인할 수 있다.(엄밀하게는 2배, 3배, n배 진동이 동시에 나타나지만 기본 진동 이외에는 거의 확인하기 힘들다.)

$n=1$인 경우, 즉 기본 진동을 기준으로 삼아 고유 진동수를 계산할 수 있다. 위 식을 $2L$에 대하여 정리하면 $2L=\lambda=\dfrac{v}{f}$ 라는 식을 얻을 수 있다. 즉 현이나 관에서 발생하는 소리의 진동수는 $f=\dfrac{v}{2L}$ 인 것이다. 여기서 v는 소리의 속도가 아니라 현에서 전달되는 파동의 속도로서, 현이나 관에 고유한 값이다. 현을 기준으로 하여 이를 식으로 나타내면 $v=\sqrt{\dfrac{T}{\mu}}$ 가 된다.(T는 장력, μ는 현의 선밀도) 결국 현의 고유 진동수 $f=\dfrac{1}{2L}\sqrt{\dfrac{T}{\mu}}$ 인데, 현을 교체하지 않는 한 T나 μ는 일정하므로, 결국 현의 길이(L)와 정상파의 진동수(f) 사이에 반비례 관계가 성립한다는 것을 알 수 있다.(관의 경우에도 유사한 관계가 성립한다.)

이러한 관계식을 통해서 길이가 짧은 현과 관은 진동수가 큰 소리(높은 음)를 내고, 길이가 긴 현과 관은 진동수가 작은 소리(낮은 음)를 낸다는 사실을 정리할 수 있다. 현악기나 관악기의 길이와 음의 높이 사이에 일정한 관계가 성립하는 것은 이 때문이다. 실상 타악기의 경우도 그 경향은 마찬가지여서, 낮은 음을 내는 북은 크고 높은 음을 내는 북이나 스피커는 작다.

 옥타브

악기를 연주할 때, 진동하는 현이나 관의 길이를 짧게 조작하거나 길게 조작함으로써 다양한 음을 만들어 낸다. 한 옥타브 차이는 진동수 2배 차이이므로, $f=\dfrac{v}{2L}$ 에서 현이나 관의 길이를 절반으로 하면 이론적으로 한 옥타브 위의 소리를 얻을 수 있다. 특히 관악기의 취구를 좀 더 세게 불거나 기타와 같은 현악기를 아주 세게 튕겨 보면 2배 진동을 얻을 수 있는데, 이때 역시 진동수가

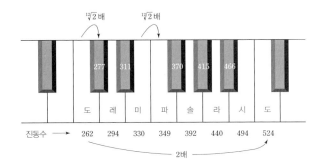

음과 진동수

한 옥타브 차이 나는 두 음의 진동수는 2배 차이 나며, 인접한 두 음의 진동수는 $\sqrt[12]{2}$≒1.06배 차이 난다.

2배 커짐에 따라 한 옥타브 높은 음을 얻게 된다.

한 옥타브 높은 음은 진동수가 2배이고, 한 옥타브 낮은 음은 진동수가 $\frac{1}{2}$배이다. 예를 들어 가운데 '도' 음의 진동수는 262Hz이고, 한 옥타브 위의 '도' 음은 524Hz이다. 이렇듯 진동수가 2배 또는 $\frac{1}{2}$배 차이 나면 두 음 사이에 일종의 보강 간섭 현상이 일어나고, 우리는 두 음이 잘 어울린다고 느끼게 된다. 한 옥타브 사이에는 12개의 음이 있으며(예를 들어 기본음 도에서 한 옥타브 위의 도까지는 검은 건반까지 합쳐 12개의 음이 있다.), 인접한 음 사이의 진동수 비율은 모두 일정하다. 따라서 인접한 음 사이의 진동수가 x배라고 하면 12음을 지났을 때 진동수가 2배가 되므로 $x^{12}=2$라는 식을 만들 수 있다. 계산해 보면 x, 즉 $\sqrt[12]{2}$≒1.06이므로, 인접한 두 음의 진동수는 약 1.06배 차이 난다는 것을 알 수 있다.

이 같은 등간격 음계 조율표를 집대성하여 정리한 사람은 바흐이다. 그러나 기본적인 음계나 화음 간의 수학적 관계를 처음으로 탐구한 사람들은 고대 그리스의 피타고라스 학파이다. 이들은 현을 연주할 때 줄의 길이 사이에 정수 비가 성립하면 듣기 좋은 소리, 즉 화음이 생긴다는 것을 처음으로 알아냈다. 예를 들어 도, 미, 솔의 진동수 비는 4 : 5 : 6이다.

여러 가지 물체의 고유 진동수

단진자나 악기의 사례들을 통해, 어떤 물체이든 고유한 진동수를 가지고 있으며, 고유 진동수 값은 물체의 '길이'와 상관 있음을 알 수 있다. 예를 들어 1985년 멕시코시티에서 대지진이 일어났을 때 20층 높이의 건물이 주로 붕괴되었는데, 이것은 이 길이(높이)의 물체가 가지는 0.5Hz가량의 고유 진동수가 당시 멕시코시티를 강타한 지진의 진동수와 일치했기 때문이었다. 1995년 일본 고베 대지진 때에는 4~5층 건물이 집중적으로 붕괴되었는데, 이때는 지진의 진동수가 상대적으로 커서 높이가 비교적 낮은(즉 길이가 짧은) 건물의 고유 진동수와 일치했기 때문이었다.

고유 진동수와 일치하는 진동이 가해졌을 때 어떠한 결과가 초래되는가를 잘 보여 주는 유명한 사례가 1940년 미국 워싱턴 주의 타코마 협곡 다리 붕괴 사건이다. 이 다리는 당시 충분히 검증되지 않은 새로운 공법을 활용하여 만들어졌는데, 강풍이 불어닥치자 현수교인 다리가 출렁거리기 시작했다. 다리의 고유 진동수는 0.6Hz(36회/분) 정도였는데, 이날 불어닥친 바람의 효과가 다리의 고유 진동수와 공명을 일으킨 것이었다. 결국 다리를 지탱하는 케이블이 끊어지면서 다리 상판이 무너지고 말았다.

공명 현상은 역학적인 진동에 의해서만 나타나는 것이 아니다. 전자기파 또한 공명 현상을 일으킬 수 있다. 대표적인 예가 바로 부엌에서 볼 수 있는 전자레인

타코마 협곡 다리 붕괴 사건(1940년)
바람의 효과가 다리의 고유 진동수와 같아져 공명 현상을 일으켰고, 결국 다리가 무너져 내렸다.

지(microwave oven)이다. 전자레인지에는 마그네트론이라는 특수한 장치가 내장되어 있어, 강력한 마이크로파를 방출한다. 마이크로파의 파장은 적외선과 전파의 사이 정도에 해당되는 전자기파인데, 전자레인지가 발생시키는 마이크로파는 파장 약 12cm(진동수 2,450MHz)에 해당한다. 이 전자기파가 물 분자에 공명 현상을 일으켜, 물 분자의 운동 에너지가 점차 커지도록 만드는 것이다. 그래서 전자레인지는 음식의 표면부터 익히는 것이 아니라 음식 전체에 분포한 물 분자들의 온도를 동시에 높임으로써 골고루 익힌다.

물 분자가 일으키는 공명 현상의 정체는 물분자가 극성 분자라는 것과 연관되어 있다. 전자기파는 입사된 공간에 전기장을 만들어 낸다. 물분자는 극성을 띠고 있으므로 전기장의 방향에 따라 배열되는데, 전자기파의 진동수에 따라 전기장의 방향이 빠르게 뒤바뀌므로(즉 전자레인지에서 사용되는 진동수 2,450MHz의 마이크로파는 1초에 전기장 방향을 2,450,000,000번 뒤바꾸는 것이다.) 물 분자도 그에 따라 배열 방향이 빠른 속도로 뒤바뀐다. 이 과정에서 물 분자는 주변의 물 분자와 충돌하게 되고, 이로 인해 열이 발생한다. 실제 전자레인지에서는 정상파 현상을 활용하는 등 기술적으로 여러 가지 요소를 고려해야 하는데, 여러 가지 실험을 통해 진동수 2,450MHz의 마이크로파가 가장 효과적임이 밝혀졌다.

전기장의 방향이 바뀜으로써 일어나는 물 분자의 회전 운동 자체로 인해 열이 발생한다는 이론도 있는데, 최근에는 그보다는 회전 과정에서 물 분자 간의 충돌에 의해 열이 발생한다고 본다. 어쨌든 특정한 진동수의 파동으로 인해 대상의 운동 에너지가 높아지므로, 이 현상을 일종의 공명 현상으로 이해할 수 있다.

 흡수, 반사, 투과, 산란

고유 진동수는 LC 회로의 진동수 값 $f = \dfrac{1}{2\pi\sqrt{LC}}$ 등의 형태로 전자기 이론과도 연관되며, 이를 양자 이론과 연관시키면 빛의 흡수, 반사, 투과, 산란 등의 광학적 현상도 이해할 수 있다. 정밀한 이해는 대학 수준의 학습을 필요로 하지만, 개략적으로 다음과 같이 정리할 수 있다. 즉 물질의 종류와 상태에 따른 고유 진동수 값들이 존재하고, 이것과 일치하는 진동수의 전자기파를 선별적으로 흡수하거나 반사시킨다는 것이다.

산란도 이러한 맥락에서 이해할 수 있는 현상이다. 어떤 입자에 다양한 진동수의 전자기파가 입사되는 경우, 그중 입자의 고유 진동수와 일치하는 전자기파가 공명 현상을 일으켜 전자를 진동시킨다.(즉 전자의 에너지 수준이 높아진다.) 전자는 진동을 시작하자마자 바로 빛을 방출하며 에너지 수준이 낮아지는데, 이때 방출되는 빛이 산란광이다. 얼핏 보기에 반사와 비슷하지만 엄밀한 원리는 서로 다르고, 반사광이 입사각과 동일한 각도(반사각)로만 방출되는 반면에 산란광은 사방으로 고르게 퍼져 나간다는 차이점이 있다.

산란과 관련된 고유 진동수는 입자의 크기와 연관되어 있다고 알려져 있다. 입자가 작을수록 큰 진동수의 빛을 산란시키고, 입자가 클수록 작은 진동수의 빛을 산란시킨다는 것이다. 산소나 질소 분자 등 대기를 이루는 주요 분자들의 고유 진동수는 자외선 영역에 있다. 영국의 물리학자 이름을 따서 '레일리 산란'이라고도 부르는 이 현상은, 가시광선 가운데 자외선에 가까운 보라색 빛에서 가장 심하게 나타난다. 그렇다면 하늘은 보라색으로 보여야 할 것처럼 보인다. 하지만 앞에서 이미 언급했듯이 우리 눈의 보라색에 대한 감도가 푸른색에 대한 감도보다 훨씬 낮기 때문에, 결국 하늘은 푸른색으로 보이는 것이다.

입자의 크기가 커지면 가시광선의 영역에서 산란이 일어나는데, 이를 독일의 물리학자 이름을 따서 '미에 산란'이라고 부른다. 미에 산란을 일으키는 대표적인 입자들은 미세 먼지, 황사, 연기, 물방울(구름이나 안개를 이룬다.), 스모그 입자 등 흔히 에어로졸이라고 통칭하는 입자들이다. 그런데 이 입자들은 대체로 크기가 고르지 않아서 상당히 넓은 진동수 영역의 빛에 대하여 산란을 일으킨다. 그 결과로, 가시광선 영역 전반에

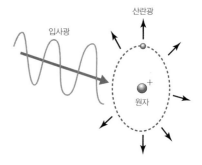

빛의 산란
입자의 크기가 작을수록 고유 진동수가 크다. 질소나 산소 분자처럼 작은 입자는 진동수가 큰 자외선을 산란시킨다. 먼지나 미세한 물방울 등은 입자의 크기가 크므로 고유 진동수가 작아서, 진동수가 작은 가시광선 영역의 빛을 산란시킨다.

걸쳐 비교적 고르게 산란이 이루어지면, 여러 색깔의 빛이 합쳐지면 흰색으로 보이는 원리에 따라 이 입자들이 모여 있으면 흰색으로 보이게 된다. 구름이나 안개(다양한 크기의 물방울을 가지고 있다.), 스모그 등이 희거나 희뿌옇게 보이는 이유가 바로 여기에 있다. 파트 4의 4장 「삼투와 콜로이드」에서 다룬 콜로이드 용질의 틴들 현상도 바로 가시광선 영역에서 나타나는 산란 현상에서 비롯된 것이다.(에어로졸을 콜로이드의 부분 집합으로 보기도 한다.)

이처럼 산란 이론은 낮에 하늘이 밝은 파란색으로 보이는 이유와 구름이 희게 보이는 이유를 설명해 준다. 달과 같이 대기가 없는 곳에 가서 하늘을 바라보면, 해가 떠 있는 대낮이라 하더라도 우주 공간이 새까맣게 보인다. 그러나 지구처럼 대기를 가지고 있는 경우에는 파란빛이 많이 산란되어 우리 눈에 많이 들어오게 된다. 반면 저녁노을이 붉은색으로 보이는 것은 긴 공기층을 통과하면서 푸른색 계통은 모두 산란되어 흩어지고 붉은색 빛만 우리 눈으로 들어오기 때문이다. 붉은색 빛은 공기층을 지나면서 덜 산란되어 비교적 멀리까지 전달되므로, 경고의 의미를 멀리 전달하려면 붉은색 램프가 제격이다.

1 포유류 중 인간의 가청 주파수는 약 20Hz부터 20,000Hz라고 한다. 그런데 코끼리는 인간보다 더 낮은 주파수의 소리를 들을 수 있고, 쥐는 인간보다 더 높은 주파수의 소리를 들을 수 있다고 알려져 있다. 포유류의 귀의 구조가 서로 비슷하고 단지 크기만 다르다고 가정했을 때, 코끼리가 인간보다 낮은 주파수의 소리를, 쥐는 인간보다 높은 주파수의 소리를 들을 수 있는 이유를 설명하시오.

〈2008 서울대 논술 2차 예시 문제〉

(가) 인간은 외이, 중이, 내이로 구분되는 귀를 통해 소리를 듣는다. 외이를 통과한 소리(음파)가 고막을 진동시키면, 이 진동은 청소골(또는 이소골)에 의해 증폭되어 내이에 속하는 달팽이관(또는 와우관)으로 전달된다. 달팽이관은 림프액이라는 액체로 가득 차 있기 때문에 전달된 진동은 액체의 파동으로 바뀌어 기저막을 진동시킨다. 기저막의 진동은 그림과 같이 청각 수용기인 여러 길이의 유모 세포(hair cell, 털세포)들에 의하여 감지되고 여기에 연결되어 있는 청신경에 의하여 뇌에

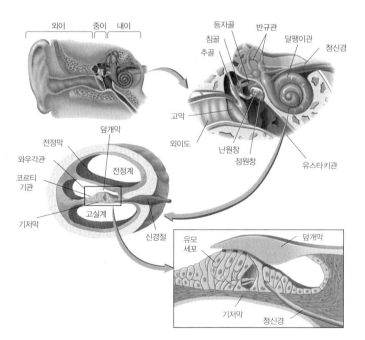

전달된다. 이때 소리의 높낮이(주파수)에 따라 반응하는 유모 세포가 서로 다르다.

(나)　소리의 중요한 물리적 양은 주파수(진동수)와 세기이다. 사람은 주파수와 세기의 차이로 소리를 구별해 낼 수 있다. 주파수의 차이는 어떤 종류의 유모 세포로부터 진동이 감지되는지를 통해서 알아낼 수 있으며, 이러한 주파수의 차이를 소리의 높낮이로 인지한다. 세기는 유모 세포에 의해 감지되는 신호의 크기로 알아낼 수 있으며, 소리의 세기는 진폭으로 구분한다.

논술 길잡이

문제 조건 가운데 "포유류의 귀의 구조가 서로 비슷하고 단지 크기만 다르다고 가정"한 것이 핵심적인 힌트이다. 코끼리와 인간과 쥐의 귀의 구조가 서로 닮은꼴이고 크기만 서로 다르다면, 소리와 공명 현상을 일으키는 기저막의 폭(길이)의 범위가 서로 다를 것이고, 이로 인해 가청 진동수 범위가 서로 다를 것이다. 현이나 관의 길이가 짧을수록 고유 진동수가 크다는 점을 미리 이해하고 있어야 한다. 쥐는 사람보다 기저막이 작을 것이므로 더 큰 진동수(높은 음)를 감지할 수 있을 것이고, 반대로 코끼리는 사람보다 기저막이 클 것이므로 더 작은 진동수(낮은 음)를 감지할 수 있을 것이다.

예시 답안

　청각은 공명 현상에 의해 일어나는 대표적인 현상이다. 달팽이관 내부의 기저막은 입구 쪽일수록 폭이 좁고 딱딱하다. 그래서 진동수가 큰 소리(높은 음)에 공명하여 청신경을 자극하게 된다. 반면에 안쪽일수록 기저막의 폭이 넓고 유연하다. 그만큼 고유 진동수 값이 작다. 그래서 진동수가 작은 소리(낮은 음)에 공명하여 청신경을 자극한다. 이러한 고찰을 통해, 인간의 '가청 진동수' 범위가 왜 제한되어 있는지를 이해할 수 있다. 일정 수준 이상으로 높은 음이나 낮은 음은 인간이 가진 기저막의 고유 진동수 범위를 벗어나기 때문에 결국

들을 수 없는 것이다.

또한 쥐나 박쥐처럼 작은 몸집을 가진 동물은 대체로 더 작은 기저막을 가지고 있으므로 더 높은 음을 들을 수 있고, 코끼리나 고래처럼 큰 몸집을 가진 동물은 대체로 더 긴 유모 세포의 털을 가지고 있으므로 더 낮은 음을 들을 수 있다는 사실을 일관적인 원리로 이해할 수 있다.

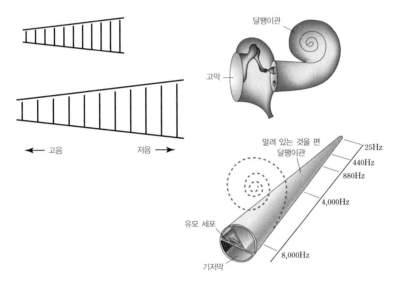

체구가 작은 동물과 큰 동물의 기저막 비교 그림
실제로는 달팽이 모양으로 말려 있는 것을 직선형으로 펴서 그렸으며, 제시문의 언급대로 기본 형태가 서로 닮은꼴이고 크기만 다르다고 가정하였다. 입구 쪽(왼쪽)일수록 기저막의 폭이 좁고 딱딱하여 고유 진동수가 크므로 높은 음을 감지하고, 안쪽(오른쪽)일수록 기저막의 폭이 넓고 유연하여 고유 진동수가 작으므로 낮은 음을 감지한다.

3장
실재론과 도구주의

 실재론과 유명론의 역사적 맥락

실재론은 철학의 역사에서 여태까지 여러 번 중요한 논쟁적 주제로 등장하였고, 등장할 때마다 그 내용과 맥락을 크게 달리해 왔다. 서양 중세 철학에서는 보편자가 실제로 존재하느냐를 놓고 실재론과 유명론 사이에 날카로운 대립이 있었다. 보편자가 실제로 존재한다고 보는 입장이 실재론이고, 보편자란 실제로 존재하지 않는 우리 머릿속의 관념에 불과하며 실제로 존재하는 것은 개별자들이라는 입장이 유명론이다.

고대 그리스의 플라톤은 보편자인 이데아 또는 형상이 우리가 경험하고 있는 이 세계가 아니라 '이데아의 세계'에 실재한다고 보았고, 아리스토텔레스는 보편자인 형상이 실제 사물(개별자)에 내재되어 있다고 보았다. 어쨌든 플라톤과 아리스토텔레스는 보편자로서의 형상이 실제로 존재한다고 여겼다는 점에서 전형적인 실재론자라고 할 수 있다.

이에 반대한 14세기의 오컴과 같은 유명론자들은, 보편자는 우리의 관념 속에서만 있는 것일 뿐이며 오로지 개별자들만이 실제로 존재하는 것이라고 주장하였다. 이들 간의 논쟁은 당시 매우 중요한 신학적인 주제와 직결되어 있었으며, 이후 근대 철학에도 큰 영향을 미치게 된다.

19세기에서 20세기로 넘어올 무렵, 실재론을 둘러싼 또 다른 논쟁이 벌어진다. 주의할 점은, 이때 '실재론'의 의미는 위에서 소개한 중세 철학 논쟁에서의 실재론과 완전히 다르다는 것이다.

당시 실재론의 비판자였던 오스트리아의 물리학자이자 과학 철학자 마흐는 실험 물리학자로서 이론에 대해 매우 비판적이었으며, 당시 많은 과학자들이 이미 받아들이고 있던 원자, 분자, 전자, 열역학 법칙 등을 수용하지 않았다. 예를 들어 당시 과학자들이 '전자'라고 부르는 것과 관련된 여러 현상들이 관측된다고 해서 섣불리 우리의 인식과 독립적으로 '전자'라는 실체가 존재한다고 가정해서는 안 된다는 것이다. 그는 색깔, 소리, 시공간, 물질 등이 모두 감각 요소들의 복합체일 뿐, 인식 주체의 외부에 독립적으로 존재하는 실체라는 생각을 부정하였다.

당대의 많은 과학자들은 열역학 제2법칙이나 원자론 등 충분히 잘 확립된 이론은 참(true)으로 간주하여 가르쳐야 한다고 본 반면, 마흐는 이 이론들이 아직 참인지 여부가 불확실한데 이를 가르칠 필요가 없다고 주장하기도 하였다. 마흐의 이러한 일관된 회의주의와 비판 의식은 아인슈타인에게 큰 영감을 주었고, 상대성 이론의 탄생에 기여하였다. 그러나 그는 정작 상대성 이론에 대해서도 회의적이었다.

실재론 대 도구주의

결국 마흐는 과학 이론에서 다루는 개념들이 실제로 존재하는 것이라는 입장(실재론)에 반대하였고, 이러한 의미에서 유명론 또는 도구주의 또는 실용주의를 대표한다고 말할 수 있다. 실제로 이론의 성격과 지위를 놓고 벌어지는 실재론과 도구주의 사이의 대립은 오랜 역사를 가지고 있다.

실재론에 따르면, 이론의 목적은 세계가 실제로 어떠한가를 기술(記述)하는 것이며, 우리의 연구 대상은 인식 주체와 독립적인 존재 방식을 가진다. 이를 탐구하여 참된(진실한, true) 기술을 하는 것이 과학의 목적이다. 반면 도구주의에 따르면, 이론적 내용은 실재를 기술하는 것이 아니며, 이론 및 이론에서 다루고 있는 개념들은 현상을 설명하기 위해 고안된 편리한 도구일 뿐이다. 즉 이론은 그것이 정확한 설명과 예측을 제공해 주는 유용한 도구이기는 하지만, 세계의 참된 실제 모습을 보여 준다고 볼 수는 없다는 것이다. 결국 실재론자에게는 참·거짓 여부(대상과의 일치 여부)가 중요하지만 도구주의자에게는 현상을 설명하고 예측하는 데 얼마나 유용한지가 중요한 것이다.

처음 과학을 배울 때에는 누구나 자연스럽게 실재론자가 되는 것 같다. 과학 이론이 이토록 정확한 예측을 가능하게 해 주고 기술에 응용되어 놀라운 성과를 보여 준 것을 고려하면, 과학 이론이 단순히 편리한 '도구'에 그치는 것이 아니라 세계의 '참된' 모습을 보여 주는 것이라고 믿기 쉽다. 그러나 학습의 깊이가 깊어질수록 상황은 그리 단순하지 않다는 것이 드러난다. 예를 들어 전기장(electric field)이나 자속(magnetic flux), 자기력선(line of magnetic force) 등의 개념을 생각해 보자. 이 개념들은 물리학 가운데 전자기학 분야에서 일상적으로 사용되는 개념이다. 하지만 여기에 동원된 장(場), 속(束), 선(線) 등이 실제로 존재하는 것인가? 여기에 대하여 '그렇다'라고 자신 있게 말할 수 있는 사람은 거의 없을 것이다.

특히 우리에게 매우 친숙한 '힘' 개념을 생각해 보자. 힘은 실제로 존재하는 것인가? 힘은 질량과 가속도의 곱으로 정의된다. 그렇다면 힘은 항상 가속 운동을 통해 결과적으로만 관측되는 것일 뿐, 실제로 존재하는 실체라고 주장하기가 어려워진다.

 ## 주전원은 실재하는가

뒤엠은 19세기 말부터 20세기 초에 마흐와 거의 동시대에 활동했던 프랑스의 물리학자이자 과학 철학자이다. 그는 천문학의 역사를 통해 이러한 문제를 다루었다. 그는 고대 이래로 서양의 천문학에 이어져 내려온 전통을 연구하였다. 프톨레마이오스의 지구 중심설 이론에는 '대심(對心, equant)', '주전원(周轉圓, epicycle)' 같은 기묘해 보이는 요소들이 도입되어 있었다.

'대심'이란 무엇이며 왜 도입되었을까? 서양 사람들은 오랫동안 원은 완전한 도형이며 원운동은 왜 이러한 운동이 지속되는지 설명할 필요 없는 자연스런 운동이라고 생각했다. 그래서 항상 원운동을 통해 천체의 운행을 설명하고자 하였다. 그런데 실제 천체의 궤도는 타원형이기 때문에, 그들의 계산 결과에는 늘 오차가 생길 수밖에 없었다. 그래서 일종의 이심(離心, eccentric) 체계가 도입되었다. 프톨레마이오스에 따르면 행성들의 공전 운동의 중심은 지구가 아니라 지구에서 약간 떨어진 지점이며(아래 그림에서 지구 옆에 있는 + 표시), 이 중심점으로부터 지구와 대칭되는 지점에 있는 것이 대심이다. 그리고 행성들은 원운동의 중심점(+)을 기준으로 등속 운동하는 것이 아니라 대심을 기준으로 등속 운동한다는 것이다. 자연히 지구에서 관측하면 행성들의 운동은 부등속 운동으로 보일 것이다.(실제 행성들은 타원 궤도를 부등속 운동한다.)

또한 천체들이 지구 주위를 공전한다는 단순한 이론으로는 행성의 역행 운동을 설명할 수 없었다. 따라서 엄밀히 지구 주위를 공전하는 것은 행성이 아니라 균륜(均輪, deferent)에 위치한 우주 공간의 한 점이며, 이 점을 중심으로 삼는 작은 원인 주전원 위에 행성이 위치해 있다고 보았다. 즉 행성들은 공간의 한 점(아래 그림의 × 표시)을 중심으로 공전하고, 이 점은 다시 지구 주위를 공전한다고 본 것이다. 이렇게 되면 행성은 사이클로이드와 유사한 운동을 하게 되고, 자연히 역행 운동을 설명할 수 있게 된다. 또한 주전원의 주기를 잘 조절하면 행성들의 실제 궤도(타원)와 비슷한 궤도를 만들 수도 있었다.

그런데 뒤엠에 따르면, 당시 천문학자들은 주전원이 과연 존재하는지에 대해서는 별로 신경을 쓰지 않았다. 아래 그림만 보면 당시 천문학자들은 주전원이 실제로 존재한다고 여겼을 것 같다. 하지만 그들은 주전원을 실제로 존재하는 것이라기보다는 행성 관측 데이터를 끼워 맞추기 위한 계산 도구쯤으로 생각했고, 따라서 관측 데이터와 들어맞지 않을 때에는 이를 뜯어고쳐 새로운 주전원을 만드는 일 정도는 예사로 할 수 있었다는 것이다. 특히 당시 서양 사람들은 지구를 여러 겹의 천구들이 둘러싸

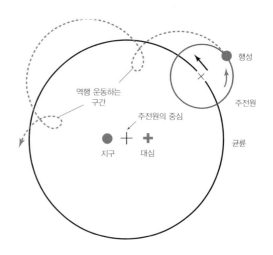

프톨레마이오스 체계(부등속 운동과 타원 궤도)

고 있으며 행성이나 태양, 달, 항성 등의 천체들이 각각의 천구에 고정되어 있다고 생각했는데, 주전원을 도입하면 천구를 물리적 실체로서 인정하기가 어려워지는데도 별다른 고민 없이 천구에 대한 믿음과 주전원 체계를 양립시켰던 것 또한 당시 천문학자들의 도구주의적 성향을 잘 보여 준다는 것이다.

대심이나 주전원과 같은 기묘한 요소들이 프톨레마이오스의 체계에 국한된 것은 아니었다. 태양 중심설을 제창한 코페르니쿠스도 타원 없이 원만으로 천체의 운동을 설명하려 했기 때문에 계속 대심과 주전원을 온존시켰고, 그에게도 대심이나 주전원은 유용한 계산 도구라는 측면이 강했다. 대심과 주전원의 역사에 마침표를 찍은 것은 면밀한 계산 끝에 과감하게 '타원'을 도입한 케플러에 이르러서이다.

요컨대 뒤엠의 주장은, 서양 천문학 이론의 역사는 '현상을 구제하기 위한 도구'의 역사라는 것이다. 이를 일반적으로 확장해 보면 과학자들에게 가장 중요한 과제는 '현상을 설명하는 것'이므로 이론이란 현상을 잘 설명할 수 있는 도구의 역할을 할 수 있으면 그만이고, 과학자들은 이론에 그 이상의 '과도한' 기대를 걸지 않는다는 것이다.

 도구주의의 유혹

도구주의가 특히 득세하게 되는 것은 양자 이론과 더불어서이다. 물리 교과 과정에서 다루는 '빛의 이중성'을 생각해 보자. 빛이 파동인가, 입자인가 하는 것은 미리 결정된 것이 아니다. 파동 현상을 관측하기 위한 장치를 이용하면 빛은 파동 현상으로서 관측되며, 빛을 입자로서 관측하기 위한 장치를 이용하면 빛은 입자로 관측된다. 이를 '상보성의 원리'라고 부른다. 간섭 무늬나 편광 등은 파동설로만 해석되며, 광전 효과나 컴프턴 효과와 같은 현상은 입자설로만 해석된다. 그렇다면 파동설 또는 입자설과 같은 '이론'이 대상에 대한 '참된' 기술이라고 볼 수 있는가? 혹시 이 이론들은 현상을 설명하고 예측하는 데 도움을 주는 유용한 '도구'일 뿐이고, 대상의 실제 참된 모습은 이러한 이론으로 포착되

지 않는 '저 너머'의 세계에만 있는 것이 아닌가?

상보성 원리라는 것이 무척 싱거우면서도 기묘한 타협으로 보일지도 모른다. 하지만 현대 물리학자들이 '이론'에 대하여 보여 주는 이 같은 태도를 과거의 천문학자들의 예에 비추어 본다면, 이것은 그리 놀라운 일이 아닐 수도 있다. 천문학자들이 이론을 '현상을 설명하기 위한 도구'로 간주했듯이, 현대 물리학자들도 이론을 일종의 편리한 도구로 간주한 셈이다. 그들은 '빛이 실제로 파동인가, 입자인가?'의 문제에 대한 궁극적인 답을 원했다기보다, 입자 이론이든 파동 이론이든 간에 현상을 가장 잘 설명하는 이론을 원했던 것이다. 만약 이론이 실재를 그대로 반영하는 것이라고 생각한다면 이렇게 편의적인 태도를 취할 수는 없을 것이다. '파동이면서 동시에 입자'일 수는 없으니 말이다.

우리는 흔히 과학자들이 궁극적인 실재에 대한 탐구를 최우선 과제로 삼는다고 여긴다. 하지만 의외로 종종 과학자들은 '현상을 잘 설명하는 이론'을 만들어 내는 데 만족한다. 간편하게도(!) 더 이상의 궁극적인 질문에 대한 답변은 공백으로 남겨 둔 채 말이다. 물론 모든 과학자들이 이런 태도를 보이는 것은 아니다. 예를 들어 생물학자들 가운데 진화가 실제로 일어나는 일이 아니라거나 진화 이론은 화석 기록 따위를 설명하는 간편한 '도구'에 불과하다고 생각하는 사람은 거의 없다. 하지만 다른 한편에서 과학자들은 주전원이나 입자 이론, 파동 이론의 경우에서처럼 이론을 실재의 반영이라기보다 간편한 도구로 간주하는 태도를 보인다. 과학은 이렇게 다면적이다.

이러한 '도구주의의 유혹'은 서양에서만 찾아볼 수 있었던 것이 아니다. 예로부터 우리나라에서도 유용한 결과를 산출해 주기만 한다면 서로 상이한 이론이나 방법을 동시에 동원하는 경우가 있었다. 조선 시대로 거슬러 올라가 보자. 세종 때 개발된 역법인 칠정산을 보면 외편에서는 원의 중심각을 서구식으로 360°로 설정하지만, 내편에서는 원의 중심각을 1태양년의 날짜 수로 보는 전통에 따라 365.2425°로 설정한다. 내편과 외편은 서로 다른 목적으로 활용되었고, 학자들은 서로 다른 이 두 가지 체계를 무리 없이 동시에 활용하였다. 과학자들은 세계의 '참된' 모습을 밝혀내기 위해 불철주야 노력하는 사람들처럼 보이기도 하지만, 다른 한편으로는 놀랄 만큼 유연한 실용주의자이기도 한 것이다.

1 과학의 특성에 대한 성찰에 입각하여, 과학 이론에 대한 자신의 견해를 논술하라.

〈1998 고려대 모의 논술〉

(가) 과학 이론은 실제로 존재하는 자연계를 설명하고 예측하는 데에 그 목적이 있
다. 따라서 과학 이론은 자연계를 제대로 설명하는가 혹은 그렇지 못한가에 따라
맞는 이론이 아니면 틀린 이론인 것이다. 자연계를 설명하기 위해 과학자들은 '이
론적 실재(理論的 實在)'를 상정한다. 예를 들어 모든 물질이 원자로 이루어졌다는
가정을 하면 자연 현상을 잘 설명할 수 있다. 이러한 입장에서는, '책상' 개념이나
'의자' 개념에 대응하는 물체가 객관 세계에 존재하듯이, '원자'와 같은 이론적인
실재에도 그 대응물이 자연계에 실제로 존재한다고 본다.

(나) 과학 이론은 그 자체로서 맞거나 틀리다고 단정할 수 없다. 과학 이론이란 단지
우리가 경험한 자연 현상을 분류하는 도구에 지나지 않는다. 즉 과학 이론의 의의
는 자연 현상들을 체계적으로 분류하고, 이들 사이에서 논리적인 연관 관계를 찾
아내어 일관성 있는 해석을 가능하게 하는 데에 있다. 과학 이론은 이러한 목적에
유용할 때에만 받아들여질 수 있으며, 따라서 과학 이론은 단지 가설에 불과하거
나 한시적인 진리일 뿐이다. 과학 이론의 가치는 자연 현상을 체계적으로 분류하
는 유용성이라는 기준에 의해 결정되는 것이다.

 논술 길잡이

과학 이론의 핵심적인 가치가 대상과의 일치라고 보는 입장(실재론)과 설명·조작에서의 편
의성이라고 보는 입장(도구주의·실용주의)을 대비해 놓았다. 이 중에서 특정한 입장을 옹
호하기 위해서는 교과 과정에 나오는 사례들을 미리 이 같은 대립 구도에 따라 정리해 두
어야만 한다.

예시 답안

　(가)는 과학 이론에 대한 실재론적 관점을 반영한다. 이 입장에 따르면 과학적 지식 또는 이론은 세계의 참된 실상을 보여 주는 것이며, 실제로 존재하는 것들을 반영하는 것이다. 반면 (나)는 과학 이론에 대한 도구주의(또는 실용주의)적 관점을 대표한다. 이 입장에 따르면 과학자의 임무는 세계에 대한 참된 진술을 가려내는 것이라기보다, 적절한 도구와 개념을 동원하여 자연 현상에 대한 실용적인 설명과 예측을 내놓는 것이다.

　현대 과학이 발달함에 따라, 과학 이론이 세계의 참된 실재를 반영한다는 믿음은 점점 더 유지되기 어려워지고 있다. 예를 들어 빛의 파동설과 입자설은 모두 실험적 현상들을 잘 설명해 주는 이론이지만, 한쪽이 맞고 다른 쪽이 틀린 관계인 것은 아니다. 만일 과학 이론이 세계에 대한 참된 반영이라면, 파동설과 입자설이 모두 성립될 수 있는 이 같은 상황은 이해되기 어려울 것이다. 빛이 가진 파동으로서의 속성은 파동설이, 입자로서의 속성은 입자설이 설명해 주고 있으며, 각 이론들은 광학 현상들을 설명하고 예측하는 데 충분히 유용하다는 견지에서 모두 받아들일 수 있다.

　2　아래의 예시문은 하나의 물리 현상을 서로 다른 관점에서 설명하고 있다. 이들 관점의 차이에 대해 논술하시오.

〈1997 고려대 모의 논술 1차〉

　직진하는 빛이 거울면을 만나 반사하는 과정에서는 입사각과 반사각이 같다. 이를 반사의 법칙이라고 한다. 여기서 거울면에 수직한 방향이 입사 광선의 진행 방향과 이루는 각을 입사각이라고 하며, 반사광선의 진행 방향과 이루는 각을 반사각이라고 한다. 빛의 진행을 한 순간의 파면이 파원의 역할을 하고, 그 파원으로부터 진행한 파동이 새로운 파면을 이룬다고 설명한다.(하위헌스) 이 이론에 근거하여 직진하는 빛이 거울면을 만나 이동하는 모양을 그려 보면, 빛의 진행이 반사의 법칙을 따름을 볼 수 있다.

한편 빛은 항상 출발점과 끝점 사이를 최단 시간에 진행하기를 원한다고 설명하기도 한다.(페르마) 여기에 따르면, 빛이 한 점에서 다른 점으로 갈 때 직진하는 이유를 알 수 있다. 만약 빛이 그 과정에서 거울면을 한 번 거쳐야 한다면, 반사의 법칙을 따르는 것이 가장 시간을 적게 들이는 경로임을 기하학적으로 보일 수 있다. 즉 빛이 여행 시간을 최소화하기 위해 택한 경로가 반사의 법칙이 예측하는 경로와 일치함을 알 수 있다.

논술 길잡이

하위헌스의 원리와 페르마의 원리는 주요한 광학 현상들을 설명할 때 동등한 설득력을 가지고 있다. 그런데 페르마의 원리는 '왜 최단 시간 경로로 진행해야 하는가?'라는 질문에 적절히 답하지 않으며, 하위헌스의 원리는 '왜 파면이 무수히 많은 점파원으로 이루어져 있는가?'라는 질문에 역시 답하지 않는다. 이러한 원리들은 단지 다른 현상들을 설명하기 위한 전제로서 도입되는 것이다. 이렇듯 과학적 원리들은 궁극적인 '왜'라는 질문에 답하지 않으며, 다만 궁극적인 전제들로부터 유도된 결과들로 실제 현상이 '어떻게' 일어나는지 잘 설명·예측해 내기만 하면 거기에 '원리' 또는 '이론'이라는 이름을 붙여 그 가치를 인정해 주는 것이다.

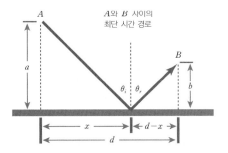

페르마의 원리를 이용한 반사 법칙 설명

A에서 B에 이르는 경로의 길이 L은 $L = \sqrt{a^2 + x^2} + \sqrt{b^2 + (d-x)^2}$ 이다. 빛의 속력은 그림에 표현된 영역 어디에서나 일정하므로, 최단 시간 경로는 곧 최소 거리 경로와 같다. L을 x에 대하여 미분하면 0이 되므로, $\dfrac{dL}{dx} = \dfrac{1}{2}\dfrac{2x}{\sqrt{a^2+x^2}} + \dfrac{1}{2}\dfrac{2(d-x)(-1)}{\sqrt{b^2+(d-x)^2}} = 0$이다. 그리고 이를 정리하면 $\dfrac{x}{\sqrt{a^2+x^2}} = \dfrac{(d-x)}{\sqrt{b^2+(d-x)^2}}$ 이 되며, 이를 사인 함수를 이용하여 표현하면 $\sin\theta_i = \sin\theta_r$이다.

하위헌스와 페르마는 서로 다른 방식으로 반사 현상을 설명하고 있다. 하위헌스는 파면상의 모든 점들이 새로운 파원으로 작용한다는 원리로 반사 현상을 설명하였고, 페르마는 빛이 항상 최단 시간을 소요하는 경로로 진행한다는 원리로 반사 현상을 설명하였다. 두 원리의 설득력은 동등한 수준이다. 이 두 가지 원리는 반사뿐만 아니라 굴절(스넬의 법칙)도 동등한 수준으로 설명한다. 이처럼 한 가지 현상이 복수의 원리 또는 이론으로 동등하게 설명되는 경우를 과학에서 종종 보게 된다.

다만 페르마의 원리는 자연물이 특정한 목적을 가지고 운동한다는 일종의 목적론이라고 비판받을 소지가 있다. 왜 빛이 최단 시간 경로로 진행해야 하는지에 대해서는 암묵적인 전제만 있을 뿐, 설명하지 않는 것이다.

과학 상식 Upgrade 지구는 왜 달보다 내부가 더 뜨거울까?

지구 내부는 상당히 높은 온도를 나타내는데, 이것은 지구 내부 에너지 때문이라고 설명된다. 그런데 지구보다 작은 수성이나 달은 내부 온도가 상당히 낮다. 왜 그럴까?

지구 내부 에너지의 정체는 바로 방사성 동위 원소의 핵붕괴 과정에서 방출되는 붕괴열이다. 그런데 단위 시간당 붕괴열을 좌우하는 것은 바로 행성의 부피이다. 행성의 부피가 $V = \frac{4}{3}\pi R^3$이므로, 붕괴열은 반지름의 세제곱(R^3)에 비례하는 크기를 가진다. 붕괴열은 주로 적외선 복사 에너지의 형태로 우주 공간으로 방출되는데, 표면적은 $S = 4\pi R^2$이므로 행성이 방출하는 열은 반지름의 제곱(R^2)에 비례하는 크기를 가진다.

부피에 대한 표면적의 비율, 즉 $\frac{S}{V}$를 계산해 보면 $\frac{4\pi R^2}{4/3\pi R^3} = \frac{3}{r}$로 정리된다. 즉 큰 행성일수록 부피($\propto$붕괴열)에 비해 표면적이 상대적으로 좁아 열 방출에 불리하고, 작은 행성일수록 부피($\propto$붕괴열)에 비해 표면적이 상대적으로 넓어 열 방출에 유리한 것이다. 이런 이유 때문에 행성이 클수록 내부의 온도가 높은 것으로 추정한다.

4장
양자 역학적 세계관

 양자

17세기에 갈릴레이와 데카르트, 뉴턴 등이 기초를 마련한 고전 역학은 근대 서구의 표준적인 세계관에 큰 영향을 미쳤다. 그러나 20세기 초반에 상대성 이론과 양자 역학으로 대표되는 현대 물리학이 형성되면서 고전 역학의 한계가 뚜렷이 드러나게 되었고, 이에 상응하여 근대적 세계관은 균열을 일으키게 되었다. 현대 물리학의 세계관적 함의는 아직까지도 논란거리가 되고 있지만, 몇 가지 기본적인 논점은 대략적으로 정리되어 있다.

양자 역학에서 말하는 양자란 에너지나 전하량 등의 기본적인 물리량을 구성하는 최소 단위이다.(+ 기호를 뜻하는 양(陽)이 아니라 수량이나 질량을 뜻하는 양(量)임에 주의하라.)

거시적인 세계에서는 이러한 물리량들이 당연히 연속적인 값을 가질 수 있을 것처럼 보인다. 그러나 미시적인 세계를 들여다보면, 예를 들어 어떤 계의 에너지는 $E=hf$에 의해 규정되는 최소 단위보다 더 잘게 쪼개질 수 없다는 것을 알게 된다. 단지 그 기본 단위가 워낙 작기 때문에 거시적인 시야에서는 눈에 띄지 않을 뿐이다.

에너지뿐만이 아니다. 여기에 유명한 아인슈타인의 방정식 $E=mc^2$을 적용해 보면, 에너지의 최소 단위에 상응하는 질량의 최소 단위가 존재한다는 것을 알 수 있다. 전하량 또한 전자나 양성자 한 개의 전하량의 크기인 1.602×10^{-19}C보다 잘게 쪼개지지 않는다.(양성자나 중성자를 구성한다고 알려져 있는 쿼크는 이 기본 전하량의 $\frac{1}{3}$이나 $\frac{2}{3}$를 갖는다고 알려져 있다. 그러나 어쨌든 그것보다 더 작은 단위로 쪼개지지는 않으므로, 쿼크의 전하량이 양자라는 개념의 본령을 훼손하는 것은 아니다.)

 광전 효과 실험

빛이 입자인가, 파동인가 하는 논란은 300년 전으로 거슬러 올라간다. 당시 뉴턴은 입자설을, 하위헌스는 파동설을 제기하였는데, 운동 법칙을 정리하고 만유인력을 규명한 뉴턴 역학의 영향력이 워낙 강했기 때문에 빛에 대한 이론에서도 뉴턴의 견해가 좀 더 우세하였다.

이러한 상황이 뒤바뀐 것은 19세기 들어 간섭, 회절, 편광 등의 현상이 파동설로 설명되면서부터였다. 특히 1801년에 영국의 물리학자 영이 수행한 이중 슬릿 간섭 실험은 빛이 파동 현상임을 뒷받침하는 강력한 증거로 받아들여졌다. 이로써 19세기에는 빛을 파동으로 해석하는 파동설이 물리학계의 지배적인 견해로 자리 잡게 된다.

그러던 와중에 1887년에 금속에 빛을 쪼이면 전자가 튀어나오는 '광전 효과'가 관측되면서, 파동설은 위기에 빠진다. 파동설로는 광전 효과에서 나타나는 몇 가지 핵심적인 현상들을 설명할 수 없었던 것이다. 특히 특정한 진동수(한계 진동수)보다 작은 빛을 쪼일 경우에는 빛의 세기(진폭)가 아무리 크더라도 전자가 방출되지 않는데, 이것은 고전적인 파동 이론과 전혀 맞지 않는 결과였다.

빛을 파동으로 볼 경우, 빛 에너지의 크기는 진동수가 클수록 크고 동시에 진폭이 클수록 크다.(진동수에 제곱 비례, 진폭에 제곱 비례한다.) 따라서 더 큰 빛에너지를 가하는 방법으로는 진폭이 더 큰 빛(더 센 빛)을 쪼이는 방법과 진동수가 큰 빛(파장이 짧은 빛, 가시광선의 경우에는 보라색 계열의 빛)을 가하는 방법이 있다. 그런데 첫 번째 방법으로는 광전자가 튀어나오지 않고 두 번째 방법으로 실험했을 때에만 광전자가 한계 진동수 이상일 때 튀어나오는 것이다. 이것은 고전적인 파동 이론과 모순되는 실험 결과였다.

이것 이외에도 고전적인 파동 이론으로 설명되지 않는 현상이 있었다. 전자가

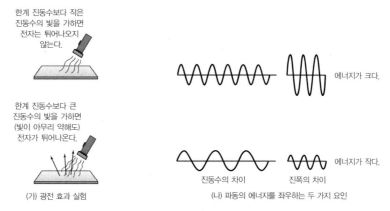

한계 진동수보다 작은
진동수의 빛을 가하면
전자는 튀어나오지
않는다.

에너지가 크다.

한계 진동수보다 큰
진동수의 빛을 가하면
(빛이 아무리 약해도)
전자가 튀어나온다.

에너지가 작다.

진동수의 차이   진폭의 차이

(가) 광전 효과 실험

(나) 파동의 에너지를 좌우하는 두 가지 요인

광전 효과가 고전적인 파동 이론과 모순되는 점

고전적인 파동 이론에 따르면 더 많은 빛 에너지를 가하여 전자가 튀어나오게 하려면 진동수가 더 큰
빛을 가하거나 진폭이 더 큰 빛을 가하면 되는데, 후자의 방법으로는 전자가 튀어나오도록 할 수 없
었다.

튀어나오려면 파동 에너지가 원자에 흡수되어 축적되기까지 어느 정도 시간이
걸려야 하는데, 한계 진동수 이상의 빛을 비추면, 아무리 약한 빛을 비추어도 즉
각적으로 전자의 방출이 일어난다는 점이었다.

 빛의 이중성

　광전 효과와 고전적인 파동 이론의 모순점은 1905년 아인슈타인이 광전효과
를 해석하는 새로운 이론을 제안하면서 비로소 해결되었다. 아인슈타인은 빛이
광자(또는 광양자, photon)라는 입자라고 제안하여 입자설을 부활시켰고, 광자
한 개의 에너지를 나타내는 식 $E=hf$을 고안하여 광전 효과를 모순 없이 설명
해 냈다. 그런데 아인슈타인의 설명은 매우 기묘한 것이었다. 빛을 입자로 간주
하면서도 그 입자 한 개당 갖고 있는 에너지를 나타낼 때 전형적인 파동 물리량
(진동수)을 동원한 것이다.

　빛의 입자설이 부활되었다고 해서 파동설이 끝장난 것은 전혀 아니었다. 여전

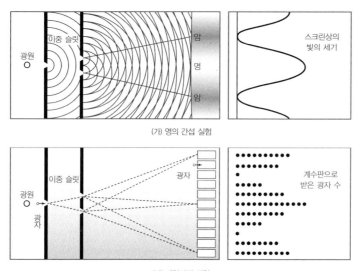

(가) 영의 간섭 실험

(나) 테일러의 실험

영과 테일러의 실험

테일러는 광원의 밝기를 극히 약하게 하여, 광자가 첫 번째 슬릿을 한 개씩 통과할 정도로 약하게 하였다. 이렇게 실험한 것은 광자들 간의 상호 작용을 배제하기 위해서였다.

히 간섭·회절·편광 등은 파동설로만 설명되는 대표적인 광학 현상들이었다. 1909년 테일러는 광자가 한 개씩 방출될 정도로 약한 광원을 이용하여 이중 슬릿 간섭 실험을 진행하였는데(위의 그림 참조), 일정 기간 동안 스크린에 도달한 광자들의 개수를 그래프로 그려 보면 영의 이중 슬릿 간섭 실험에서 나타난 빛의 세기 그래프와 정확히 동일한 형태가 되는 것을 발견하였다. 즉 분명히 광자라는 입자를 가지고 한 실험인데, 통계적으로는 파동적인 결과를 나타낸 것이다.

 전자의 이중성

빛의 이중성이 받아들여진 이후에는 전자를 비롯한 물질이 가진 이중성이 밝혀지게 되었다. 드브로이가 물질파 개념을 정립하면서 그 파장을 $\lambda = \dfrac{h}{mv}$ 로 나타내었고, 이것은 전자선 회절 무늬 실험 등을 통해 입증되었다. 보어는 물질파 개념을 도입하여 원자핵 주위를 도는 전자의 운동(상태)을 설명하였다. 보어에 따르면 전자가 가지는 물질파 파장의 정수 배 되는 궤도를 도는 전자는 전자기파를 방출하지 않고 안정된 운동을 계속한다. 즉 전자 궤도 반지름을 r라 할 때 궤도의 길이 $2\pi r = n\lambda (n = 1, 2, 3 \cdots)$이고, 여기서 파장은 드브로이의 식에 따라 $\lambda = \dfrac{h}{mv}$인 것이다.

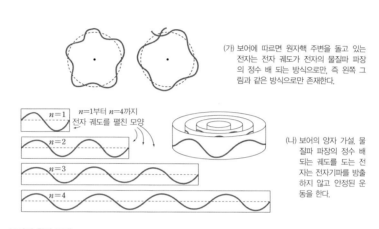

(가) 보어에 따르면 원자핵 주변을 돌고 있는 전자는 전자 궤도가 전자의 물질파 파장의 정수 배 되는 방식으로만, 즉 왼쪽 그림과 같은 방식으로만 존재한다.

$n=1$부터 $n=4$까지 전자 궤도를 펼친 모양

(나) 보어의 양자 가설. 물질파 파장의 정수 배 되는 궤도를 도는 전자는 전자기파를 방출하지 않고 안정된 운동을 한다.

보어의 원자 모델
보어의 초기 모델은 전자가 원자 주위를 회전하는 러더퍼드의 모델과 유사하였으나, 물질파 개념을 수용하면서 원자핵 주위의 전자를 파동(물질파)으로 간주하여 설명하게 되었다. 전자 궤도의 길이는 파장의 정수 배, 즉 $2\pi r = n\lambda$이다. 그런데 물질파 파장 $\lambda = \dfrac{h}{mv}$이므로 $2\pi r = n\dfrac{h}{mv}$이라는 조건식을 만들 수 있다.

드브로이와 보어로 인해, 빛뿐만 아니라 전자와 같은 물질도 입자와 파동의 이중성을 나타낸다는 사실이 인정되기 시작하였다. 빛이나 물질의 파장에 따라 입자적인 성질이 주로 나타나는 경우와 파동적인 성질이 주로 나타나는 경우로 구분할 수 있는데, 대략 다음과 같은 식이 성립한다. 물론 입자성을 나타내는 파장 범위와 파동성을 나타내는 파장 범위가 칼로 잘리듯 나뉘는 것은 아니므로, 이 분류는 편의상의 분류에 불과하다.

$\lambda < a \rightarrow$ 입자로서의 성질이 주로 나타난다.

$\lambda \geqq a \rightarrow$ 파동으로서의 성질이 주로 나타난다.

(a는 계의 특성에 따라 좌우되는 크기로서 슬릿 폭이나 렌즈 크기 등을 의미한다.)

전자라는 입자가 파동으로 간주될 수 있다는 것은 우리의 직관과 전혀 맞지 않으므로 이에 관한 논란이 속출했는데, 이에 대해 보어는 '상보성의 원리'라는 대답을 내놓았다. 보어의 표현에 따르면 "원자적 물체의 행동과 그 현상이 나타나는 조건들을 정의하는 데 도움을 주는 측정 도구와의 상호 작용에서 어떠한 날카로운 구분도 불가능"하며, 결과적으로 "서로 다른 실험 조건 아래서 얻어진 증거들은 단일한 구도 안에서 이해될 수 없고 오직 그 현상의 총체성만이 그 대상들에 대한 가능한 정보를 규명해 준다는 의미에서 상보적인 것으로 여겨져야 한다".

즉 어떤 실험 장치에서는 빛이 입자로서의 성질을 드러내고 또 다른 실험 장치에서는 빛이 파동으로서의 성질을 드러내는데, 이렇듯 빛이 드러내는 성질은 실험 장치에 의존한다는 의미에서 '상보적'이라는 것이다. 빨간 색안경을 끼면 세상이 빨갛게 보이고 파란 색안경을 끼면 세상이 파랗게 보이는 것과 마찬가지이다. 보어가 주도한 코펜하겐 학파의 이러한 해석은 '코펜하겐 해석' 또는 '상보성의 원리'라는 이름으로 널리 수용되게 되었다. 보어는 이 같은 원리가 우리의 직관이나 상식으로는 받아들이기 힘들지만, 물리학자는 이를 기꺼이 수용해야 함을 역설하면서 다음과 같이 일갈하였다.

물리학의 임무가 자연이 어떠한 것인가를 알아내는 것이라고 생각하는 것은 잘못된 것이다. 물리학은 우리가 자연에 대하여 무엇을 말할 수 있는지에 관여한다.

일례로 전자의 이중성을 전자선 회절 실험에 적용해 보자. 결정 격자의 회절 무늬를 얻음으로써 결정 구조에 대한 정보를 얻을 수 있다. 이때 회절 무늬를 얻어 내려면 어떠한 조건의 입자를 사용해야 할까?(회절 격자 중에서 가장 작은 것은 결정체 속에 있는 결정 격자로서 그 크기는 10^{-10}m 정도이며, 플랑크 상수는 6.6×10^{-34}J·s이고 전자의 질량은 9.1×10^{-31}g이다.)

일단 회절 현상이 일어나려면 빛이나 물질파의 파장이 슬릿(또는 격자)의 폭과 비슷해야 한다. 파장이 슬릿의 폭보다 너무 짧으면 회절이 일어나지 않고 그대로 통과해 버리며, 파장이 슬릿의 폭보다 너무 크면 그 파동은 슬릿을 통과하지 못한다. 그렇다면 앞에서 제시된 자료에서 결정 격자의 크기와 플랑크 상수를 물질파 파장 식 $\lambda = \dfrac{h}{mv}$에 대입해 보면, mv가 $10^{-24}\text{kg}\cdot\text{m/s}$ 정도로 작은 값을 가져야 회절 무늬를 확인할 수 있음을 알 수 있다. 전자를 사용하여 10^{6}m/s 단위의 속도로 결정에 입사시키는 경우, 물질파 파장의 길이가 격자의 크기에 근접하므로 이러한 전자선을 결정체에 투사하면 회절 현상을 확인할 수 있다. 그러나 1g의 질량을 가지는 입자를 10^{4}m/s 단위의 속도로 결정체에 투사하면 물질파 파장은 10^{-35}m 단위가 되어 격자를 확인하기에는 파장이 너무 짧다. 결국 작은 격자를 통해 물질파의 회절 무늬를 얻어 내려면 전자와 같이 질량이 작은 물체를 빠른 속도로 가속하여 사용해야 한다.

 불확정성

하이젠베르크가 정식화한 불확정성의 원리는, 전자와 같은 물체의 위치와 운동량(또는 속도)을 동시에 정확하게 측정하는 것은 불가능하다는 것이다. 이를 구체적인 수식으로 표현하면 다음과 같은 관계가 성립한다.

$$\Delta p \times \Delta x \geq \frac{h}{4\pi}$$

여기서 Δx는 위치의 불확정성으로서, 전자의 위치를 여러 번 측정하여 평균을 구한 다음 위치에 대한 매 측정치마다 $(측정값 - 평균값)^{2}$을 구하여 모두 더한 다음 측정한 횟수로 나눈 결과의 제곱근 값이다.(즉 일종의 표준 편차값이다.) Δp는 운동량의 불확정성으로서, 역시 전자의 운동량을 여러 번 측정하여 평균을 구한 다음 운동량에 대한 매 측정치마다 $(측정값 - 평균값)^{2}$을 구하여 모두 더한 다음 측정한 횟수로 나눈 결과의 제곱근 값이다.(역시 표준 편차값이다.)

$\Delta p \times \Delta x \geq \dfrac{h}{4\pi}$의 구체적인 의미는 오차를 무한히 줄여 완벽하게 정확한 측정을 하는 것이 불가능하다는 것이다. 즉 측정을 통해 위치를 확정하려 하면(즉 Δx를 줄이면) 운동량의 불확정성이 커지고(즉 Δp가 커지고), 반대로 운동량을 확정

하려 하면(즉 Δp를 줄이면) 위치의 불확정성이 커진다(즉 Δx가 커진다.)는 것이다. 하이젠베르크의 표현을 빌면 다음과 같다.

> 전자의 위치를 더 정확하게 측정하면 측정할수록 측정하는 순간의 운동량은 덜 정확하게 알게 되며, 전자의 운동량을 더 정확히 측정하면 측정할수록 그 순간 전자의 위치는 덜 정확하게 알게 된다.

물리학자들은 전자의 위치를 확률 함수로 묘사하는데, 특정한 확률 함수를 가지고 있던 전자의 위치를 측정을 통해 구하면 그 순간 전자의 운동량은 확정되지 않고 또 다른 확률 함수로만 나타낼 수 있게 된다.(그리고 그 역도 성립한다.)

입자는 공간 내에서 위치가 명확히 지정된다는 특징을 갖는다. 한편 파동은 물질파 파장 공식 $\lambda = \dfrac{h}{mv}$에 의해 운동량과 연관된다. 결국 불확정성 원리는 입자성을 나타내는 '위치'와 파동성을 나타내는 '파장(또는 운동량)'이 서로 제약을 받는다는 점을 나타낸다는 점에서 입자와 파동 이중성과 밀접한 연관 관계를 맺고 있다.

불확정성 원리는 근대적 세계관을 균열시키는 주요한 계기로 작용하였다. 뉴턴 이래 고전 역학은 결정론적 세계관을 뒷받침해 왔다. 특정 시점의 입자들의 위치와 속도를 알고 있다면 미래를 완벽하게 예측할 수 있다는 것이다. 그런데 불확정성 원리에 따르면 우리는 위치와 속도(또는 운동량)를 동시에 완벽하게 알 수는 없으며, 궁극적으로 확률적으로만 알 수 있다. 따라서 고전 역학적인 결정론은 미시 세계에서는 더 이상 살아남지 못한다.

슈뢰딩거는 양자 역학이 드러내는 확률적 세계를 다음과 같은 사고 실험을 통해 설명하였다. 13의 질량수를 가지는 질소 동위 원소(^{13}N)는 10분의 반감기를 가지고, 즉 10분당 절반의 비율로 핵붕괴 반응을 일으키며 방사선을 내놓는다. 상자 안에는 ^{13}N 원자 한 개가 들어 있다. 핵붕괴 반응의 결과 방사선이 방출되면 방사선 감지기가 이를 감지하여 망치를 작동시키고, 그러면 독약이 든 플라스크가 깨진다. 이렇게 되면 상자 안에 있는 고양이는 죽는다.

슈뢰딩거는 이 실험을 통해 상자를 열어 보기 이전에는 고양이의 상태는 확률로만 표현 가능함을 설명하려 하였다. 상자를 설치한 뒤 10분이 지났다면, 고양

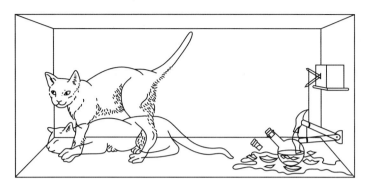

슈뢰딩거의 고양이 사고 실험
상자를 열어 보는 측정 행위 이전에는 고양이는 50%의 확률로 살아 있고, 50%의 확률로 죽어 있다.
'측정'은 물리학 전문 용어로 표현하면 "파동 함수를 붕괴시킨다."이다.

이는 50%의 확률로 죽어 있고 50%의 확률로 살아 있을 것이다. 상자를 열어
보기 전에는, 즉 측정을 해 보기 전에는 우리는 고양이의 생사에 관하여 확률만
을 제시할 수 있을 뿐이다.

실전 문제

1 뉴턴 물리학을 이용하여 우리는 달 탐사에 필요한 지구, 달과 우주선의 운동을 정확히 예상할 수 있다. 반면에 지금부터 1년 뒤의 날씨를 정확히 예측하는 것은 불가능하다. 뉴턴 물리학의 역학적 결정론이란 무엇인지 기술하고, 역학적 결정론의 한계에 대하여 논술하시오.

〈2004 동국대 수시 모의 논술 3차〉

> 뉴턴 물리학이 없다면 우주 계획은 불가능하다. 달 탐사반은 지구(지축을 중심으로 자전하면서 동시에 우주 공간을 전진하고 있는)의 발사 지점과 달(역시 자전과 공전을 하고 있는) 위의 착륙 지점과의 상대적 위치가 우주선이 지나갈 항로를 최단 거리로 해 주는 순간에 발사하게 된다. 지구, 달과 우주선의 운동 계산은 컴퓨터로 하지만, 거기 이용되는 역학은 뉴턴의 『자연 철학의 수학적 원리』에 그려진 것과 동일하다.
>
> 실제로 어떤 물리적 현상에 따르는 일차적 환경을 남김없이 안다는 것은 지극히 어렵다. 심지어 벽에다 공을 때려 튀게 하는 단순 운동도 놀랄 만큼 복잡하다. 기본 요소 몇 가지만 들어 보아도 공의 모양, 크기, 탄력과 관성, 그것이 던져진 각도, 공기의 밀도, 압력, 습도와 온도, 벽의 모양, 굳기, 위치 등이며, 공이 어디에 언제 부딪칠 것인가를 가늠하는 데 이 모든 요소를 계산에 넣어야 한다. 그보다 더 복잡한 운동이 포함되는 경우라면 정확한 예측에 필요한 모든 자료를 얻기가 한층 어려워진다. 고전 물리학에 따르면, 그러나, 충분한 정보만 있다면 주어진 물리적 현상이 어떻게 전개될지 정확하게 예측하는 것은 원칙적으로 가능하다. 실제로 그러한 예측을 하지 못하게 하는 장애 요인은 그 작업이 방대하다는 데 있다.
>
> 현존하는 지식을 바탕으로 미래를 예측하는 능력과 운동의 법칙은 우리 조상에게 일찍이 알지 못했던 힘을 주었다. 그러나 이들 개념의 내부에는 크게 실망할 논리가 담겨 있다. 자연 법칙이 어떤 사건의 미래를 결정한다면, 충분한 정보를 제공할 때 우리는 과거의 어느 시점에서 우리들의 현재를 예측할 수 있었을 것이다. 그 과거의 어느 시점 역시 그에 앞서는 어느 시점에서 예측할 수 있었을 것이다. 간단히 말해서 뉴턴 물리학의 역학적 결정론을 받아들인다면—우주가 진실로 거대한 기계라고 가정한다면—우주가 창조되어 운동하기 시작한 순간부터 그 안에서 일어나게 될 모든 것은 이미 결정되어 있다는 결론에 도달한다.

결정론적 세계관이 가진 한계는 크게 세 가지로 정리될 수 있다.

첫째, 결정론적 세계관에 근거하여 미래를 예측하는 것이 원리적으로 가능하다 할지라도, 일시에 무수히 많은 물체들의 운동에 대한 데이터를 알아내어 입력하는 것이 불가능하기 때문에, 실질적으로는 미래를 예측하는 것이 불가능하다는 점.

둘째, 평형 상태에서 멀리 떨어진 카오스적 계에서는, 초기 조건이 극히 미세하게 달라지기만 해도 결과에는 엄청난 차이가 발생하는 경우가 종종 나타난다는 점.

셋째, 불확정성 원리에 따르면 초기 조건을 100%의 확실성을 가지고 알아내는 것 자체가 원리적으로 불가능하다는 점.

첫째 사항은 결정론에 대한 근본적인 반대가 아니라 우리 인식의 한계를 나타내는 것인 데 반해, 셋째 사항은 미시적인 물체의 존재 형태 자체가 확률적이라고 이해하는 것이라는 점에서 크게 다르다. 둘째 사항은 '카오스 이론'이라는 이름으로 대중적으로 유명해진 영역인데, 교과 과정과는 사실상 상관이 없으므로 예시 답안에는 첫째 사항과 셋째 사항만을 대비시켜 서술하였다.

예시 답안

뉴턴 물리학에서 드러나는 역학적 결정론에 따르면, 특정 순간의 물체의 운동 상태(위치, 속도 등)를 알면 일정 시간 이후의 물체의 운동 상태를 완벽하게 예측할 수 있다. 이 같은 믿음에 근거하여 인류의 역사도 결정론적으로 정해져 있으며 또한 예측 가능하다는 믿음이 풍미하기도 하였다.

그러나 고전 역학에 근거한 결정론적 세계관에는 근본적인 한계가 있다. 첫째 한계는 우리가 현실적으로 측정하여 입력할 수 있는 정보에 한계가 있다는 것이다. 이 세계에는 수없이 많은 입자와 물체들이 동시에 운동하고 있는데, 각 입자나 물체의 운동 상태를 측정하고 이를 계산 식에 대입하여 일정 시간이 지난 후의 상태를 예측한다는 것은 실질적으로 불가능하다. 따라서 원칙적으로 세계가 결정론적으로 움직인다 할지라도, '실질적으로' 미래를 정확하게 예측하기란 불가능하며 다만 통계적인 예측만이 가능할 뿐이다.(기체 분자의 운동과 같이 제한적인 경우에 이상 기체 방정식 등을 이용하여 미래의 상태를 통계적으로 예측하는 것이 가능하다.)

둘째 한계는 불확정성의 원리로 인해 우리가 현재의 상태를 '정확히' 아는 것에 한계가 있다는 점이다. 현재의 상태를 정확히 알 수 없다면, 따라서 미래의 상태도 정확히 예측하기가 불가능하다. 우리는 현재와 미래의 상태에 대하여 확률 함수만을 제시할 수 있는 것이다.

2 다음 제시문을 읽고 물음에 답하시오.

〈2006 동국대 수시 2〉

그리스의 데모크리토스가 물질을 구성하는 기본 단위가 원자라고 주장한 이후 이에 대한 탐구가 계속되어, 약 100년 전에 톰슨, 러더퍼드, 보어 등에 의해 현재 우리에게 익숙한 원자 모형으로 정착되었다. 그러나 뉴턴 이후 거시적인 세계를 설명하는 데 성공적이었던 고전 역학 이론이 원자와 같은 미시 세계에는 적용되지 않는다는 사실이 밝혀지고, 이에 대한 해결책으로 전자, 원자핵 등 미시 세계의 물리적 현상을 설명할 수 있는 양자 역학이 개발되었다.

미시 세계의 자연 법칙을 설명하는 데 성공한 양자 역학의 중요한 이론 중 하나가 1927년에 하이젠베르크가 발표한 '불확정성 원리'이다. 불확정성 원리에 따르면 물체의 위치와 속도를 동시에 정확하게 측정하는 것은 이론적으로 불가능하다. 여기서 중요한 것은 측정 도구가 정밀하지 못하거나 측정 방법이 정확하지 못하기 때문이 아니라, 측정하는 행위 자체가 측정 대상인 물체의 위치와 속도를 교란시킨다는 것이다. 즉 위치와 속도가 정확하게 측정될 수 없는 한계를 내포하고 있다는 것이다.

예를 들어 전자의 위치를 알고자 한다면 전자로부터 반사되어 나온 빛을 관측해야 한다. 이때 파장이 짧을수록 보다 정확한 위치를 파악할 수 있으므로 전자와 같이 작은 입자를 보려면 파장이 매우 짧은 빛을 사용해야 한다. 그러나 파장이 짧은 빛은 그만큼 큰 에너지를 가지고 있으므로 전자와 충돌할 때 전자의 원래 속도를 크게 변화시킨다. 또한 전자의 속도를 보다 정확하게 측정하려면 속도에 미치는 영향이 작도록 낮은 에너지를 가진 긴 파장의 빛을 사용해야 하지만, 파장이 긴 빛으로는 전자의 정확한 위치를 알아낼 수 없다. 따라서 전자의 위치와 속도 중 어느 하나를 정확하게 측정하려고 하면 할수록 다른 것에 대한 측정은 더 부정확해질 수밖에 없다.

이와 같은 내용을 하이젠베르크는 다음과 같은 방식으로 정리하였고, 이 공로로 1932년에 노벨 물리학상을 수상하였다.

$$(\text{속도의 불확정성}) \times (\text{위치의 불확정성}) \geq \frac{h}{4\pi}$$

여기서 h는 플랑크 상수로서, 그 크기가 $10^{-34}\mathrm{kg \cdot m^2/s}$인 매우 작은 수이다.

(1) 제시문은 하이젠베르크의 불확정성 원리를 전자의 위치와 속도를 가지고 설명하였다. 한편 불확정성 원리는 전자의 위치와 운동량을 가지고도 설명할 수 있다. 제시문을 참고하여 하이젠베르크의 불확정성 원리를 정의하고, 전자의 위치와 운동량을 가지고 불확정성 원리를 설명하시오.

(2) 제시문에서 설명한 바와 같이 전자의 위치와 속도의 측정값이 하이젠베르크의 불확정성 원리에 따라 확정적일 수 없다는 데는 모두가 동의하면서도, 고속도로에서 과속으로 달리다가 속도 측정기로 단속에 걸릴 경우 아무도 불확정성의 원리를 내세워 적발된 속도가 확정적이지 않다고 주장하지는 않는다. 그 이유를 설명하시오.

논술 길잡이

불확정성 원리를 정확히 이해하고 있는지를 묻는 문제이다. 불확정성 원리는 교과 과정에서 다루어지지 않는 것인데도 단골 논술 논제로 자주 등장하였다. 불확정성 원리를 통해 미시적 세계가 거시적 세계와 얼마나 다르게 파악되는지를 잘 이해할 수 있다.

예시 답안

(1) 속도에 질량을 곱하면 운동량이 된다. 전자가 운동하면서 질량은 변화하지 않고 일정하다. 따라서 속도의 불확정성에 대한 위의 식은 그대로 운동

량에 대한 식으로 변환 가능하다. 전자의 위치를 정확하게 측정하려면 파장이 짧은 빛을 사용해야 하는데, 파장이 짧은 빛은 진동수가 크므로 $E=hf$에 의해 큰 에너지를 가지고 있어 전자의 운동량 또는 속도를 크게 교란시키므로, 원래의 운동량을 정확히 측정할 수 없게 된다고 해석할 수 있다.

(2)　속도 측정기는 자동차에서 반사된 전자기파(가시광선)를 측정한다. 그런데 측정을 위해 전자기파가 자동차에 부딪혀도 자동차는 워낙 크고 무거운 물체이므로 자동차의 상태에는 거의 영향을 미치지 못한다. 빠르게 운동하는 자동차의 위치를 측정할 때, 위치의 불확정성이 10^{-3}m 수준만 되어도 우리는 이를 대단히 정밀한 측정이라고 생각할 것이다. 쉽게 이야기하면 오차 범위가 10^{-3}m, 즉 밀리미터 단위에 불과하기 때문이다. 그런데 이때 제시문의 부등식을 적용해 보면, 위치의 불확정성이 10^{-3}m 수준일 때 속도의 불확정성은 대략 10^{-32}m/s 수준이 된다. 즉 엄청나게 정밀한 속도 측정이 가능한 것이다.

그러나 원자나 전자와 같은 미시적 세계에서는, 이 정도의 불확정성(또는 오차 범위)은 매우 큰 문제가 된다. 예를 들어 자동차의 크기를 고려하면 10^{-3}m의 불확정성은 거의 무시할 수 있는 수준이지만, 전자나 원자와 같은 엄청나게 작은 존재를 다룰 때 10^{-3}m의 불확정성은 어마어마한 값이기 때문이다. 이렇듯 불확정성 원리는 거시적 세계에서 일어나는 일을 계산할 때에는 거의 고려할 필요가 없으며, 원자나 전자처럼 미시적인 세계를 파악할 때에만 적용하는 것이 의미 있는 결과를 낳는다.

5장
핵반응과 방사선

 원자핵과 동위 원소

흔히 물리적 변화의 전후에는 화학 결합이 바뀌지 않으므로 분자의 종류와 개수에 변화가 없다고 말한다. 반면 화학적 변화의 전후에는 화학 결합이 재편성되는 대신, 원자의 종류와 개수에 변화가 없다.

통상적으로는 이런 식으로 물리적 변화와 화학적 변화를 구분하지만, 이것을 맹목적으로 믿다가는 낭패를 당하는 수가 있다. 물리학의 영역에서 핵붕괴, 핵분열, 핵융합과 같은 이른바 '핵반응'을 다루는데, 핵반응의 전후에는 원자의 개수와 종류가 마구 변화하기 때문이다.

그렇다면 원자는 어떤 구조로 되어 있을까? 원자는 원자핵과 전자로 구성되어 있고, 원자핵은 양성자와 중성자로 구성되어 있다. 원소의 종류를 결정하는 것은 양성자의 개수이다. 양성자 개수에 따라 원자 번호를 1, 2, 3 … 이런 식으로 매기고, 이를 원소 기호의 왼쪽 아래쪽에 표기한다. 양성자 한 개를 가지고 있는 수소(H)는 원자 번호 1, 양성자 두 개를 가지고 있는 헬륨(He)은 원자 번호 2, 양성자 세 개를 가지고 있는 인 리튬(Li)은 원자 번호 3이 되는 식이다.

원자를 구성하는 소립자의 종류

	소립자 종류	질량	전하량
원자핵	양성자	1.673×10^{-24}g	1.602×10^{-19}C
	중성자	1.675×10^{-24}g	0
전자		9.107×10^{-28}g	-1.602×10^{-19}C

원자의 구조와 원소의 표기 방법

원자핵을 구성하는 양성자와 중성자는 질량이 거의 같으며, 원자핵 주위에 있는 전자는 양성자와 중성자 질량의 $\frac{1}{1800}$가량밖에 되지 않는다. 따라서 양성자의 개수와 중성자의 개수를 더하여 '질량수'라고 부르고, 이를 원소 기호의 왼쪽 위쪽에 첨자로 표기한다.

원소들 중에는 양성자 개수가 서로 같아 동일한 원자 번호를 가지고 있으면서 중성자 개수가 달라 질량이 다른 원소들이 있다. 이런 원소들은 양성자 개수(원자 번호)가 서로 동일하여 주기율표에서 같은 자리를 차지하므로, 동일한 위치를 가진 원소라는 의미에서 동위 원소라고 한다. 예를 들어 수소는 양성자 한 개를 가지고 있어 원자 번호가 1인데, 자연 상태에서 대부분의 수소는 중성자가 없어 질량수(양성자＋중성자 개수)가 1이다. 그런데 일부 중성자를 한 개 가지고 있어 질량수가 2인 수소도 있고, 중성자를 두 개 가지고 있어 질량수가 3인 수소도 있

주요 동위 원소들과 존재비

원소	동위 원소	중성자 수	존재비(%)	원소	동위 원소	중성자 수	존재비(%)
수소	$^{1}\mathrm{H}$	0	99.985	질소	$^{14}\mathrm{N}$	7	99.635
	$^{2}\mathrm{H}(=^{2}\mathrm{D})$	1	0.015		$^{15}\mathrm{N}$	8	0.365
	$^{3}\mathrm{H}(=^{3}\mathrm{T})$	2	—				
산소	$^{16}\mathrm{O}$	8	99.759	우라늄	$^{234}\mathrm{U}$	142	0.0057
	$^{17}\mathrm{O}$	9	0.037		$^{235}\mathrm{U}$	143	0.715
	$^{18}\mathrm{O}$	10	0.204		$^{238}\mathrm{U}$	146	99.27
탄소	$^{12}\mathrm{C}$	6	98.892	염소	$^{35}\mathrm{Cl}$	18	75.77
	$^{13}\mathrm{C}$	7	1.102		$^{37}\mathrm{Cl}$	20	24.23
	$^{14}\mathrm{C}$	8	—				

다. 질량수 2, 3인 수소를 각각 중수소와 삼중 수소라고 부르기도 하는데, 질량수 1, 2, 3인 이 수소들은 전형적인 동위 원소 관계이다.

 핵붕괴

자연 상태에서 발견된 원소의 종류는 90여 종이지만, 입자 가속기 등에서 인공적으로 만들어 낸 원소까지 더하면 110종이 넘는다. 총 1,370종의 동위 원소가 발견되었고, 그중 자연 상태에서 발견된 것이 300종 남짓이며 나머지는 인공 동위 원소이다. 자연 상태의 동위 원소 가운데 58종 및 인공 동위 원소의 상당수가 핵붕괴 반응을 하여 다른 원소로 변환된다. 1896년에 베크렐이 우라늄의 핵붕괴(핵붕괴로 인한 방사선의 방출)를 최초로 발견하였고, 이후 퀴리 부부가 방사성 동위 원소를 두 가지 더 발견하여 라듐과 폴로늄으로 명명하였다.

핵붕괴란 방사성 동위 원소가 α, β, γ선과 같은 방사선을 내놓으며 다른 원소로 변화하는 현상이다. 방사성 동위 원소란 일반적인 원소에 비해 불안정하여 다른 원자핵으로 변화하려는 성질을 가진 원소를 뜻하는데, 예를 들어 탄소 중에서 질량수 12를 갖고 있는 ^{12}C는 안정되어 있지만 ^{14}C는 β선을 내놓으면서 ^{14}N으로 바뀐다. 핵붕괴는 ^{14}C와 같은 방사성 동위 원소가 방사선을 내놓으면서 안정된 다른 원소로 바뀌는 것이다.

핵붕괴는 α선을 방출하는 알파 붕괴, β선을 방출하는 베타 붕괴, γ선을 방출하는 감마 붕괴 등으로 분류된다.

α선 입자는 헬륨의 원자핵(양성자 두 개＋중성자 두 개)으로서, 우라늄이나 토륨처럼 비교적 무거운 원소가 붕괴되는 과정에서 방출된다. 알파 붕괴 때 양성자 두 개와 중성자 두 개가 감소하므로, 모원소보다 원자 번호는 2만큼 작고 질량수는 4만큼 작은 자원소가 생긴다.

β선 입자는 전자인데, 중성자가 너무 많아 불안정한 핵에서 중성자가 한 개의 전자를 내보내면서 양성자로 변환되는 것이다.(대략 '중성자＝양성자＋전자'라고 할 수 있다.) 베타 붕괴 때 질량수는 변화가 없고, 양성자가 한 개 많아지므로

원자 번호만 1만큼 커진다.

감마 붕괴 때 방출되는 γ선은 짧은 파장을 갖는 일종의 전자기파(또는 광자)로서, 파장 영역은 X선과 상당 부분 겹친다. X선은 원자핵 주변의 전자의 에너지 준위가 낮아지면서 방출하는 것인 반면, γ선은 핵붕괴 과정에서 나오는 것이라는 차이가 있을 뿐이다.

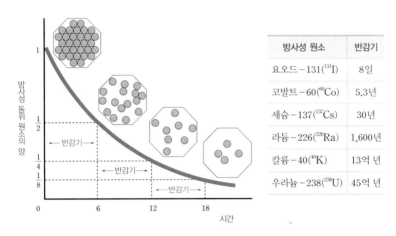

방사성 원소	반감기
요오드 – 131(^{131}I)	8일
코발트 – 60(^{60}Co)	5.3년
세슘 – 137(^{137}Cs)	30년
라듐 – 226(^{226}Ra)	1,600년
칼륨 – 40(^{40}K)	13억 년
우라늄 – 238(^{238}U)	45억 년

핵붕괴하는 방사성 동위 원소의 양
반감기가 일정한 특성을 보인다. 반감기는 방사성 동위 원소의 종류에 따라 대단히 다양하다.

핵붕괴에는 불확정성 원리가 적용되어, 어느 원자핵이 언제 붕괴될지 정확히 예측할 수 없으며 단지 확률만을 알 수 있다. 예를 들어 ^{14}C는 5,730년 내에 붕괴될 확률이 50%이다. 따라서 일반적으로 n개의 ^{14}C 원자핵을 가지고 있을 때, 5,730년이 지나면 ^{14}C 원자핵이 $\frac{n}{2}$개 남아 있을 것이고, 그 두 배인 11,460년이 지나면 ^{14}C이 처음의 $\frac{n}{4}$으로, 세 배인 17,190년이 지나면 $\frac{n}{8}$으로 줄어들어 있을 것이다.

 연대 측정

이처럼 핵붕괴하는 방사성 동위 원소는 일정한 기간 동안 절반으로 감소하는 특성을 보인다. 그리고 핵붕괴는 화학 반응과 달리 온도나 압력, 주변의 물질 등의 영향을 전혀 받지 않는다. 따라서 핵붕괴 반응에서 반감기가 일정하다는 것을 알 수 있다. 이러한 특성을 역으로 활용하여 방사성 원소가 남아 있는 양(비율)을 측정하여 연대를 추정할 수 있는데, 이러한 연대 측정법은 지질학, 고생물학, 고고학 분야에서 폭넓게 사용되고 있다.

예를 들어 ^{14}C는 5,730년의 반감기를 가지고 있어 고고학적 연대 측정에 폭넓게 사용된다. 228쪽 그림에서 볼 수 있듯이 ^{14}C는 대기권 상층에서 끊임없이 만들어지는 한편 β선을 내놓으며 핵붕괴하여 ^{14}N으로 변환된다. 이로 인해 자연 상태에서 ^{14}C는 전체 탄소 중 10^{-6} 정도의 비율을 유지한다. 그런데 대기 중의, 이산화탄소가 포함하는 탄소는 생물체 내의 탄소와 계속 순환된다. 생물체 내의 유기물은 공기 중 이산화탄소를 광합성하여 만들어진 것이고, 이렇게 유기물 속에 간직된 탄소는 다시 호흡을 통해 이산화탄소가 되어 다시 대기 중으로 날아가기 때문이다. 따라서 유기물 속에서도 전체 탄소 중에 ^{14}C가 차지하는 비율은 대략 일정하게 유지된다.

그런데 생물체가 죽고 나면, 더 이상 탄소가 외부로부터 공급되지 않는 반면 유기물 속의 ^{14}C는 꾸준히 붕괴되어 줄어들게 된다. 어떤 생물의 유해에 존재하는 ^{14}C의 비율이 원래 비율의 $\frac{1}{2}$이라면, 우리는 그 생물이 죽고 나서 ^{14}C의 반감기인 5,730년이 지났다고 추정할 수 있는 것이다.

지질학에서 사용하는 연대 측정법에는 여러 가지가 있는데, 대표적인 예가 ^{40}K이 γ선을 방출하며 붕괴하여 ^{40}Ar이 되는 현상이다. 칼륨 중 유일한 방사성 원소인 ^{40}K는 12억 5000만 년의 반감기를 가지고 있으므로, 긴 지질학적 연대를 충분히 측정할 수 있다.

그런데 암석 속에 있는 ^{40}K의 양을 측정하는 방법으로는 그 암석의 생성 연대를 알 수 없다. ^{40}K는 우주 형성 초기부터 존재했을 것으로 추정되므로, ^{40}K의 양을 측정함으로써 그 '암석'의 생성 연대를 알아내는 것은 불가능하다. 그 대신 핵붕괴의 결과 생성된 자원소인 ^{40}Ar의 양을 측정하면 연대를 알 수 있다. 아르곤은 기체이므로 원래 암석 속에 존재하지 않는다. 그런데 마그마가 식어 화성암이 된 이후에는 기체인 아르곤이 방출되지 못하고 암석 속에 갇혀 있게 된다. 따라서 암석 속의 ^{40}Ar의 양을 측정함으로써 그 암석이 형성된 시기(마그마가 식

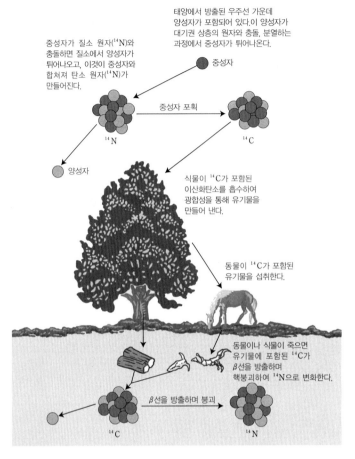

태양에서 방출된 우주선 가운데 양성자가 포함되어 있다. 이 양성자가 대기권 상층의 원자와 충돌, 분열하는 과정에서 중성자가 튀어나온다.

● 중성자

중성자가 질소 원자(^{14}N)와 충돌하면 질소에서 양성자가 튀어나오고, 이것이 중성자와 합쳐져 탄소 원자(^{14}N)가 만들어진다.

중성자 포획 →

^{14}N

^{14}C

○ 양성자

식물이 ^{14}C가 포함된 이산화탄소를 흡수하여 광합성을 통해 유기물을 만들어 낸다.

동물이 ^{14}C가 포함된 유기물을 섭취한다.

동물이나 식물이 죽으면 유기물에 포함된 ^{14}C가 β선을 방출하며 핵붕괴하여 ^{14}N으로 변화한다.

β선을 방출하며 붕괴 →

^{14}C

^{14}N

^{14}C을 이용한 연대 측정
유기물의 연대를 측정할 수 있으므로 나무, 직물, 종자 등 유기물로 구성된 유물의 연대를 측정할 때 사용한다.

어 화성암이 된 연대)를 알아낼 수 있다. 이 방법의 원리상, 퇴적암의 연대를 측정하기는 불가능하지만 화성암이나 일부 변성암의 연대는 측정할 수 있다.

 핵분열

핵분열은 우라늄이나 플루토늄 등의 원자에 적당한 속도의 중성자를 충돌시켜 원자핵을 분열시키는 반응이다. 중성자와 충돌한 ^{235}U는 순간적으로 ^{236}U이 되었다가 두 개의 원자핵(^{139}Ba와 ^{94}Kr)으로 분열하는데, 이 과정에서 γ선과 두세 개의 중성자를 내놓으며 많은 열을 방출한다. 이 반응식을 다음과 같이 표현할 수 있다.

$$^{235}_{92}\text{U} + {}^{1}_{0}\text{n} \rightarrow {}^{139}_{56}\text{Ba} + {}^{94}_{36}\text{Kr} + 3{}^{1}_{0}\text{n}$$

이 반응식의 우변의 입자들의 질량은 좌변의 입자들의 질량보다 작다. 질량 결손이 일어난 것이다. 결손된 질량은 아인슈타인의 유명한 방정식 $E = mc^2$에 따라 에너지로 전환된다. 그런데 이 식에서 c는 빛의 속도로서 매우 큰 값이므로, 핵분열 시 질량 결손으로 인해 방출되는 에너지는 막대한 양이다.(질량 결손은 핵분열뿐만 아니라 핵융합이나 핵붕괴, 기타 화학 반응이나 상태 변화를 포함한 모든 반응에서 나타난다. 예를 들어 화학 반응에서 생성 물질의 질량이 반응 물질보다 작으면 발열 반응이고, 그 반대이면 흡열 반응인 것이다. 다만 상태 변화나 화학 반응 등에서는 질량 결손이 극히 작기 때문에 질량이 보존된다고 보아도 무방하다.)

230쪽 그림의 (가)를 보면, 핵분열 과정에서 중성자가 방출된 것을 볼 수 있다. 그런데 이 중성자가 주변의 다른 ^{235}U와 충돌하여 또 다른 핵분열을 일으킬 수 있지 않겠는가? 그리고 거기서 방출된 중성자가 또 다른 핵분열을 일으키는 방식으로 핵분열이 꼬리에 꼬리를 물고 지속될 수 있다. 이러한 반응을 연쇄 반응이라고 부른다. 한편 230쪽 그림의 (나)에서 볼 수 있듯이 연쇄 반응이 지속되면 짧은 시간 안에 많은 우라늄 원자가 분열하여 막대한 열에너지와 γ선이 방출된다. 이를 이용한 폭탄이 바로 원자 폭탄이다. 히로시마에 투하된 원자 폭탄은 우라늄의 연쇄 반응을, 나가사키에 투하된 원자 폭탄은 플루토늄의 연쇄 반응을 이용한 것이었다.

원자로는 연쇄 반응을 통제하여 안정적으로 에너지를 얻는 장치이다. 원자 폭탄에는 핵분열하는 ^{235}U가 95% 이상, 핵분열하지 않는 ^{238}U이 5% 이하 비율로 섞여 있는 반면, 원자로에 들어가는 핵연료에는 ^{235}U가 2~5%, ^{238}U이 92~95%의 비율로 섞여 있다. 원자로에 삽입되는 제어봉에는 붕소, 카드뮴 등의 물질이 들어 있으며, 이들은 중성자를 흡수하는 역할을 함으로써 지나치게 많은

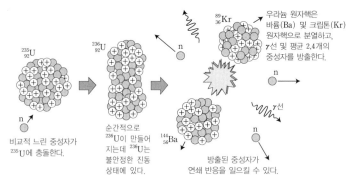

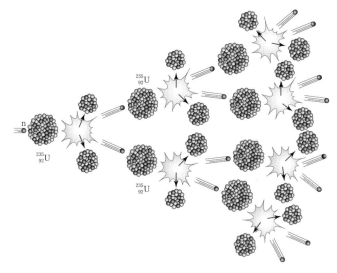

(가) ^{235}U에 중성자를 충돌시켜 일으킨 핵분열

(나) 핵분열 연쇄 반응의 모식도

^{235}U 핵분열

원자핵이 한꺼번에 분열되는 것을 막아 주는 방식으로 핵분열을 제어해 준다. 또한 중성자가 너무 고속이면 핵분열 반응을 일으키지 못하기 때문에 적당한 비율의 감속재를 넣어 주어야 한다. 감속재로는 흑연, 경수(보통 물 H_2O), 중수(중수소를 가진 물 D_2O) 등이 사용된다. 우리나라에서 가동되고 있는 원자력 발전소의 원자로는 월성의 중수로를 제외하면 모두 경수로이다.

원자력 발전은 다량의 방사성 폐기물을 남기는데, 특히 사용 후 핵연료는 두 가지 이유에서 뜨거운 감자가 되고 있다.

첫 번째, 사용 후 핵연료에는 핵분열 반응 과정에서 생성되는 부산물인 플루토늄이 들어 있는데, 이를 재처리하여 플루토늄을 뽑아 내면 나가사키형 원자폭탄을 만드는 데 사용할 수 있다는 것이다.(플루토늄을 원자로의 핵연료로 사용하려는 시도도 있으나, 플루토늄을 활용하는 원자로인 '고속 증식로'는 아직 실용화되지 않았으며 앞으로의 전망도 불투명한 실정이다.)

두 번째, 사용 후 핵연료가 고농도의 방사성 원소들을 포함하고 있어 핵붕괴 과정에서 강한 방사선을 방출한다는 것이다. 따라서 이를 오랫동안 외부와 철저히 격리된 시설(지하 동굴 등)에서 보관해야 하는데, 특히 일부는 수만 년에서 수십만 년 동안 보관해야 하는 것도 있다. 인류 문명의 역사가 겨우 몇천 년에 불과하다는 점을 고려하면 엄청나게 긴 기간이다.

원자력 발전 반대론자들이 원자력 발전에 문제를 제기하는 이유는 원자력 발전소 자체의 안전성 때문만이 아니다. 원자력 발전소에서 나오는 방사성 폐기물이 이처럼 쉽게 무기화될 수 있을 뿐만 아니라, 현세대의 편의를 위하여 후속 세대에게 이처럼 위험한 물건을 남겨 놓는 것이 정당화될 수 있느냐는 점에서 이들의 문제 제기를 진지하게 고려할 필요가 있다.

핵융합

모든 입자들은 온도 또는 에너지가 높아지면 분리되는 경향이 있다. 고체를 가열하면 분자 간 인력이 약해지면서 액체가 된다. 액체를 가열하면 분자 간 인력이 거의 0이 되면서 기체가 된다. 기체 분자에 에너지를 더 가하면 원자 간의 결합이 끊어져 원자들이 뿔뿔이 흩어진다.(결합을 끊는 데 필요한 에너지를 '결합 에너지'라고 하며, 화학 II에서 다룬다.) 원자에 에너지를 가하면 원자핵에서 전자가 분리된다.(전자를 방출시키는 데 필요한 에너지를 '이온화 에너지'라고 하며, 역시 화학 II에서 다룬다.) 모든 전자를 방출시키면 전자와 원자핵이 따로 놀게 되고 여기에 더 에너지를 가하면 원자핵을 구성하는 핵자(양성자·중성자)도 분리되는데, 핵-전자 간 분리 또는 핵자 간 분리가 이루어진 상태를 플라스마(plasma)

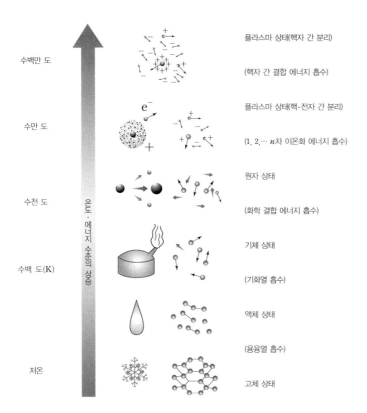

수백만 도	플라스마 상태(핵자 간 분리)
	(핵자 간 결합 에너지 흡수)
수만 도	플라스마 상태(핵-전자 간 분리)
	(1, 2, ⋯ n차 이온화 에너지 흡수)
수천 도	원자 상태
	(화학 결합 에너지 흡수)
수백 도(K)	기체 상태
	(기화열 흡수)
	액체 상태
	(용융열 흡수)
저온	고체 상태

온도·에너지 수준의 상승

물질의 분리 경향
온도 또는 에너지 수준이 높아지면서 분자 간 분해, 원자 간 분해, 원자핵−전자 간 분해, 그리고 최종적으로 핵자 간(양성자·중성자 간) 분해가 이루어진다.

상태라고 한다.

플라스마 상태에 이르기 위해서는 매우 높은 온도가 필요하다. 주변에서 흔히 볼 수 있는, 핵−전자 간 분리가 이루어진 플라스마 상태는 형광등, 네온사인, 번개, 지구 전리층(오로라), 겉불꽃 화염, 태양 코로나, 우주 공간 등에서 찾아볼 수 있다. 형광등이나 네온사인의 예에서 알 수 있는 것처럼, 기체가 희박한 상태에서는 비교적 손쉽게 이러한 플라스마 상태를 만들어 낼 수 있다.

태양 중심부는 온도 1500만 도, 압력 30억 기압에 이른다. 따라서 전자는 물론이고 양성자와 중성자도 종종 분리된 상태로 있게 된다. 즉 핵자 간 분리가 이루어진 상태이다. 핵자 간 분리가 이루어진 상태에서 양성자(수소 원자핵)가 주변의 다른 전자 및 양성자와 반응하여 헬륨 원자핵을 만드는데, 이 반응을 핵융

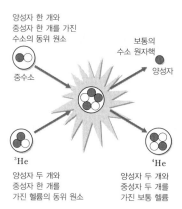

양성자 한 개와
중성자 한 개를 가진
수소의 동위 원소

중수소

보통의
수소 원자핵

양성자

³He

⁴He

양성자 두 개와
중성자 한 개를
가진 헬륨의 동위 원소

양성자 두 개와
중성자 두 개를
가진 보통 헬륨

태양 중심부에서 이루어지는 핵융합 반응

합이라고 한다. 태양 중심부에서 이루어지는 핵융합 반응을 다음과 같은 식으로 정리할 수 있다.

$$_1^2\mathrm{H} + {_2^3}\mathrm{He} \longrightarrow {_2^4}\mathrm{He} + {_1^1}\mathrm{p}^+ + \text{전자기파}$$

위 반응식의 좌변을 보면 중수소와 헬륨이 있는데, 이러한 중수소나 헬륨은 모두 플라스마 상태의 양성자(수소 원자핵)가 주변의 다른 전자나 양성자 등과 합쳐져 만들어진 것이다.(예를 들어 양성자와 전자가 결합하면 중성자가 되고, 중성자 한 개와 양성자 한 개가 결합하면 중수소 ^{2}H가, 중성자 두 개와 양성자 한 개가 결합하면 ^{3}He이 된다.) 따라서 태양 중심에서 벌어지는 핵융합 반응은 궁극적으로 수소가 반응하여 일어나는 것이라고 할 수 있으며, 이를 거칠게 "수소 원자 네 개가 핵융합하여 헬륨 원자 한 개가 만들어진다."라고 표현하기도 한다.

핵융합 반응에서도 질량 결손이 일어나면서 막대한 에너지가 방출된다. 핵융합은 태양을 포함한 항성들의 에너지원이다. 핵융합을 인공적으로 일으켜 발전을 할 수 있다면 인류의 에너지 문제가 해결될 것이다. 그러나 핵융합을 위한 플라스마 상태를 만들고 유지하는 데 막대한 에너지가 들어가기 때문에, 아직은 생산되는 에너지보다 투입되는 에너지가 더 많은 실정이다. 핵융합 발전이 상용화되려면 오랜 기간이 필요하며 궁극적으로 성공할지 여부도 불투명하다는 것이 전반적인 견해이다.

핵융합 반응에 엄청난 에너지(온도)가 필요한 이유는 무엇일까? 핵융합은 원자핵을 구성하는 핵자들끼리 직접 반응하는 것이다. 그러려면 일단 원자핵과 전자가 분리되는 플라스마 상태여야 한다. 전자가 둘러싸고 있는 상태에서는 전자끼리의 반발력으로 인해 두 원자핵 사이의 반응이 일어나기 어렵기 때문이다. 일단 플라스마 상태를 만든 이후에도, 원자핵들은 양성자를 가지고 있어 서로 반발하므로 이를 극복하고 핵융합 반응이 일어나도록 하려면 원자핵이 엄청난 운동 에너지를 갖도록 해야 한다. 그러기 위해서는 이것들이 엄청나게 높은 온도로 가열되어야 하는 것이다.

핵융합은 무기 개발 과정에서 일찌감치 실용화되었다. 수소 폭탄이 바로 그것인데, 1945년 원자 폭탄이 개발되어 투하된 지 7년 후인 1952년에 미국에서 최초로 개발되었다. 수소 폭탄에는 소형의 원자 폭탄이 들어 있다. 원자 폭탄이 폭발하면서 온도가 극히 높은 플라스마 상태가 만들어지고 이 상황에서 핵융합 반응이 일어나는데, 이를 통하여 핵분열보다 더욱 많은 에너지를 방출시키는 것이 가능하다.(실제로 최근의 대형 핵무기는 대부분 원자 폭탄이 아닌 수소 폭탄이다.) 핵분열에서 다량의 방사선이 방출되는 반면, 핵융합 반응에서는 방사선이 그다지 방출되지 않지만, 핵융합이 일어나는 주위를 ^{238}U(핵분열에 사용되는 ^{235}U 보다 무겁다.)로 감싸기 때문에 핵융합 과정에서 발생되는 중성자가 이 ^{238}U을 분열시켜 많은 방사선을 방출한다.

🧪 원소의 역사

우주의 시초인 대폭발 초기에 우주의 온도는 엄청난 수준이었을 것이다. 대폭발 이후 10^{-32}초가 지났을 때 우주의 온도가 10^{27}도 정도였으니 말이다. 이때에는 양성자나 중성자를 구성하는 쿼크(quark)마저도 해체된 플라스마(흔히 쿼크-글루온 플라스마라고 부른다.) 상태였을 것으로 추정된다. 대폭발 이후 10^{-6}초가 지나면 온도가 10^{13}도 수준으로 떨어지면서 비로소 쿼크들이 결합하여 핵자들(양성자·중성자)을 형성하였다고 추정된다.

양성자와 전자가 결합하여 최초의 수소 원자가 형성된 것이 대폭발 40만 년 이후, 온도가 3,000도 정도 되었을 때로 추정된다. 비로소 우주가 전기적으로 중성인 입자들로 가득 차게 된 것이다. 이때 수소 원자에서 방출된 전자기파는 중성 원자들로 가득 찬 우주에서 전혀 산란되거나 흡수되지 않았을 것이고, 지금도 우주 어느 방향에서나 균일하게 검출된다. 이를 우주 배경 복사라고 하는데, 1940년대 가모브가 예언하고 1965년 펜지어스와 윌슨이 관측하여 이들에게 노벨상을 안겨 주었다.

대폭발 초기의 엄청나게 높은 온도에서 수소와 헬륨 등이 형성되었으나, 원자

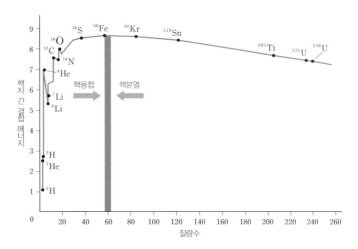

핵자(양성자 · 중성자) 간 결합 에너지

이 결합 에너지가 클수록 핵자를 분리시키는 데 많은 에너지가 필요하므로, 원자핵이 안정한 상태에 있다고 할 수 있다. 철(Fe)의 결합 에너지가 제일 큰 것으로 보아, 철 원자핵이 가장 안정한 상태임을 알 수 있다. 철보다 무거운 원소는 핵분열을 하여 질량이 작아지려는 경향이 있고, 철보다 가벼운 원소는 핵융합을 하여 질량이 커지려는 경향이 있다.

번호 3인 ^{7}Li을 마지막으로 더 이상 무거운 원소는 형성되지 않았다. 대략 탄소~칼슘 사이의 원소들이 항성의 중심부에서 핵융합에 의해 형성되었고, 이들이 중성자에 충돌하여 더 무거운 금속 원소들을 형성하였다고 추정된다. 또한 초신성 폭발 등에 의해서도 원소들이 형성되었을 것으로 보인다.

위의 그림은 핵자 간 결합 에너지를 보여 준다. 핵자 간 결합 에너지는 원자핵을 구성하는 핵자(양성자 · 중성자)들의 전체 결합 에너지를 원자핵의 핵자 수(질량수)로 나눈 것이다. 이 값이 가장 큰 원소는 질량수 56인 철이다. 즉 철의 원자핵이 가장 안정한, 즉 핵자 간을 떼어 놓으려면 큰 에너지를 가해야 하는 원자핵인 것이다. 철보다 무거운 원소는 핵분열을 하여 철 쪽으로 변화하려는 경향이 있고, 철보다 가벼운 원소는 핵융합을 하여 역시 철 쪽으로 변화하려는 경향이 있다. 물론 실제로 철로 변화하는 것은 아니지만, 핵자 간 결합 에너지가 가장 큰 철이 되려는 경향은 뚜렷하게 나타난다.

α선, β선, γ선과 같은 방사선은 다양하게 활용되고 있다. 방사선은 투과성을 가지고 있으므로 이를 비파괴 검사 등에 이용할 수 있다. 비파괴 검사란 방사선을 제품에 투과시켜 겉으로 드러나지 않는 결함이나 생산된 제품의 두께 변화 등을 알아내는 방법이다. 또한 방사선을 이용하여 식품을 멸균하기도 하고, 방사선을 쪼임으로써 유전자 돌연변이를 유발하여 품종 개량에 활용하기도 한다.(요즘은 유전자 조작이 발달하면서 이 같은 방법은 거의 쓰이지 않게 되었다.)

방사선을 방출하는 방사성 동위 원소를 추적자로 사용하여 진단이나 물질 추적용으로 사용할 수도 있다. 예를 들어 갑상선에서 만들어 내는 티록신의 원료로 요오드가 사용되기 때문에 갑상선은 체내의 요오드를 흡수하는 성질이 있다. 방사성 요오드를 체내에 주입하면 역시 갑상선에 흡수되는데, 방사성 요오드가 방출하는 방사선을 측정하면 암이 생겼는지 여부를 판단할 수 있다. 갑상선에 암이 생기면 암세포는 증식이 빠르기 때문에 특히 많은 양의 요오드를 흡수하므로, 통상적인 경우보다 많은 방사선이 방출되면 갑상선에 암이 생겼다고 추정할 수 있다.

최근에는 전통적인 α선, β선, γ선 이외에도 양성자 선, 중성자 선 등의 다양

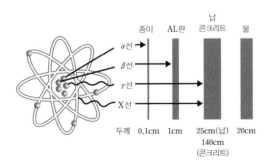

방사선의 투과력
γ선은 핵반응 때 방출되는 것이고 X선은 전자의 에너지 준위가 떨어지거나 하전 입자가 가속 운동할 때 방출되는 것이어서 엄밀하게 보면 서로 다르지만, 파장 영역이 상당 부분 겹치므로 거의 동의어처럼 바꿔 쓰기도 한다.

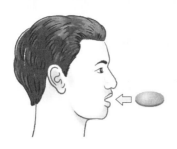

방사성 요오드를 흡입한다.

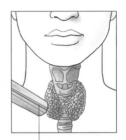

갑상선에 모인 방사성 요오드가
방출하는 감마선을 측정한다.

방사성 요오드를 이용한 갑상선암 진단법
암이 생기면 갑상선 요오드의 흡수량이 많아지므로, 방출되는 감마선의 양도 많아진다.

한 방사선들이 활용되고 있다. 암세포를 죽이는 데 β선, γ선과 더불어 양성자 선이 활용되고 있다. 지뢰를 탐지할 때에는 중성자 선이 활용된다. 중성자를 쪼여 주면 폭약의 주성분인 질소가 이를 흡수했다가 고에너지의 감마선을 방출하는데, 이를 탐지하여 지뢰를 찾아내는 것이다. 전통적인 금속 탐지기로는 찾아낼 수 없는 플라스틱 지뢰도 이러한 방법으로 찾아낼 수 있다.

1 다음 제시문을 읽고 물음에 답하시오.

〈2004 성균관대 수시 2〉

모든 원자는 (+) 전하로 대전된 핵을 가지고 있다. 핵은 전체 원자의 크기보다 훨씬 작지만, 원자 질량의 대부분을 차지하고 있다. 원자핵은 양성자와 중성자로 이루어져 있다. 양성자는 (+)로 대전된 입자이며 전자의 1,836배의 질량을 가지고 있다. 중성자는 양성자와 거의 동일한 질량을 가지고 있으나 전하는 가지고 있지 않다. 핵 속의 양성자의 개수를 나타내는 숫자 Z를 원자 번호라고 부른다. 그리고 중성자의 개수를 N이라 한다. 질량수 A는 양성자의 개수 Z와 중성자의 개수 N을 더한 값이다.(A=Z+N) 고유한 수치의 Z와 N을 가진 원자핵의 종류를 핵종(核種, nuclides)이라고 한다. 어떤 핵종은 동일한 Z를 가지고 있으나 N이 서로 다른데, 이를 그 원소의 동위 원소라고 부른다. 원소의 일반적인 표기법은 $^Z_A E$이다. 예를 들어 $^{235}_{92}U$과 $^{238}_{92}U$는 우라늄의 동위 원소이다. 대부분의 동위 원소는 불안정한 구조를 가지고 있으며 α선, β선 또는 γ선을 방출하며 붕괴한다. α선 입자는 $^4 He$의 핵으로서 두 개의 양성자와 두 개의 중성자를 가지고 있다. β선 입자는 전자 또는 양전자(양으로 대전된 전자)이다. γ선 입자는 높은 에너지를 가진 광자(빛)이다.

방사성 원자핵의 개수는 통계적인 과정을 거쳐 감소한다. 특정한 원자가 언제 붕괴할지를 예측하는 것은 불가능하지만, 시간 t가 지났을 때 남아 있는 방사성 원자핵의 개수 $N(t)$는 다음 식으로 나타낼 수 있다.

$$N(t) = N_0 e^{-kt}$$

여기서 N_0는 $t=0$일 때 방사성 원자핵의 개수이고, k는 붕괴율을 나타내는 상수이다. 반감기 τ는 방사성 원자핵의 중요한 특성으로서, 방사성 원자핵이 N_0일 때의 개수의 절반이 될 때까지 걸리는 시간이다. 즉 $N(t)$이 $\frac{1}{2}N_0$가 되는 데 걸리는 시간인 것이다.(즉 $N(\tau) = \frac{1}{2}N_0$이다.)

최근 방사선 노출이 심각한 우려를 일으키고 있다. 그러나 일상생활에서 우리는

1년에 240밀리렘(mrem) 정도의 우주에서 오는 방사선 및 토양·건물 등에서 비롯된 자연 방사선에 노출되어 있다. 우리 신체 전체가 한 번에 20밀리렘까지의 방사선에 노출되어도 별다른 즉각적 효과를 일으키지 않는다. 정부는 방사선 관련 산업에 종사하는 노동자들을 위하여 1년에 자연 방사선을 제외하고 최대 500밀리렘까지를 허용하도록 규제하고 있다.

(1) 위에 주어진 정보를 통하여 τ와 k 사이의 관계를 도출하시오.

(2) 세 종류의 방사성 원자핵 A, B, C가 있고 이들의 양은 N_0로서 서로 동일하다. 그들의 반감기 τ_A, τ_B, τ_C의 비율이 $\tau_A : \tau_B : \tau_C = 1 : 2 : 3$이라면, 한 그래프에 각 원자핵의 $N(t)$들을 점들을 찍고 그들이 일으키는 핵붕괴 반응의 양상을 비교하시오.

(3) 앞의 A, B, C 원소로부터 방출된 입자들의 정체를 알아내기 위하여 다음과 같은 실험이 시행되었다.

(a) A와 C가 방출한 입자들만이 얇은 나무 판을 통과할 수 있었다.
(b) A가 방출한 입자들만이 얇은 철판을 통과할 수 있었다.

이 같은 관찰에 근거하여 A, B, C가 방출한 각 입자들이 무엇인지를 밝히고 그렇게 생각한 이유를 밝히시오.

(4) 위의 방사성 동위 원소들은 인체에 해로울 수 있으므로 조심스럽게 다루어져야 한다. 방사선의 생물학적 효과는 다음 세 가지로 분류된다.

(a) 생체 조직에 대한 즉각적인 위험. 예를 들어 10만 밀리렘 이상의 고방사선을 쬐면 며칠 사이에 심한 설사, 백혈구의 급격한 감소, 머리카락이 빠지는 현상 등이 일어난다.
(b) 오랜 기간에 걸쳐 나타나는 장기적 효과
(c) 다음 세대에서 드러나는 유전적 결함

① 인간에서 나타나는 (b)의 대표적 사례로 무엇을 들 수 있는가?
② 자손은 방사선에 노출된 적이 없는데도 유전적 결함이 나타날 수 있다. 어떻게 그럴 수 있는지 설명하시오.

핵붕괴의 몇 가지 측면을 미리 알아 두어야 한다. 첫째, 원자핵이 더 낮은 에너지 수준의 안정적인 상태로 변화하는 과정이라는 것, 둘째, 어떤 원자가 붕괴할 것인지는 완전히 확률적인 과정이며 붕괴된 원자핵의 비율이 50%가 되는 기간(즉 반감기)은 계속 일정하게 유지된다는 점에서 반응률이 일정한 반응이라는 것, 셋째, 그 과정에서 방사선이 방출되며 α선, β선, γ선은 그 특성과 투과력이 크게 다르다는 것이다.

예시 답안

(1) 시간 t가 지난 이후에 남아 있는 방사성 원소의 개수는 $N(t) = N_0 2^{\frac{-t}{\tau}}$로 나타낼 수 있다. 이를 제시문에 주어진 식 $N(t) = N_0 e^{-kt}$과 비교해 보면 결국 $2^{\frac{-t}{\tau}} = -kt$이므로, 양변의 항에 자연로그를 씌워 정리해 보면 $k = \dfrac{\log 2}{\tau} \fallingdotseq \dfrac{0.693}{\tau}$의 관계가 있음을 알 수 있다.

(2) 반감기 비율이 $1:2:3$이므로, A가 가장 빠르게 핵붕괴를 일으키고 C가 가장 느리게 핵붕괴를 일으킨다고 할 수 있다.

(3) A에서 방출된 것이 가장 투과력이 강한 γ선일 것이다. C에서 방출된 것은 투과력이 그 다음인 β선일 것이고, B에서 방출된 것이 투과력이 가장 약한 α선일 것이다.

(4) ① 체세포의 DNA가 돌연변이를 일으켜 종양이 발생할 수 있다.
② 생식 원세포 또는 생식 세포의 DNA가 돌연변이를 일으키면 이것이 수정 과정을 거쳐 자손에게 전해질 수 있다.

2 다음 제시문을 읽고 물음에 답하시오.

〈2007 동국대 수시 2〉

  1940년대 미국은 그 당시 22억 달러를 들여서 원자 폭탄 개발 계획 '맨해튼 프로젝트'를 추진하였다. 현재의 가치로 환산하면 200억 달러가 넘는 금액으로, 우리나라 2007년도 과학 기술 예산인 9조 8000억 원의 2배가 넘는 금액을 하나의 프로젝트에 투자한 것이다. 그 결과 미국은 제2차 세계 대전의 종지부를 찍는 원자 폭탄을 개발하였고, 현재 세계 1위의 강대국이 되었다. 현재는 원자 폭탄의 기본 원리와 구조가 고교 물리 교육 과정에 나올 만큼 제작 정보가 공개되었다. 그렇지만 실제적으로 원자 폭탄을 제조하는 것은 쉬운 일이 아니다. 원자 폭탄의 원료가 되는 우라늄(U-235)과 플루토늄(Pu-239)을 구하기가 쉽지 않기 때문이다.

  우라늄 폭탄을 제조하기 위해서는 천연 우라늄 광석에 0.7% 정도 들어 있는 우라늄을 뽑아 내어 순도 90% 이상으로 농축해야 하는데, 이 과정이 보통 어려운 일이 아니다. 플루토늄은 원자로에서 쓰고 남은 연료를 재처리해 구할 수 있기 때문에 상대적으로 구하기 쉬운 편이지만 섬세한 기술이 필요하다. 일단 원료를 확보하더라도 제조 과정 난이도에서는 상당한 차이를 보이게 된다. 제2차 세계 대전에서 미국이 히로시마에 투하한 것은 바로 우라늄 폭탄으로, 비교적 제작 과정과 구조가 간단하여 미리 핵실험을 해 볼 필요성이 없는 것이었다. 이에 반해 나가사키에 사용된 핵폭탄은 플루토늄 폭탄으로서, 순간적으로 핵분열 연쇄 반응을 일으키는 기폭 기술이 매우 정교해야 하므로 대개 핵실험은 기폭 기술을 개발하기 위한 것이다.

  플루토늄 폭탄은 중성 자원인 플로늄과 베릴륨이 중심부에 있고 그 주변으로 플루토늄 조각들이 나열된 형태로 되어 있다. 플루토늄 바깥쪽에는 고성능 폭약이 채워져 있고 10cm 두께의 반사체가 이들을 둘러싸고 있다. 기폭 장치에 의하여 플루토늄 주변의 고성능 폭약이 터지면서 그 충격파로 플루토늄이 중성자원과 부딪치게 되고 핵분열 연쇄 반응에 들어간다. 반사체는 밖으로 나가려는 중성자를 안으로 되돌려 보내 강력한 폭발을 유발한다. 플루토늄을 둘러싼 폭약의 폭발 타이밍 오차가 100만분의 1초 이내이고 핵물질 이동 속도가 초속 1,000m 이상이면 핵폭발은 최대의 위력을 발산한다. 이러한 과정이 제대로 이루어지지 않으면 작은 폭발이 일어나고 핵실험은 성공적이지 못한 결과를 낳게 된다.

5장 • 핵반응과 방사선 **241**

⑴ 최근 북한이 행한 핵실험의 규모를 4Kt 정도를 예상하였으나 1Kt 이하의 핵실험 징후가 포착되었다고 발표하였다. 제시문을 바탕으로 북한 핵실험 상황을 분석하여 추정할 수 있는 내용을 기술하시오.

⑵ 제시문을 참고하여 우리나라는 핵폭탄 보유가 (a) 필요하다, (b) 불필요하다는 두 주장을 각각 논리적으로 서술하시오.

 논술 길잡이

시사적인 소재를 활용하면서도 핵분열에 대한 상당한 수준의 이론적 지식을 요구한다는 점에서 까다로운 문제이다. 핵분열을 일으키기 위해서는 분열하는 우라늄이나 플루토늄 원자가 적당한 비율로 준비되어 있어야 하며, 정밀한 기폭 장치를 이용하여 적당한 속도의 중성자를 만들어 냄으로써 연쇄 반응을 촉발해야 한다.

예시 답안

(1)　천연 우라늄을 원자 폭탄에 이용할 수 있는 수준으로 농축하기는 어려우므로, 북한은 기술적으로 좀 더 간단히 얻을 수 있는 플루토늄을 얻으려 했을 것이다. 북한이 핵시찰을 거부한 기간 동안 원자로에서 얻은 사용 후 핵연료를 재처리하여 플루토늄을 얻었을 가능성이 큰 것이다. 그런데 제시문에 따르면 플루토늄 폭탄은 매우 정교한 기폭 장치를 요구한다. 북한이 핵실험한 폭탄의 위력이 예상보다 약하게 관측된 것으로 보아, 북한의 핵실험은 기폭 장치의 기술적 결함 때문에 원하는 수준의 폭발에 이르지 못한 '절반의 성공' 이었던 것으로 보인다.

(2)　일단 국방을 위하여 미국의 핵우산으로부터 벗어나 독자적인 핵폭탄을 가지는 것이 필요하다는 주장이 있을 수 있다. 핵 보복 능력을 확보한다면

어떤 나라도 도발할 수 없을 것으로 예상할 수 있기 때문이다. 반대로 핵폭탄의 보유가 동북 아시아 지역(특히 일본)의 군비 경쟁을 가속화해 한반도 정세를 더욱 위험하게 만들 수 있다는 주장도 가능하다. 국민 복지와 경제를 우선시한다면 여러 위험 부담과 막대한 경비를 들여 핵을 보유하는 것이 필요 없다고 볼 수도 있다.

과학 상식 Upgrade 반감기는 왜 일정할까?

화학에서 다루고 있는 반응 속도론을 통해, 반감기가 일정하게 되는 이유를 알아낼 수 있다. 다음 반응식과 같은 1차 반응을 살펴보자.

$$A \rightarrow B$$

이 반응이 A의 농도에 대한 1차 반응이라면, 즉 반응 물질의 농도에 비례하는 반응이라면,

$$v = k[A] = -\frac{d[A]}{dt}$$

로 나타낼 수 있고, 양변을 적분하면 다음과 같다.

$$-\ln\frac{[A]_t}{[A]_0} = -kt, \ [A]_t = [A]_0 e^{-kt}$$

여기서 반감기 $t_{1/2}$은 다음과 같은 관계를 보인다.

$$t_{1/2} = \frac{\ln 2}{k} = \frac{0.693}{k} = 일정$$

방사성 동위 원소의 핵붕괴 반응은 전형적인 1차 반응으로서, 반응 물질의 양에 관계없이 일정한 반감기를 갖는다. 그리고 일반적인 화학 반응과 달리 외부의 환경 변화, 즉 온도, 압력의 변화 등의 영향을 전혀 받지 않는다. 이러한 특징 때문에 방사성 동위 원소의 핵붕괴가 연대 측정에 이용되는 것이다.

방사성 동위 원소는 반감기가 1회 지나는 동안 평균적으로 절반의 원소가 붕괴하는데, 이것은 완전한 확률적 과정이다. 즉 다음 반감기 동안에 어떤 원자가 붕괴하고 어떤 원자가 붕괴하지 않은 채로 남게 될지는 불확정성 원리에 따라 예측 불가능하다.

더 읽을 거리

과학, 기술, 환경
— 환경 문제를 논하는 데 쓰이는 통속적 과학·기술 개념 비판

논술 시험을 치르고 대학에 들어온 사람들은, "환경 문제의 원인과 대책을 현대 과학 기술의 성격과 관련시켜 논하라."라는 따위의 문제들을 본 적이 있을 것이다. 그리고 시험 대비를 위해서 이런 문제들의 예비 답안을 작성해 보거나 미리 제시된 모범 답안의 논지를 머릿속에 구겨 넣은 경험이 있을 것이다.

확실히, 객관식 문제에 얽매여 수험생들의 사고력이나 논지 전개 능력을 측정할 방법이 없었던 과거의 입시와 비교해 볼 때, 논술 과목이 추가된 것은 하나의 진보이다. 그러나 논술 문제와 모범 답안이 이제 막 개화하려는 수험생들의 비판적 사고력에 '덮개'를 씌워 버리는 일도 종종 볼 수 있다. 특히 늘 사용하는 용어라고 해서 별다른 생각 없이 사용하는 경우에, 의외로 심각한 인식의 장애가 발생하곤 한다. 그 대가는 좀 더 분석적이고 비판적인 사고의 봉쇄, 그리고 그로 인한 실천에서의 오류 또는 무능력이다.

이 글에서 나는 집중적으로 '과학'과 '기술' 개념을, 그리고 이와 관련된 한도 안에서 '자연'과 '인간' 개념을 다루려 한다. 과학·기술은 환경 문제와 관련하여 매우 중요하며, 따라서 환경 문제와 과학·기술의 관계에 대한 논술 문제가 출제되는 것은 매우 자연스러운 일이다. 그러나 모범 답안에 등장하는 통속적인 과학·기술 개념은 더욱 심층적인 분석을 체계적으로 가로막는 장애 요인으로 작용하기 일쑤이다.

이 개념을 해부하는 것은 만만치 않은 과제이다. 통속적인 과학·기술 개념이 상당한 사상적 지지 세력을 갖고 있기 때문이다. 그 지지 세력은 셸링, 하이데거, 아도르노, 마르쿠제, 하버마스 등 하나같이 사상사에서 주요한 자리를 차지하고 있는 일련의 독일 논자들이며, 부분적으로는 헤겔, 마르크스, 후설, 베버까지 여기에 속한다. 나는 이들의 개념을 편의상 '독일식'이라고 지칭하겠다.

나의 문제 의식은, 독일식 과학·기술 개념이 미치는 영향이 단지 논술 모범 답안에 그치지 않는다는 데 있다. 환경 문제에 대하여 '철학적'으로 사고하려는 생태주의자, 문명 비판가, 사회 과학자, 환경 운동가들의 거의 모든 시도가 암암리에 독일식 과학·기술 개념에 근거를 두고 있는 것이다. 이 글의 목적은 통속적인 과학·기술 개념을 독일식 과학·기술 개념까지 소급하여 분석하는 것, 그리고 이를 통해 통속적 과학 · 기술 개념에서 비롯되어 환경 운동에 작용하는 주요한 인식의 장애를 타파하고 새로운 과학 · 기술 개념의 실마리를 제안하는 것이다.

과학과 기술을 동류로 보지 말라

서구에서 '과학과 기술'이라는 두 단어는 마치 한 세트처럼 묶여 쓰이곤 한다. 우리말의 경우는 더 심해서, '과학 기술'을 아예 한 단어처럼 사용한다. 우리는 과학 기술 문명을 거론하는 수필이나 과학 기술 정책을 논하는 신문 기사에 대단히 익숙해져 있다.

나는 이에 대하여 문제를 제기한다. 이런 나에게, 사람들은 웬 새삼스런 시비냐고 물을 것이다. 적어도 근대 과학이 성립된 이후에는 과학이 기술로 응용되어 중요한 기술 발전을 이루어 냈다는 것이 우리의 상식이기 때문이다. 뉴턴 역학 없이 기계를 도입한 공장이 성립할 수 있었겠는가? 열역학의 발전 없이 증기 기관이 나올 수 있었겠는가?

그런데 놀랍게도, 이러한 반문에 대한 대답은 모두 '그렇다'이다. 우선 고전 역학이 성립된 이후 200년 동안 역학의 성과는 천체의 운행을 좀 더 정확하게 계산하고 예측해 낸 데 있었지, 광산을 굴착하고 기계를 돌린 데 있지 않았다. 산업 혁명을 상징하는 방적기 · 방직기들은 모두 고전 역학의 도움 없이 만들어졌고, 와트의 증기 기관이 블랙의 잠열(潛熱) 이론을 응용한 것이라는 통념은 근거 없는 것임이 밝혀졌다. 그 밖에 르블랑이 개발한 염료, 여러 차례 개선된 철강 제련법 등도 당대의 화학 이론과 아무런 상관이 없었다.

산업 혁명기 영국의 지방 도시들에는 사교 클럽을 겸한 과학 학회들이 설립되었고, 와트도 버밍엄의 월광 학회(Lunar Society)에서 당대의 과학자들과 친분을 맺을 수 있었다. 그리고 그들로부터 실험, 즉 단순한 시행착오법에서 벗어난, 면밀하고 계획된 실험의 방법을 배워서 증기 기관 개발에 써먹었다. 요컨대 과학에서 사용하는 실험이라는 '방법'이 기술 개발에 소용이 되었던 셈이다.

하지만 당대의 과학 '이론'은 결코 기술 개발에 응용되지 않았다. 엄밀한 의미에서 과학을 기술에 '응용'한다는 것은, 구체적인 기술적 문제들을 과학 이론이 제공하는 용어들로 서술한다는 뜻이다. 과학 이론은 서로 밀접하게 연관되어 있는 용어들의 체계이다. 어떤 한 용어는 특정한 이론 속에서만, 즉 다른 용어들과의 관계 속에서만 그 정확한 의미를 부여받는다. 과학 이론을 구성하는 용어 중에는 일상 언어에 없는 신조어가 많고, 일상 언어와 겹치는 용어라 할지라도 과학 이론 안에서는 일상 언어에서의 의미와 다른 의미를 부여받는 경우가 많다.

이를테면 고전 역학 이론에서 '힘'은 일상 언어에서와 달리 질량과 가속도의 곱으로 정의된다. 그런데 이 '힘'이, 통념과는 달리, 산업 혁명기에 기술적인 문제들을 다룰 수는 없었다. 기술 개발에 종사한 사람들은 나름대로 경험과 실험을 통해 체계화된 지식을 가지고 있었으나, 그 지식은 과학 이론이 제공하는 용어로 서술된 것이 아니었다. 당대의 역학은 천체의 운행처럼 비교적 이상적인 상황에서 벌어지는 현상은 설명할 수 있었지만, 기술자들이 겪는 복잡다단한 문제들을 해결하거나 서술할 수 있을 정도로 충분히 발전되지 못했던 탓이다.[1]

물론 이후에 상황은 바뀌었다. 19세기 후반 들어 화학이 화학 공업에, 전자기학이 전기 공업에 응용되기 시작했고, 이후 날이 갈수록 여러 분야의 과학 이론들이 기술에 응용되었던 것이다. 이렇게 과학과 기술의 거리가 좁혀지면서, 과학 이론을 확장하고 정교화하는 과학 '연구'와 구체적인 실용적 목표를 충족시키는 기술 '개발'이 접목된 '연구 개발(R & D, research and development)'이라는 용어가 널리 사용되는 상황에 이르렀다. 이제 한 개인이나 연구자 조직이 과학과 기술 양편에 걸쳐 있는 연구 개발 프로젝트를 수행하는 것이 전혀 이상하지 않게 되었다.[2]

따라서 혹자는 내 주장이 19세기까지는 맞을지라도, 과학과 기술이 제도적으로 접합된 20세기의 상황에는 더 이상 들어맞지 않는다고 반박할 것이다. 그렇다면, 이렇듯 과학과 기술이 제도적으로 밀접하게 결부된 지금, 우리가 여전히

---

1 이에 관해서는 찰스 C. 길리스피, 「산업의 자연사」, 『근대 사회와 과학』, 창작과 비평사 : 피터 메이시아스, 「1600~1800년의 과학과 기술상의 변화」, 『역사 속의 과학』, 창작과 비평사 참조.

2 이 과정에 대해서는 임경순, 『20세기 과학의 쟁점』, 민음사 : 김명자, 『현대 사회와 과학』, 동아출판사 : 오진곤, 『과학과 사회』, 전파과학사 참조.

과학과 기술을 구분해야 하는 이유는 무엇일까?

무엇보다도 나는 과학에 대한 평가 기준과 기술에 대한 평가 기준이 크게 다르다는 점을 들겠다. 설계 중이거나 현존하는 여러 생산 기술들을 평가하는 경우를 생각해 보자. 우리는 생산 기술들을 "얼마나 이익을 가져다주는가?" 하는 차원에서, 예컨대 판매 증가나 원가 절감에 얼마나 기여하는가를 기준으로 평가할 수 있다.

반면, 우리가 서로 경쟁하고 있는 과학적 가설들을 평가할 때, 이러한 기준은 적용할 수 없다. 물론 과학계에서도 기술적인 응용 가능성이 적다거나 너무 경비가 많이 든다는 이유로 연구비를 지원받지 못하는 경우가 많다. 하지만 연구비 지원에서 뒷전으로 밀렸다는 이유로 어떤 과학적 이론이나 가설이 '글러먹은 것'이라거나 '좋지 않은 것'이라고 평가되지는 않는다.

반면, 기술의 경우에, 예컨대 이익을 가져다주지 못하는 생산 기술을 '좋지 않은 생산 기술'이라고 평가하는 것은 이상한 일이 아니다. 과학이 기술로 응용되는 경우에도 기술은 결코 과학의 이론적 내용으로부터 '연역'되는 것이 아니다. 과학은 기술을 일의적으로 결정하지 않는다.

물론 그렇다고 해서 과학이 사회적 관계들의 영향을 받지 않는 무풍지대라는 말은 아니다. 한 사회의 지배적인 경제적·정치적·이데올로기적 구조는 여러 과학 분야들(또는 이론·가설들)에 대한 자원 및 인력의 분배를 차등화함으로써 과학 이론들의 '불균등 발전'을 초래한다. 이를테면 현재 환경 문제와 관련 있는 생태학보다 반도체와 관련 있는 물성 물리학에 훨씬 많은 돈과 인력이 투자되고 있으며, 그로 인해 전자보다 후자가 평균적으로 훨씬 빠른 속도로 발전하고 있는 것이 사실이다. 하지만 그렇다고 해서 물성 물리학의 '이론적 내용'이 생태학 이론에 비해 '불순한' 것이 되기라도 하는가?(또는 반대로 생태학의 '이론적 내용'이 물성 물리학의 그것보다 '순수한' 것이라고 말할 수 있는가?) 또한, 인간 유전체 프로젝트가 미국 국방성의 발주로 시작된 것이라고 해서, 그 결과로 발전된 분자 생물학의 이론적 내용이 군사적인 성격을 가지게 되기라도 하는가?

요컨대 과학에서 실용적인 기준은 연구비 지원 순위를 결정하는 기준이 될 수 있을지언정 어떤 이론이나 가설의 타당성을 평가하는 기준이 될 수는 없다. 반면 기술에서 실용적인 기준은 특정한 기술들의 타당성을 평가하는 직접적인 기준이 될 수 있는 것이다. 이로 인해 다음과 같은 중요한 차이가 나타난다. 즉 실용적 문제의 해결을 목표로 하는 기술의 내용은 엔지니어들에 작용하는 사회적 관계들에 의해 직접 규정받지만, 객관적 지식의 제공을 목표로 하는 과학의 이론적 내용은 과학자들에 작용하는 사회적 관계들에 의해 직접 규정받지 않는다는 것이다. 따라서 우리는 예컨대 자본주의적 사회 관계가 그 내용에 각인되어 있는 '자본주의적 기술'을 가려낼 수는 있을지언정, 적어도 '자연' 과학의 경우 '자본주의적 과학'을 가려낼 수는 없으며, 다만 이데올로기에 물든 유사 과학이나 사이비 과학을 가려내어 비판할 수 있을 뿐이다.

따라서 누군가 과학 기술적 합리성을 거론한다면 우리는 과학적 합리성과 기술적 합리성을 구분하라고 요구해야 한다. 누군가 과학 기술이 나름대로의 '논리'를 가지고 있다고 말한다면, 우리는 과학의 논리와 기술의 논리를 구분할 것을 주장해야 한다. 또 누군가 과학 기술이 일정한 '규칙'을 가진 게임이라고 간주한다면, 우리는 과학이라는 게임의 규칙과 기술이라는 게임의 규칙을 별도로 정리할 것을 제안해야 한다.[3]

기술 결정론의 함정

물론 이렇게 과학과 기술을 구분한다 할지라도, 과학이 기술 개발에 동원될 수 있는 '잠재력'이라는 주장은 부정하기 어렵다. 하지만 이러한 주장에도 함정이 도사리고 있다. 우선, 과학자들이 연구비를 얻기 위하여 '나의 연구 결과가 응용되어 상당한 경제적 효용을 낳을 것'이라고 주장하는 경향이 있음에 주의해야 한다. 이러한 '광고 카피'는 최소한 베이컨까지 거슬러 올라가는데, 워낙 오랫동안 거듭되어 온 주장이라서 우리는 과학 이론이 으레 기술적으로 응용되게 마련이라고 생각하는 경향이 있다. 바로 이것이 앞에서 언급한 일련의 독일 논자들이 과학을 '기술적 관심'과 직결된 것으로 간주하게 된 주요한 이유 가운데

---

3 과학과 기술의 구분에 대하여 짧고 날카롭게 지적하고 있는 문헌으로 알랭 바디우, 『철학을 위한 선언』, 백의 참조. 아울러 이 책의 주제인 하이데거 비판의 논거를 살펴볼 것.

하나이다.

하지만 과학 활동의 궁극적 동기가 기술적 응용에 대한 관심이라는 생각은 부정확하며 부당한 것이다. 코페르니쿠스는 기술적 동기에서 천문학을 연구한 것이 아니었으며, 뉴턴의 역학 연구는 기계 기술의 발전을 염두에 둔 것이 아니라 강한 신학적 관심과 고려 속에서 진행된 것이었다. 또 현대 진화 생물학자들이 기술적 응용을 목표로 하고 있다고 할 수 있겠는가?

과학자들이 과학 활동에 종사하게 되는 과정에서 특별히 유별난 동기가 작용하는 경우는 그리 많지 않고, 특별한 동기가 작용하는 경우라도 기술적 응용에 대한 관심 못지않게 종교적 · 사상적 관심이나 심지어 심미적 관심(세포나 방정식의 아름다움에 대한 예찬들을 보라.)이 많은 역할을 한다. 물론 과학자 개개인의 동기를 떠나 제도적인 차원에서 살펴보면, 적어도 17세기 이후에 과학 활동에 대한 지원 · 후원이 기술적 응용 가능성을 염두에 두고 이루어지는 경우가 점차 늘어난 것은 사실이다. 하지만 추상적이고 포괄적인 '학문 진흥'이나 '후원자의 명예' 등의 견지에서 지원이나 후원이 이루어지는 경우도 적지 않았으며, 아직도 과학 활동 가운데 대단히 많은 부분들이 '순수' 연구로 분류될 수 있는 것들이다.

과학과 기술을 구분하는 것은 대단히 중요한 정치적 · 사상적 함의를 가지고 있는데, 특히 짚고 넘어가야 할 점은 양자를 구분하지 않는 많은 사람들이 기술 결정론의 함정에 빠져 있다는 사실이다. 기술 결정론은, 첫째, 기술이 사회 체제와 독립적인 고유의 발전 논리를 가지고 있다는 주장(기술 중립성 테제)과, 둘째, 기술이 사회를 결정한다는 주장(사회에 대한 기술의 결정성 테제)으로 이루어져 있다. 그런데 이 주장들은 종종, 셋째, 과학이 기술을 결정한다는 주장(기술에 대한 과학의 결정성 테제)으로 보완된다. 이로서 기술 결정론은 난공불락의 요새가 된다. 즉 과학은 객관적인 지식의 체계이며, 과학이 기술을 결정하고, 당연히 기술은 사회와 독립적인 고유의 발전 논리를 가지며, 사회에 일방적으로 영향을 미친다는 것이다.[4]

....

4 기술 결정론의 논리와 그 문제점에 관해서는 김환석, 「과학 기술의 이데올로기와 한국 사회」, 한국산업사회연구회 엮음, 『한국 사회와 지배 이데올로기』, 녹두 ; 송성수, 「기술과 사회의 관계를 어떻게 파악할 것인가」, 『우리에게 기술이란 무엇인가』, 녹두 참조.

이 가운데 둘째 사항에 대한 비판은 어느 정도 이루어져 왔으나, 첫째 사항에 대한 비판은 아직 제한적이고 모호한 형태로만 이루어지고 있으며, 특히 셋째 사항에 대해서는 제대로 된 비판론이 제시된 적이 거의 없다. 따라서 기술 결정론에 대한 비판은 늘 밋밋하고 제한적으로만 이루어질 수밖에 없는 실정이다.

특히 '과학의 객관성'에서 '기술의 중립성'을 이끌어 내는 한, 우리는 현존하는 기술을 좋든 싫든 수용할 수밖에 없다. 아니면 마치 유나바머[5]처럼 현존 과학 기술 전체를 '몽땅' 거부할 수 밖에 없다. 과학-기술이 고유의 단일하고 필연적이며 일직선적인 발전 경로를 가진다면, 우리는 혹시 과학-기술의 발전 '속도'를 좌우하거나 이를 부분적으로 차단할 수는 있을지언정, 이른바 '대안적 기술'을 모색하는 일은 불가능할 것이기 때문이다. 그래서 과학과 기술을 엄밀하게 구분하지 않는 많은 사상가들이 서로 상반된 극단적 결론에 도달하곤 한다.

아도르노, 마르쿠제 등의 프랑크푸르트 학파 논자들은 현존하는 기술 체계에 대한 비판을 현존 과학에 대한 비판으로 소급하기 때문에 현존 기술을 거부하는 만큼 현존 과학도 거부해야 한다는 주장으로 치닫는다. 하버마스는 이들과 동일한 논리적 근거에서 정반대의 결론에 도달한다. 즉 현존 과학을 거부할 수 없기 때문에 현존 기술과 질적으로 다른 새로운 기술을 만들어 낼 수 없다는 것이다. 한편 카프라와 같은 '신과학 운동' 계열의 논자들은 새로운 과학의 출현에 힘입어 새로운 기술과 문명이 출현할 것을 전망한다.[6]

이들의 반대편에는 구 소련·동구의 과학 기술 혁명론이나 토플러, 벨 등 정보화 사회론을 주장하는 논자들이 서 있는데, 이들은 '필연적인' 과학 기술의 발전을 독립 변수로 놓은 뒤 이를 통한 사회의 변화를 논하는 경향을 보인다.

이들의 결론은 얼핏 보기에 서로 크게 다르다. 특히 프랑크푸르트 학파 등은 이른바 과학 기술 문명에 대한 '비판자'로 분류되는 한편, 정보화 사회론자들은 과학 기술 문명의 '예찬자'로 분류되곤 하기 때문에 우리는 이들이 서로 상반된

---

5 유나바머(unabomber) : 미국에서 1978년 5월~1995년 4월 16건의 우편물 폭발 사건을 일으켜 3명을 사망하게 하고 23명에게 부상을 입힌 연쇄 폭탄 테러범의 명칭. 범인이 노린 대학교의 과학 연구자(university), 항공 회사(airlines)와 폭발물(bomb)의 머리글자를 따서 붙인 이름이다.

6 하버마스와 카프라의 입장을 각기 잘 보여 주는 문헌으로 위르겐 하버마스, 『'이데올로기'로서의 기술과 과학』, 이성과 현실 ; 프리초프 카프라, 『새로운 과학과 문명의 전환』, 범양사 출판부 ; 프리초프 카프라, 『현대 물리학과 동양 사상』, 범양사 출판부 참조.

입장에 서 있다고 생각하는 데 그치는 경우가 많다. 그러나 이들 모두 과학과 기술을 구분하지 않는 데에서 비롯되는 문제점을 공유하고 있으며, 따라서 결론은 항상 현재의 과학과 기술 전체를 '통째로' 거부하거나 '통째로' 받아들여야 한다는 것으로 귀결된다.

이렇듯 어느 입장에 서든 간에 과학과 기술을 개념적으로 구분하지 못하다면 우리는 사상적·실천적으로 치명적인 장애를 겪을 수밖에 없다. 요컨대 기술 결정론 비판의 핵심은 과학의 논리와 기술의 논리를 분별하는 데 있는 것이다.

이상의 내용을 정리해 보자.

첫째, 과학과 기술은 그 평가 규칙에서 근본적인 차이가 있다. 특히 기술에서는 실용적 기준이 여러 기술들의 좋고 나쁨을 평가하는 직접적 기준이 될 수 있는 반면에 과학에서는 그렇지 않다. 따라서 당연히, 과학이 기술로 응용되는 경우라 해도 기술이 과학으로부터 연역적으로 도출되는 것은 결코 아니다.

둘째, 과학의 이론적 내용은 기술로 응용될 수 있는 '잠재력'을 가지고 있다고 볼 수 있다.(이것이 최초로 현실화된 시기는 19세기 말이다.) 하지만 과학 활동과 '기술적 관심' 사이의 연결은 과학자 개개인의 수준에서는 여태까지 늘 제한적으로만 이루어졌으며, 제도적 수준에서는 과학이 기술로 응용되기 시작한 19세기 말 이후에야 본격화되었고, 본격화된 이후에도 보편적 현상이라고 볼 수 없다. 따라서 과학 활동을 기술적 관심의 귀결로 간주하는 것은 부당한 일반화이다.

셋째, 결국 '과학 기술'이라는 용어는 19세기 말 과학이 기술에 응용되기 시작한, 즉 과학 이론의 언어로 기술적 문제를 서술할 수 있게 된 상황을, 또는 이에 더하여 과학 연구와 기술 개발이 '제도'의 수준에서 접합된 상황을 지칭하는 경우에 한하여 제한적으로 사용하는 것이 바람직하다.

앞에서 언급한 이른바 '독일식' 과학·기술 개념을 구사하는 논자들은 과학을 기술적 관심과 직결된 것으로 파악하는데, 이 글의 뒷부분에서 또 다른 각도로 비판되겠지만, 이러한 관점은 그들의 이론적 기반에 존재하는 심각한 결점이다.

기술을 선택하는 과정에서 실용적인 기준만이 작용하는 것은 아니다. 예를 들어 핵 발전과 관련된 경우를 살펴보자. 편의를 위해 극단적인 경우를 가정해 본다. 설계에 따라 100%의 정확도로 건설한 핵 발전소 1기가 심각한 방사능 유출 사고를 겪을 확률이 300년에 한 번이라고 해 보자.(실제로는 계산된 확률이 별로 믿을 만하지 못하지만, 여기서는 신뢰도가 충분히 높다고 가정한다.) 그런데 여론 조사를 실시한 결과 적어도 '1,000년에 한 번' 정도의 확률이 되어야 그 안전도를 신뢰할 수 있다는 있다는 의견이 다수로 나타났다. 핵 발전소는 결국 이 기준을 충족시키지 못하여 모두 폐쇄되었고 이로써 핵 발전 기술은 도태되었다.

이상의 가상적 일화를 통해 우리는 기술 개념과 관련된 몇 가지 시사점을 얻을 수 있다.

첫째, "핵 발전소는 안전한가?"라는 논란은 엄밀히 말해서 '과학적 논쟁'이 아니라, 많은 경우 과학 이론에 의해 정의되는 용어들이 동원되기는 하지만 '기술적 논쟁'이다. 따라서 위와 같은 합의 과정을 통해 핵 발전소를 폐지하는 것은 엄밀한 의미에서 반(反) 과학적인 행위가 아니다.

둘째, 기술을 평가하는 기준들에는 해당 시설의 생산성·채산성·에너지 효율뿐만 아니라, "심각한 피해를 주는 사고 확률이 얼마나 낮아야 하는가?"와 같은, 명백하게 윤리적이고 규범적인 가치 기준이 포함되어 있다. 좀 더 일반적으로 말하자면, 특정한 기술이 선택되기 위해서는 그 기술이 기존의 가치 기준에 적응 가능한 것이어야 하거나, 만약 그렇지 않다면 그 기술을 도입하기 위해 기존의 가치 기준을 파괴하고 새로운 규범을 확산시키는 과정을 거쳐야 한다.

지금까지 가상해 본 핵 발전의 경우를 생각해 보면, 이전보다 훨씬 안전한 핵 기술이 나타나든지 아니면 우리와 후속 세대의 안전이 어느 정도 수준으로 보장되어야 하는지에 관한 기존의 규범이 새로운 규범으로 대체되어야 할 것이다. 양쪽 모두 아니라면 핵 발전은 결국 폐기될 것이다.

이와 유사한 역사적 사례들을 우리는 많이 살펴볼 수 있다. 우선 산업 혁명기 이후 공장에 도입된 기계 설비들은 시간을 '절약'하고 '활용'해야 한다는 규범, 극단적인 예로 감리교 교리의 힘을 빌어 정착될 수 있었다. 한때 일본의 막부들이 대규모로 도입한 총은 '칼'에 부여된 상징적·예술적 가치에 제압되어 개항기에 이르기까지 쇠퇴 일로를 걸었다. 또한 구텐베르크가 개발한 활판 인쇄술은 지식이 가진 보편적 가치에 대한 믿음이 없었다면 확산되기 힘들었을 것이다. 결국 기술은 규범적 가치 기준에 따라 그 발전 방향이 달라질 수 있으며, 그 규범 또한 특정한 기술을 둘러싼 여러 집단·개인들 간의 세력 관계 및 합의 과정에 따라 달라질 수 있다.[7] 따라서 기술의 발전 경로는 결코 직선적이지 않다. 요컨대 기술은 단순히 '낮은 효율에서 높은 효율로' 발전하는 것이 아니다.

여기서 우리가 또 하나 주의해야 할 점은, 이 '효율'이라는 것이 결코 간단히 정의될 수 있는 개념이 아니라는 것이다. 조금만 생각해 봐도 우리는 축적 효율, 기술적 효율, 에너지 효율 등이 모두 서로 다른 지표로서 서로 다른 단위를 가지고 있음을 알 수 있다. 그리고 기술의 발전 과정에서 한 가지 효율이 희생되면서 다른 효율이 높아지는 것은 쉽게 볼 수 있는 일이다.

특히 환경 문제와 관련하여 주의해야 할 것은 에너지 효율, 즉 투입된 에너지와 산출된 에너지(또는 열량, 일 등) 사이의 비율이다. 엄청난 양의 에너지를 농기계, 화학 비료, 농약 등의 형태로 투입해야 하는 현대의 자본 집약적 농업 기술은 전통적인 노동 집약적 농업 기술에 비해 축적 효율은 높을지라도 에너지 효율이 훨씬 낮다. 그렇다면 농약과 화학 비료에 의존하는 현대적 농업 기술이 이전의 기술에 비해 효율이 더 높다는 통설은 부정확한 주장인 셈이다.

또한 우리가 진정으로 에너지 효율을 중시하는 사회에 살고 있다면, 철도와 대중 교통 수단의 에너지 효율이 승용차에 비해 훨씬 높은데도 불구하고 종종 뒤처진 것으로 치부되는 것을 어떻게 설명할 것인가? 결국 적어도 자본주의 사회에서 일반적으로 에너지 효율은 축적 효율보다 하위의 기준으로 작용하며, 에너지 효율과 축적 효율이 서로 충돌하는 상황에서 기술은 축적 효율을 택하는 방향으로 발전하는 것이다.

상식과 달리, 기술적 효율 또한 축적 효율과 다른 개념이다. 기술적 효율은 동일한 자원을 투입하여 얼마나 많은(또는 더 품질이 좋은) 생산물(또는 효용)을 얻을 수 있는가를 가리키는 지표이다. 얼핏 보기에 기술적 효율은 기술의 발전 과

---

[7] 조지 바실라, 『기술의 진화』, 까치 참조.

정을 규정하는 가장 상위의 기준인 듯하다.

예컨대 많은 학자들은 공장의 성립 과정에서 가장 핵심적인 변화를 대규모 기계(생산 기계 및 원동기)의 도입으로 간주하고, 이러한 변화를 일으킨 요인이 바로 기계가 가진 기술적 효율이라고 설명해 왔다.

그러나 사회사가들은 공장제의 성립·확산 과정에서 시간-동작 통제와 관련된 '규율'이 극히 중요한 역할을 했다는 사실을 밝혀냈으며, 수량 경제사(cliometrics)를 연구하는 학자들은 공장제의 성립 과정에서 생산성을 향상시킨 첫 번째 요인이 '새로운 기계'가 아니라 규율이 강제된 새로운 노동 조직이었음을 밝혀냈다. 아울러 몇 가지 주요한 사례 연구들은 새로운 대규모 설비의 도입 없이도 '공장'이 성립될 수 있었음을 보여 주었다. 결국 산업 혁명기의 공장의 성립을 기술적 효율의 견지에서 설명하기란 불가능하다는 것이다.[8]

20세기 중반에 개발된 수치 제어 공작 기계와 레코드 플레이백 공작 기계 사이의 경쟁 또한 기계제 공장의 성립과 이와 유사한 점을 보여 주는 사례이다. 이 경쟁에서 전자는 후자에 비해 기술적으로 뛰어난 것도 아니었고 도입·운용 비용도 만만치 않았지만 결국 후자를 제칠 수 있었다.

그 이유는 경영자의 입장에서 볼 때 전자가 후자에 비해 직접적으로 노동자들을 통제할 수 있게 해 주었다는 점, 즉 노동 과정에 대한 좀 더 엄격한 통제를 가능하게 해 주었기 때문에 자본 축적에 좀 더 유리했다는 점에 있었다. 이 경우 역시 자본주의에서의 기술 발전에서 가장 상위의 기준으로 작용하는 것은 엄밀히 말해서 기술적 효율이 아니라 축적 효율임을 보여 준다.[9]

기술적 효율이 높다 할지라도 노동 규율을 강제하기 어려워서 축적 효율이 떨어진다면 그 기술은 도태되고 말 것이며, 기술적 효율이 서로 비슷한 기술들이 여럿 존재하는 경우라면 그 가운데 축적 효율이 가장 높은 것이 선택될 것이다.

이상의 고찰을 통해 우리는 기술이 직선적으로 발전한다고 볼 수 없음을 알 수 있다.

---

8 공장제와 규율 권력의 관계에 대해서는 스테판 마글린, 「자본주의적 생산에서의 위계의 기원 및 기능」, 『현대 노동 과정론』, 자작나무 ; 에드워드 P. 톰슨, 「시간, 노동 규율, 그리고 산업 자본주의」, 《학회 평론》 제8호 ; 미셸 푸코, 『감시와 처벌』, 나남 참조. 특히 기술적 효율과 축적 효율의 관계에 대해서는 마글린의 글을 보라.

9 이 사례에 대한 간단한 소개로는 송성수, 「기술과 사회의 관계를 어떻게 파악할 것인가」, 『우리에게 기술이란 무엇인가』, 녹두 참조.

첫째, 기술의 진화 과정에서 기술들을 선택하는(도태시키는) 요인에는 여러 가지가 있는데, 그 주요한 요인들 가운데 규범적 가치 기준이 포함된다. 따라서 기술의 발전 과정을 사회적 합의나 윤리적 기준과 무관한 기술적 논리 또는 기술적 효율, 기술적 합리성 따위를 따르는 것으로 파악해서는 곤란하다. 게다가 기술들을 선택하는 요인으로 작용하는 규범적 가치 기준이 여러 집단·개인들 간의 세력 관계 및 합의 과정에 따라 달라질 수 있음을 고려하면, 기술의 발전 과정은 통념보다 훨씬 복잡한 과정에 의해 이루어지는 셈이다.

둘째, 기술들이 가지는 효율 또는 '기술적 합리성'이라는 개념은 매우 모호한 개념이다. 이를 좀 더 분석적으로 사고해 보면, 기술과 관련된 효율 또는 합리성이 결코 단일한 것이 아니며, 적어도 축적 효율, 에너지 효율, 기술적 효율 등 서로 다른 세 가지 효율을 분간할 수 있다는 사실, 그리고 자본주의에서는 이 경향들이 서로 대립될 가능성이 있을 때 에너지 효율이나 기술적 효율보다 축적 효율이 우위에 놓인다는 사실을 알 수 있다.

따라서 기술이 항상 효율이 높은 쪽으로 발전한다는(또는 합리화된다는) 주장 앞에서, 우리는 그 효율 또는 합리성이 과연 정확히 무슨 의미인지를 반문해야 한다. 이것은 현존하는 기술에 대한 우리의 비판이 효율 일반(또는 합리성 일반)에 대한 비판이 아니라는 점, 즉 결코 복고적 낭만주의의 귀결이 아니라는 점을 확인시켜 준다는 점에서 중요하다.

예컨대 우리는 기술들을 선택하는 과정에서 축적 효율보다 에너지 효율이나 기술적 효율을 우위에 놓아야 한다고 주장할 수도 있으며, 이 같은 '우위 관계의 역전'을 이룩할 수 있는 제도를 모색할 수도 있다.

과학 기술은 '자연'에 대한 '인간'의 지배가 아니다

이른바 '독일식' 과학·기술 개념을 구사하는 논자들은 인간-주체와 자연-객체의 분리(소외)의 책임을 과학과 기술에 묻는다는 공통점을 가지고 있다. 이들에게 과학은 대상을 탈주술화 또는 탈신비화하는 핵심적인 계기이다. 과학은 자연을 수학적으로, 즉 계산 가능한 것으로 파악하고 그로서 자연은 통제 가능

한 것, 곧 지배 가능한 것이 된다. 이른바 '대상화'가 이루어지는 것이다.[10]

과학을 기술적 관심의 '귀결'로 파악하는 것이 잘못된 일반화라는 점은 앞에서 지적한 바 있다. 그렇다면 과학이 대상을 수학적으로, 즉 계산 가능한 것으로서 파악하고 그러한 한에서 대상이 통제-지배 가능한 것이 된다는 주장, 따라서 과학이 대상에 대한 기술적 통제를 '예비'한다는 주장을 살펴보자.

한마디로 이러한 주장 또한 대단히 많은 문제를 안고 있다. 대번에 지적할 수 있는 것이 천문학의 사례이다. 고대 그리스 이래 18세기에 이르기까지 가장 수학화에 앞선 엄밀 과학(exact science)이 천문학(또는 천체 역학)이었다. 화성학, 정역학, 수력학 등 전통적인 엄밀 과학 분야들 가운데 천문학만 한 체계와 완성도를 가진 것은 없었으므로, 천문학은 오랫동안 다른 엄밀 과학의 모델이었다.

그런데 이 천문학이 대상을 계산함으로써 대상에 대한 통제 가능성을 예비했다는 식의 이야기는 한마디로 어불성설이다. 달이나 태양의 운행 궤도를 계산한다고 해서 그것에 대한 통제가 가능하게 되는 것은 결코 아니기 때문이다.

근대 과학사를 들여다보면 일반적으로 대상에 대한 실험이 강조된 분야들일수록 수학화가 늦었으며, 수학화가 빨리 이루어진 분야들은 대개 자연에 대한 '통제'와 연결되기에는 너무나 순수 이론적(speculative)이고 이상적인 상황을 연구하는 분야들이었음을 알 수 있다. 즉 근대 과학에서 대상에 대한 '수학적 파악'을 중시하여 대상을 계산 가능한 것으로 파악하는 분야들일수록 오히려 대상에 대한 '통제'와 거리가 먼 경향이 있었다는 것이다.[11]

열 발 양보해서, 과학에 자연에 대한 '통제'의 관점이 내재되어 있다고 해 보자. 그렇다 해도 우리는 그것이 바로 환경 문제를 초래한 요인이라고 볼 수 있느냐고 질문할 수 있다. 예를 들어 카프라는 그가 '데카르트-뉴턴 패러다임'이라고 이름 붙인 기계론적 세계관으로 인해 근대 사회가 환경 위기와 같은 여러 심각한 문제를 안게 되었는데, 이 세계관이 바로 뉴턴 역학을 핵심으로 하는 근대 과학의 소산이라고 주장한다.[12]

---

10 추상적 인간과 추상적 자연을 이러한 방식으로 관계 설정하는 사상적 전통에 대해서는 볼프디트리히 슈미트-코바르칙, 『자연에 대한 철학적 탐구』, 철학과 현실사 참조. 디드로에서 비롯된 자연 철학(Naturphilosophie)에 대해서는 찰스 C. 길리스피, 『객관성의 칼날』, 새물결 참조.

11 토마스 S. 쿤, 「물리 과학의 성립에 있어서 수학적 전통과 실험적 전통」, 김영식 엮음, 『역사 속의 과학』, 창작과 비평사 참조.

이 같은 관점은 흔히 심층 생태주의 진영으로 분류되는 논자들이 일반적으로 공유하고 있는 것이다. 심층 생태주의자들은 인간 중심적·이원론적·기계론적인 근대적 세계관을, 그리고 그 세계관의 핵심으로서 근대 과학을 환경 위기의 원인으로 지목하여, 결국 기존의 세계관을 대체할 새로운 세계관(또는 새로운 과학)의 형성과 전파를 환경 위기 해결을 위한 일차적 과제로 상정한다.[13]

그런데 "그릇된 세계관을 가지고 있기 때문에 그릇된 사회가 만들어진다."라는 믿음은 명백하게 관념적인 역사관의 소산이다. 이를테면 자연을 수량적으로 파악하여 통제할 수 있다는 관념을 가짐으로써 자연을 파괴하는 사회가 만들어지고, 자연 친화적인 세계관을 가짐으로써 자연을 보호하는 사회가 만들어지는가?

중세 영국에서 이미 심하게 나타났던 삼림 파괴라든지 중국이나 아스텍, 인더스, 메소포타미아, 이스터 섬 등에서 벌어진 대규모 환경 파괴, 그리고 그로 인한 문명의 몰락은 이 같은 믿음에 대한 치명적인 반례일 것이다. 이 전통 사회들에서는 자연 친화적인 세계관이 지배적이었는데도 불구하고 심각한 환경 문제가 초래되기도 했던 것이다.[14]

결국 자연에 대한 과학적 파악이 인간과 자연 간의 관계를 교란하여(또는 양자를 서로 소외시켜) 환경 문제를 초래한다는 식의 논리는 받아들이기 힘든 것이다.

인간의 본성(자연)

여기서 우리는 앞에서 언급한 독일 논자들의 독특한 논리를 들여다볼 필요가 있다. 셸링 이래 독일 철학자들은 인간이 자연으로부터 분리되어 나온 계기를 역사의 시작이자 사유와 반성의 출발점으로 간주하여 매우 중요하게 취급해 왔다. 인간(주체)이 자연(대상)으로부터 분리(소외)됨으로써, 분리의 계기가 아도르노의 '자기 유지의 욕망'이든 하이데거의 '역사적 운명'이든 간에, 자연은 인간

12 프리초프 카프라, 『새로운 과학과 문명의 전환』, 범양사 출판부 참조.
13 데이비드 페퍼, 『현대 환경론』, 한길사 참조.
14 이러한 사례들에 대해서는 클라이브 폰팅, 『녹색 세계사』 1권과 2권, 심지 참조.

–주체로부터 소외된 존재, 즉 객체(대상, object)의 지위를 부여받게 되었으며, 환경 문제를 비롯한 현대 사회의 문명사적 문제점들이 근본적으로 여기서 촉발되었다는 것이다.[15]

따라서 이들은 자연에게 객체가 아닌 주체의 지위를 되돌려 주는 것을 가장 중요한 과제로 상정한다. 셸링 식으로 표현하면 수동적인 소산적 자연(*natura naturata*)은 '현상'일 뿐이고, 그 '본질'은 능동적인 능산적 자연(*natura naturans*)이다. 자연이 과학에 의해 파악되는 기계적인 대상이 아니라 직관에 의해 파악되는 근원적 생산성을 가진 능산적 자연이며, 인간 역시 이 생산성(헤겔에게 이것은 '이념'의 계기에 해당한다.)의 산물임을 직관적으로 인식할 때, 우리는 비로소 인간과 자연의 소외적 관계를 극복할 단초를 확보한다는 것이다.

그러나 이 같은 논의는 우선 실천적으로 공허할 뿐만 아니라, 대단히 위험한 함정을 내포하고 있기도 하다. 서구어의 nature는 '자연'이자 곧 '본성'이다. 따라서 자연의 소외는 곧 본성의 소외이다. 소외를 극복하는 과정은 인간 자신이 능산적 자연의 산물임을 인식하여 인간의 자연–본성(human nature)에 따라 살아가는 과정이다.

그런데 이 자연–본성이 구체적으로 무엇을 의미하는지, 그리고 이것에 따르는 상태가 과연 어떤 상태인지를 알아내기란 사실상 불가능하다. 도대체 인간이 무엇으로부터 소외되었는지를 구체적으로 분별해 낼 수가 없는 것이다.

철학사는 이 같은 고민거리에서 빠져나올 수 있는 두 가지의 공허한 해결책을 알려 줄 뿐이다. 헤겔 우파처럼 현존하는 모든 것들을 자연적(본성적)이라고 인정하여 정당화하거나, 헤겔 좌파처럼 '직관'에 의해 파악된 모종의 자연(본성)에 반(反)하는 모든 제도와 신념 체계를 비판하는 것이다.

헤겔 우파적 보수주의 못지않게 문제되는 것이 헤겔 좌파적 논리이다. 왜냐하면 헤겔 좌파적 논리는 곧 인간적 본성(자연)의 종목들을 확정하고 그 본성에 따르는 삶을 강요하는 전체주의로 이어질 수 있기 때문이다.

이러한 논리는 알튀세르가 '이론적 인간주의'라고 부른 것과 일맥상통하는

---

15 이러한 논법을 보여 주는 대표적인 예로 막스 호르크하이머, 테어도어 아도르노, 『계몽의 변증법』, 문예출판사 ; 마르틴 하이데거, 『기술과 전향』, 서광사 참조.

데, 이에 따르면 인간의 보편적인 본성(자연)이 존재하며, 그 본성은 각각의 개인들에게서 경험적으로 확인되는 개인들의 참된 본질이다.[16]

이것은 바로 히틀러의 인종 청소, 스탈린의 스타하노프 운동, 여성을 가정-재생산에 묶어 두려는 가부장 결탁, 반(反) 동성애 운동 등의 핵심적인 논리이다. 본성적(자연적)이라고 생각되는 이러저러한 특성들에 우월한 가치를 부여한 뒤, 그러한 특성을 갖추지 못한 개인을 배제 · 차별하거나 처벌하는 것이다. 독일에 국한된 현상이긴 하지만 일부 농촌 지역 파시스트들이 생태주의 운동에 참여하는 것은 우연이 아니다. 신체-유전적(즉 자연적!) 특성에 따라 사람들의 가치와 역할을 분류하는 것은 확실히 나치가 유대 인이나 슬라브 족, 집시, 그리고 여성들에게 취했던 태도의 근거인 것이다.

여기서 우리는 자연법 개념을 통해 '자연(본성)'과 '권리'를 행복하게 통일시킨 로크 식 권리 이론이 찢겨 나가는 것을 목격한다. 전체주의자들은 권리에 대한 자연의 우위를 주장한다. 반면 전체주의에 저항하는 자들은 자연에 대한 권리의 우위를 주장하거나 권리란 개개인에게서 확인 가능한 특성들(자연-본성)과 무관하게 인간이라는 생물 종의 개체들 전체에 부여되어야 한다고 주장한다. 전자는 아리스토텔레스로 거슬러 올라가는 오랜 기원을 가지고 있으며, 후자 또한 '신 앞에서 평등한 영혼'을 주장한 예수로 거슬러 올라가는 오랜 기원을 가지고 있다.(그리스도교의 이러한 주장은 근대에 '법 앞의 평등'이라는 개념으로 차용된다.)

자연과 인간 사이의 소외적 관계를 논하고 양자의 재결합을 모색하는 논리는 환경 위기와 관련하여 얼핏 보기에 매우 솔깃한 주장을 담고 있다. 그러나 이것은 새로운 논리가 아니라, 그것 자체로서도 꽤 오래되었지만, 서구 형이상학의 장구한 전통 속에서 도출된 논리이며, 아울러 매우 위험한 함정을 안고 있는 논리이다.

'좀 더 인간의 본성에 충실한 사회'를 주장하는 것이 때로 유효 적절한 싸움의 무기가 될 수 있다는 것은 부인할 수 없는 사실이지만, 우리는 인간의 본성을 확정하려는 모든 시도에 대해서 충분히 경계해야 할 것이다. 물론 생명 사상을 들고 나온 김지하 씨나 '인간 본성'에 입각한 사회 건설을 주장하는 유나바머도

---

16 루이 알튀세르, 『마르크스를 위하여』, 백의.

경계 대상에 포함된다. 그리고 개개인에게 적합한 기능이 그 개인의 본성에 따라 정해져 있다는 이문열 씨의 입장, 자본주의가 인간의 본성에 부합하기 때문에 가장 자연스러운 제도이며 또한 그만큼 정의로운 것이라는 복거일 씨의 입장 등을 모두 동일한 범주에서 비판할 수 있다.[17]

철학적으로 인간과 자연의 관계를 논할 때, 우리는 자연을 계산 가능한 것으로 파악하는 과학이 자연을 지배할 수 있게 해 준 첨병이라고 생각하는 것은 그릇되었으며, 설령 자연에 대한 과학적 파악이 자연에 대한 통제를 가능하게 해 주었다 할지라도 환경 문제의 '원인'이 근대 과학에 있다고 볼 수는 없다는 점을 명심해야 한다. 물론 이것은 환경 문제에 과학이 연루되어 있지 않다거나 과학자들에게 책임이 없다는 뜻은 아니다. 다만 자연에 대한 통제가 항상 파국을 가져온다고 단정해서는 안 된다는 것이다.

특히 우리는 생태학과 지구과학 분야들을 통해 얻은 계산 결과를 이용하여 자연을 좀 더 안정적이고 지속 가능한 형태로 통제할 수도 있다. 물론 이러한 가능성이 여러 가지 제약 요인을 극복하고 실현될 수 있겠는가 하는 문제는 별개의 문제이다.

추상적 '인간'과 '자연' 사이의 소외 관계를 논하는 것은 얼핏 보기에 솔깃해 보일 수 있으나 이것은 이론적 인간주의의 함정에 빠져 있는 위험한 논법으로서, 이러한 개념을 사용하더라도 수사(修辭) 이상의 의미를 부여해서는 곤란하다. 바로 이 신선함을 가장한 낡은 논리에 의해 에코파시즘(eco-fascism)이 도래할 것이기 때문이다.

맺음말

여태까지 통속적인 과학·기술 개념이 가진 여러 문제점들을 거칠게 고찰해 보았고, 이와 관련된 한도 내에서 '자연'과 '인간' 개념까지 검토해 보았다. 여

---

17 김지하, 『생명과 자치』, 솔 ; 유나바머, 『유나바머』, 박영률출판사 ; 이문열, 『선택』, 민음사 ; 복거일, 『정의로운 체제로서의 자본주의』, 삼성경제연구소 참조.

기서 나는 과학과 기술을 뭉뚱그려 논하는 것, 기술(적 합리성)의 발전 과정이 직선적·일방향적이라고 보는 것, 그리고 과학·기술이 자연과 인간을 서로 소외시킨다고 여기는 것 등이 어떠한 문제를 안고 있는지를 고찰하였다.

물론 환경 문제가 과학·기술하고만 관계된 것은 아니므로, 이상의 논의가 환경 문제 전반을 새로운 시야로 사고하는 데 충분한 것은 아니다.(특히 환경 문제와 관련하여 '경제'와 '권리'에 대하여 좀 더 면밀한 검토를 진행해야 할 것이다.) 그러나 어쨌든 우리가 새로운 실천의 단초를 얻기 위해서는 논술 시험 모범 답안 정도에 그치는 과학·기술 관련 논의 수준을 뛰어넘어야만 한다.

이 글은 그러한 '뛰어넘기'를 위한 작업의 일부이다. 그리고 이러한 시급한 과제에 좀 더 많은 사람들이 비판적이고 실천적인 문제 의식을 안고 뛰어들어 논의할 수 있기를 바란다.

곰TV와 함께하는
호랑이 통합 논술

과학 논술 2

1판 1쇄 찍음 2008년 1월 9일
1판 1쇄 펴냄 2008년 1월 15일

지은이   이 범
편집인   이지연
발행인   박근섭
펴낸곳   **민음in**

출판등록   1996. 5. 3 (제16−1305호)
주소   135−887 서울 강남구 신사동 506 강남출판문화센터 5층
전화   영업부 515-2000 / 편집부 3446-8773 / 팩시밀리 515-2007
홈페이지   www.minumin.com

값 14,000원

ISBN 978-89-6017-037-7 54400
ISBN 978-89-6017-035-3 (세트)

* **민음**in은 민음사 출판 그룹의 새로운 브랜드입니다.